高等学校计算机专业规划教材

Java Web应用开发

李永飞 李芙玲 吴晓丹 郭晓欣 编著

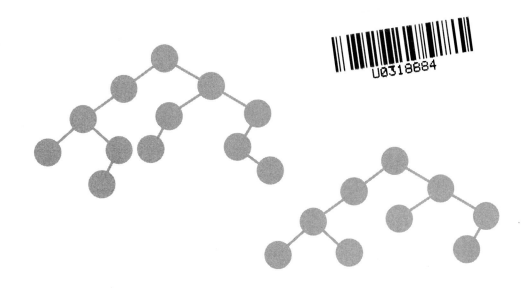

清华大学出版社

北京

内 容 简 介

本书结合一个应用程序的开发全过程,介绍 Java Web 应用程序的开发技术与方法。全书分为三部分:第一部分是基础性内容,利用 Java Web 开发的基础知识实现一个原型系统;第二部分是提高性内容,应用面向对象编程技术和设计模式对程序进行重构开发,改善功能实现和程序结构;第三部分是应用性内容,引入第三方组件和开发框架,结合实例介绍常用的开发方法。

本书在内容组织上,力求避免知识的简单堆砌,改变传统教材常见的技术手册式写法,针对应用型本科注重实践能力培养的需要,遵循以做带学的内容组织形式、任务驱动的学习模式、内容选择围绕开发目标、关联知识适当屏蔽等原则,为读者提供一种新的学习体验。

本书既可以作为高等学校 Java Web 应用开发课程的教材,也可以作为读者自学相关开发技术的参考书。

图书在版编目(CIP)数据

Java Web 应用开发/李永飞等编著. —北京:清华大学出版社,2018(2021.1重印)
(高等学校计算机专业规划教材)
ISBN 978-7-302-48809-5

Ⅰ. ①J… Ⅱ. ①李… Ⅲ. ①JAVA 语言-程序设计 Ⅳ. ①TP312.8

中国版本图书馆 CIP 数据核字(2017)第 273275 号

责任编辑:龙启铭　张爱华
封面设计:何凤霞
责任校对:时翠兰
责任印制:杨　艳

出版发行:清华大学出版社
　　　　网　　　址:http://www.tup.com.cn,http://www.wqbook.com
　　　　地　　　址:北京清华大学学研大厦 A 座　　　　　　邮　　编:100084
　　　　社 总 机:010-62770175　　　　　　　　　　　　　邮　　购:01083470235
　　　　投稿与读者服务:010-62776969,c-service@tup.tsinghua.edu.cn
　　　　质量反馈:010-62772015,zhiliang@tup.tsinghua.edu.cn
　　　　课件下载:http://www.tup.com.cn,010-83470236

印　装　者:北京富博印刷有限公司
经　　销:全国新华书店
开　　本:185mm×260mm　　　印　　张:20.25　　　字　　数:467 千字
版　　次:2018 年 2 月第 1 版　　　　　　　　　　印　　次:2021 年 1 月第 4 次印刷
定　　价:49.00元

产品编号:074683-01

前言

本书介绍 Java Web 应用开发技术。针对应用型本科强调实践能力培养的需要,本书用一个应用程序的开发贯穿所有章节。在内容组织上,避免知识的简单堆砌,改变传统教材常见的技术手册式写法。作者认为 Java Web 应用开发技术的学习方式应该与基础性专业课程有所不同,其综合性较强,需要在掌握 C 语言、Java 语言、数据库等基础编程技能之后才能学习。因此,本书作者尝试进行了一种"翻转",即变"先学后做"为"以做带学"。

全书结构按照需求分析(第 1 章)、界面设计(第 2 章)、功能实现(第 3～5 章)、重构开发(第 6～8 章)、功能完善(第 9、10 章)的思路进行组织,希望能以完成开发任务的方式,引导读者在使用中掌握相关知识和编程技能。

除前 3 章为基础知识介绍之外,其余各章都遵循相同的编写体例。

首先给出本章的学习目标,分为理解、掌握和了解三个层次。"理解"针对本章所涉及的主要概念和基本原理;"掌握"针对应用本章知识实现特定功能开发的能力;"了解"针对书中未做深入讲解的相关知识部分。

然后利用一到两个开发实例,实现几个相对独立的软件功能。每个实例都按照开发任务说明、功能设计、功能实现和运行过程分析的形式来介绍其开发过程。只要参照给定的步骤,就可以编程实现相应的功能。同时也对编程涉及的关键知识点进行有针对性的讲解,不追求完整性和系统性,以够用为原则。

接下来介绍本章开发实例涉及的基本概念和相关知识,便于读者了解知识体系,为将来深入学习打好基础。第 5～8 章在此之后又给出一个应用本章所学内容完成的综合实例,进一步巩固学到的编程技能。

最后提供了单选或简答形式的知识测试题以及上机练习要求,便于读者检验自己的学习效果。

本书的特色体现在以下几个方面:

(1)突出应用能力培养。全书根据功能开发和知识体系两个维度,围绕示例应用项目的开发过程,把教材内容分解为多个知识单元。

(2)合理取舍教材内容。以满足示例功能开发的需要为标准确定内容,不一味追求知识结构的完整性,对不常用的知识点只给出简要介绍和引导性讲解。

(3)尊重学习规律。按照循序渐进、由易到难的原则,合理设计功能开发的顺序,让读者能够在成就感的驱动下逐步完成全书内容的学习。

（4）采用全新编写体例。各章都采用任务驱动方式，从开发任务出发，通过设计、实现、分析、练习，使读者在理解示例开发的基础上实现能力提高。

全书内容分为三部分：第一部分是基础性内容，介绍示例应用的功能需求，并开发实现一个原型系统，包括第1～5章；第二部分是提高性内容，应用面向对象编程技术和设计模式实现程序的重构开发，包括第6～8章；第三部分是应用性内容，引入第三方组件和开发框架，结合实例介绍常用的开发方法，包括第9、10章。本书作为教材使用时，讲授全部内容大约需要64学时，可根据学时情况讲授部分内容。建议32学时可讲授第1～5章，48学时可讲授第1～7章。

本书是华北科技学院教研基金资助课题（No. HKJY201412）的研究成果。同时，在编写过程中也参考了大量的相关教材和网上资料。在此，向所有支持本书编写工作的人员表示感谢。

本书第1章、第5章、第8章和第10章由李永飞编写，第2章和第9章由郭晓欣编写，第3章和第4章由吴晓丹编写，第6章和第7章由李芙玲编写，全书由李永飞负责统稿。书中所有示例程序的源代码以及参考电子教案可从清华大学出版社网站（www.tup.com.cn）下载。书中难免存在不足之处，敬请读者批评指正。

作　者

2018 年 1 月

目 录

第 1 章　开发任务概述　/1

1.1　示例应用介绍 ·· 1
　　1.1.1　示例应用需求 ······································· 1
　　1.1.2　示例应用功能 ······································· 2
1.2　Java Web 应用开发技术 ·································· 8
　　1.2.1　应用程序的演化 ···································· 8
　　1.2.2　客户端开发技术 ··································· 10
　　1.2.3　服务器端开发技术 ································ 11
　　1.2.4　HTTP ·· 13
1.3　Web 应用开发流程 ·· 14
　　1.3.1　需求分析 ·· 14
　　1.3.2　系统设计 ·· 14
　　1.3.3　编程实现 ·· 15
　　1.3.4　测试发布 ·· 15
1.4　本章小结 ·· 16
1.5　习题 ·· 16

第 2 章　用户界面设计　/17

2.1　用户界面设计任务 ·· 17
2.2　用户界面元素开发 ·· 17
　　2.2.1　典型界面元素实现 ································ 17
　　2.2.2　HTML 相关知识 ··································· 29
2.3　界面布局设计 ··· 31
　　2.3.1　界面布局构成 ····································· 31
　　2.3.2　界面布局实现 ····································· 33
　　2.3.3　CSS 相关知识 ····································· 41
2.4　客户端功能开发 ·· 44
　　2.4.1　客户端功能设计 ··································· 44
　　2.4.2　客户端功能实现 ··································· 45
　　2.4.3　JavaScript 相关知识 ······························ 51

2.5　本章小结 ··· 54

2.6　习题 ·· 54

第 3 章　Web 应用开发基础　　/55

3.1　开发环境和运行环境 ·· 55

　　3.1.1　开发环境 ··· 55

　　3.1.2　运行环境 ··· 56

　　3.1.3　安装和配置 JDK ··· 56

　　3.1.4　安装和配置 Tomcat ·· 58

3.2　JSP 基本概念 ·· 63

　　3.2.1　JSP 开发方法 ·· 63

　　3.2.2　JSP 运行机制 ·· 64

　　3.2.3　Web 应用目录结构 ··· 69

3.3　JSP 基础语法 ·· 70

　　3.3.1　JSP 脚本元素 ··· 70

　　3.3.2　JSP 指令元素 ··· 76

　　3.3.3　JSP 标记元素 ··· 81

3.4　结构化网页设计 ·· 86

3.5　本章小结 ·· 91

3.6　习题 ·· 91

第 4 章　流程控制与数据传递　　/92

4.1　用户注册功能开发 ·· 92

　　4.1.1　用户注册开发任务 ··· 92

　　4.1.2　用户注册设计与实现 ······································· 92

　　4.1.3　用户注册功能运行过程 ····································· 96

　　4.1.4　HTTP 请求响应机制 ······································· 96

4.2　用户登录功能开发 ·· 98

　　4.2.1　用户登录开发任务 ··· 98

　　4.2.2　用户登录设计与实现 ······································· 99

　　4.2.3　用户登录功能运行过程 ····································· 102

　　4.2.4　HTTP 会话机制 ··· 102

4.3　JSP 内置对象 ·· 104

　　4.3.1　request 对象 ·· 104

　　4.3.2　response 对象 ··· 111

　　4.3.3　session 对象 ·· 116

　　4.3.4　其他内置对象 ··· 123

4.4　控制流和数据流的实现 ·· 124

4.4.1　JSP 页面间的流程控制 ································ 124

4.4.2　JSP 页面间的数据传递 ································ 125

4.4.3　自动登录功能开发 ····································· 127

4.5　本章小结 ·· 134

4.6　习题 ··· 135

第 5 章　数据库访问　　/136

5.1　用户注册功能完善 ······································ 136

5.1.1　注册提交设计与实现 ································· 136

5.1.2　注册提交运行过程 ··································· 140

5.1.3　数据库访问代码模板 ································· 140

5.2　用户登录功能完善 ······································ 142

5.2.1　登录判断设计与实现 ································· 142

5.2.2　登录判断运行过程 ··································· 144

5.3　JDBC 技术 ·· 145

5.3.1　JDBC API ··· 145

5.3.2　JDBC 的使用 ······································ 149

5.4　用户管理功能开发 ······································ 154

5.4.1　用户管理开发任务 ··································· 154

5.4.2　用户管理设计与实现 ································· 155

5.4.3　用户管理运行过程 ··································· 164

5.5　本章小结 ·· 165

5.6　习题 ··· 165

第 6 章　重构程序功能　　/166

6.1　重构用户登录功能 ······································ 166

6.1.1　登录功能重构设计与实现 ····························· 166

6.1.2　重构登录功能后的运行过程 ··························· 170

6.2　重构用户注册功能 ······································ 170

6.2.1　注册功能重构设计与实现 ····························· 170

6.2.2　重构注册功能后的运行过程 ··························· 174

6.3　JavaBean 技术 ··· 174

6.3.1　JavaBean 的编写和使用 ······························ 174

6.3.2　基于 JavaBean 的开发 ······························ 181

6.4　新闻模块功能开发 ······································ 183

6.4.1　新闻模块开发任务 ··································· 183

6.4.2　新闻模块设计与实现 ································· 184

6.4.3　新闻模块的运行过程 ································· 196

6.5　本章小结 ··· 197

6.6　习题 ··· 197

第 7 章　重构程序界面　　/198

7.1　重构 JSP 页面 ··· 198

7.1.1　重构循环控制 ·· 198

7.1.2　重构功能菜单 ·· 200

7.2　EL 和 JSTL ··· 202

7.2.1　EL ··· 202

7.2.2　JSTL 标记库 ··· 206

7.3　新闻修改功能的开发 ··· 214

7.3.1　新闻修改开发任务 ··· 214

7.3.2　新闻修改设计与实现 ·· 214

7.3.3　新闻修改运行过程 ··· 219

7.4　本章小结 ··· 219

7.5　习题 ··· 220

第 8 章　重构程序结构　　/221

8.1　新闻搜索功能开发 ·· 221

8.1.1　新闻搜索开发任务 ··· 221

8.1.2　新闻搜索设计与实现 ·· 221

8.1.3　新闻搜索运行过程 ··· 228

8.2　Servlet 开发 ·· 228

8.2.1　Servlet 基础 ·· 229

8.2.2　Servlet 应用 ·· 231

8.2.3　Servlet 过滤器 ··· 233

8.3　MVC 设计模式 ··· 238

8.3.1　程序结构设计 ·· 238

8.3.2　评论模块开发 ·· 241

8.4　本章小结 ··· 257

8.5　习题 ··· 257

第 9 章　实用功能开发　　/259

9.1　在线编辑组件 ··· 259

9.2　文件上传与下载组件 ·· 262

9.3　AJAX 技术 ·· 267

9.4　分页显示技术 ··· 272

9.5　图形验证码 ··· 279

9.6 本章小结 ·············· 286

9.7 习题 ·············· 286

第 10 章　基于框架的开发　/287

10.1 基于 Struts2 的开发 ·············· 287

　　10.1.1 基于 Struts2 实现用户登录 ·············· 287

　　10.1.2 Struts2 框架 ·············· 292

10.2 基于 jQuery 的客户端开发 ·············· 294

10.3 本章小结 ·············· 298

10.4 习题 ·············· 298

附录 A　表格布局页面文件　/299

附录 B　安装配置数据库环境　/303

参考文献　/312

第 1 章

开发任务概述

学习目标
- 了解示例应用的功能需求；
- 了解主要的 Java Web 应用开发技术；
- 了解 Java Web 应用的开发流程。

1.1　示例应用介绍

本书内容围绕着一个示例应用程序的完整开发过程来展开，按照程序开发的流程，循序渐进地讲解 Java Web 应用开发所涉及的主要技术及开发方法。本节对示例应用程序进行介绍。

1.1.1　示例应用需求

新闻发布系统是一种典型的 Web 应用程序，主要实现在线新闻管理和新闻发布的功能，并为普通用户提供查看新闻内容和发表评论等功能。本书使用的示例应用程序是一个简化版的新闻发布系统，主要包括以下功能。

- 用户注册：匿名用户可以在用户注册界面填写用户信息，进行用户注册。
- 用户登录：注册用户和系统管理员可以输入正确的用户名和密码，实现用户登录。
- 用户管理：注册用户登录后可以修改自己的注册信息；系统管理员登录后可以对所有用户进行查看和删除。
- 新闻列表：所有用户可以通过列表形式查看全部新闻，包括每条新闻的类别、标题和发布时间。新闻条数较多时提供分页显示功能。
- 新闻阅读：所有用户可以通过单击新闻列表中的新闻标题查看新闻内容，包括新闻标题、发布者、发布时间、新闻内容、相关新闻（有相同关键字）和用户评论。
- 新闻管理：系统管理员登录后，可以发布、查看、修改和删除新闻。
- 发表和查看评论：所有用户可以针对某条新闻发表评论和查看其他用户的评论。匿名用户匿名评论，注册用户实名评论。
- 评论管理：系统管理员登录后可以对所有评论进行查看和删除；注册用户登录后可以对自己所发表的评论进行查看和删除。
- 站内检索：所有用户可以输入关键字搜索相关新闻。
- 热点新闻和最新评论：所有用户可以看到单击数最多的热点新闻和最新发表的新闻评论。

1.1.2 示例应用功能

根据上述示例应用需求,程序的使用者被分为三种用户角色,分别是匿名用户、注册用户和管理员用户。下面针对不同用户角色分别介绍相关的具体功能。

1. 匿名用户相关功能

匿名用户可以使用用户注册和注册确认、新闻列表、新闻阅读、发表和查看评论、站内检索热点新闻和最新评论等功能。

(1) 用户注册和注册确认功能:在用户注册功能界面,正确填写用户信息并提交之后,可以进行注册确认,确认无误后完成用户注册。用户注册功能界面如图 1.1 所示。注册确认功能界面如图 1.2 所示。

图 1.1　用户注册功能界面　　　　　图 1.2　注册确认功能界面

(2) 新闻列表功能:用户可以通过列表形式查看全部新闻,每条新闻显示类别、标题和发布时间。新闻标题为超链接,单击新闻标题可进入阅读新闻界面。新闻条数过多时提供分页显示功能。新闻列表功能界面如图 1.3 所示。

图 1.3　新闻列表功能界面

（3）新闻阅读功能：用户可以通过单击新闻列表中的新闻标题阅读新闻内容，包括新闻标题、发布时间、单击次数、新闻内容和相关新闻。通过"查看评论"链接，可以进入查看和发表评论功能界面。新闻阅读功能界面如图 1.4 所示。

图 1.4 新闻阅读功能界面

（4）发表和查看评论功能：用户可以针对一条新闻填写并发表评论，并可查看此新闻的已有评论。通过新闻标题链接可以回到新闻阅读界面。发表和查看评论功能界面如图 1.5 所示。

图 1.5 发表和查看评论功能界面

（5）站内检索功能：用户在所有界面的侧边栏，可以输入关键字，实现在本站所有新闻中按关键字搜索相关新闻。站内检索功能界面如图1.6所示。

图 1.6　站内检索功能界面

（6）热点新闻和最新评论功能：用户在所有界面的侧边栏，可以看到单击数最多的前5条新闻和最新发表的5条评论，单击新闻标题或评论内容可以进入相应的新闻阅读界面。热点新闻和最新评论功能界面可参见图1.3中的侧栏部分。

2. 注册用户相关功能

注册用户除了新闻列表、新闻阅读、发表和查看评论等功能之外，还可以使用用户登录、用户管理、评论管理等功能。其中，新闻列表、新闻阅读及发表和查看评论功能与匿名用户的功能相同，此处不再赘述。

（1）用户登录功能：注册用户输入自己的用户名和密码，可以实现系统登录。通过"用户注册"链接，可以进入用户注册功能界面。用户登录功能界面如图1.7所示。

注册用户登录成功后，进入新闻列表功能界面，如图1.8所示。通过相应的链接，可以使用用户管理、评论管理和退出登录等功能。

图 1.7　用户登录功能界面

图 1.8　注册用户登录成功后进入新闻列表功能界面

（2）用户管理功能：注册用户登录成功后，可以查看和修改自己的注册信息。注册用户的用户管理功能界面如图1.9所示。用户修改成功操作提示如图1.10所示。

（3）评论管理功能：注册用户登录成功后，可以查看自己所发表的全部评论和删除指定评论。注册用户的评论管理功能界面如图1.11所示。

3. 管理员用户相关功能

管理员用户除新闻列表、新闻阅读、发表和查看评论等功能之外，还可以使用用户登录、用户管理、评论管理、新闻管理、新闻发布、新闻修改、新闻删除功能。其中，新闻列表、新闻阅读及发表和查看评论功能与匿名用户的功能相同，此处不再赘述。

（1）用户登录功能：管理员用户输入自己的用户名和密码，可以实现系统登录。用户登录功能界面与注册用户相同，如图1.7所示。

|用户管理

用户名: user1
密 码: ●●●

性 别: 男○ 女◉
注册用户的用户管理功能测试

个人简介

修改

图1.9 注册用户的用户管理功能界面

|操作提示

用户修改成功，请继续使用。点击回到首页

图1.10 用户修改成功操作提示

|评论管理

to:87	物联网技术前景无限啊	[by:user1]	in:2015-07-11 08:52:05	✕
to:88	信息安全需要立足自身，浪潮好样的	[by:user1]	in:2015-07-11 08:51:22	✕
to:90	科技发展真是太快了	[by:user1]	in:2015-07-11 08:50:24	✕
to:94	及时应用新技术，为学生提供周到服务，做的好	[by:user1]	in:2015-07-11 08:49:48	✕

图1.11 注册用户的评论管理功能界面

管理员用户登录成功后，进入新闻列表功能界面，如图1.12所示。通过相应的链接，可以使用用户管理、评论管理、新闻管理和退出登录等功能。

图1.12 管理员用户登录成功

（2）用户管理功能：管理员用户登录成功后，可以查看所有注册用户和删除指定用户。管理员用户的用户管理功能界面如图1.13所示。

（3）评论管理功能：管理员用户登录成功后，可以查看全部评论和删除指定评论。管理员用户的评论管理功能界面如图1.14所示。

（4）新闻管理功能：管理员用户登录成功后，可以查看所有新闻的标题列表，并通过相应链接使用发布新闻、修改新闻和删除新闻等功能。新闻管理功能界面如图1.15所示。

用户管理

序号	用户名	删除
1	admin	⊗
2	user1	⊗
3	user2	⊗

图 1.13　管理员用户的用户管理功能界面

评论管理

to:89	还要加大网络安全人才的培养	[by:user2]	in:2015-07-11 09:31:49	⊗
to:88	信息安全已经成为国防安全的重要组成部分了	[by:user2]	in:2015-07-11 09:31:12	⊗
to:35	提高个人修养，注重校园文明	[by:user2]	in:2015-07-11 09:30:36	⊗
to:87	物联网技术前景无限啊	[by:user1]	in:2015-07-11 08:52:05	⊗
to:88	信息安全需要立足自身，浪潮好样的	[by:user1]	in:2015-07-11 08:51:22	⊗
to:90	科技发展真是太快了	[by:user1]	in:2015-07-11 08:50:24	⊗

图 1.14　管理员用户的评论管理功能界面

图 1.15　新闻管理功能界面

（5）新闻发布功能：管理员用户登录成功后，在新闻发布功能界面输入新闻标题、关键字和新闻内容，选择新闻类别，可以发布新闻。新闻发布功能界面如图 1.16 所示。新闻发布成功提示界面如图 1.17 所示。

图 1.16　新闻发布功能界面

图 1.17　新闻发布成功提示界面

（6）新闻修改功能：管理员用户登录成功后，在新闻修改功能界面，可以对新闻标题、新闻类别、关键字和新闻内容进行修改。新闻修改功能界面如图 1.18 所示。新闻修改成功提示界面如图 1.19 所示。

图 1.18　新闻修改功能界面

图 1.19　新闻修改成功提示界面

（7）新闻删除功能：管理员用户登录成功后，在新闻管理功能界面，可以删除指定新闻。删除提示信息如图 1.20 所示。新闻删除成功提示界面如图 1.21 所示。

图 1.20　新闻删除提示

图 1.21　新闻删除成功提示界面

以上就是本书所使用的示例应用的主要功能。

1.2　Java Web 应用开发技术

Web 应用是 Web 应用程序(Web Application)的简称,指那些运行在特定的 Web 服务器上,用户通过 Web 浏览器来使用其功能的应用程序,也称 B/S(Browser/Server,浏览器/服务器)结构应用程序。

Java Web 应用是指使用 Java 语言,按照 Java EE 规范开发的 Web 应用。它需要部署到符合该规范的 Web 容器中才能够正常运行。由于 Web 应用特殊的运行模式,导致其开发涉及的技术种类较多,大致可以分为客户端开发技术和服务器端开发技术两类。本节首先介绍应用程序结构的相关概念,然后再分别介绍这两类开发技术。

1.2.1　应用程序的演化

应用程序通常指能够执行某种功能的计算机软件。人们使用计算机,实际上都是通过使用某种应用程序所提供的特定功能来完成某一方面的工作。传统意义上的应用程序,往往表现为放置在计算机桌面上的各种图标。我们把这类程序称为桌面应用程序。这里的"桌面",一方面表示程序图标的所在位置——操作系统的桌面;另一方面,也可以理解为这类程序的运行平台是计算机的操作系统。

最初的桌面应用程序都是单机程序,例如常用的办公软件 Word、Excel 等。但是随着网络技术的普及,计算机桌面上开始出现其他类型的应用程序,例如即时通信软件、网络游戏客户端等。另外,还出现了其他形式的应用程序,例如在线办公自动化系统等。这里简要介绍应用程序的演化过程以及相应的程序结构。

从使用者的角度,可以把程序理解为"功能＋数据"。下面以音乐播放器软件为例,按照功能和数据所在位置的不同,来分析不同形式的程序结构。

1. 单机版

最初的音乐播放器需要在本机安装播放器程序,如 Windows Media Player,并且把音乐文件保存在本机硬盘上。播放音乐的时候,首先要启动音乐播放器,然后从本机上找到要处理的数据(音乐文件),最后运行音乐播放功能。音乐播放过程如图 1.22 所示。

这种传统的桌面应用程序,需要将程序功能(即音乐播放器软件)和要处理的数据(即音乐文件)都安装或保存在本机上。

2. C/S 结构的网络版音乐播放器

单机版的音乐播放器需要将音乐文件保存在本机上才能播放,不但占用本地存储空间,而且获取更新也比较烦琐。随着网络的发展,后来出现了网络版的音乐播放器,只需在本机安装播放器程序,如 QQ 音乐播放器,但不用在本机保存音乐文件。播放音乐的时候,只要启动音乐播放器,然后从音乐列表中选择要播放的歌曲名称,播放器就会通过网络从远程服务器获取要处理的数据,最后运行音乐播放功能。音乐播放过程如图 1.23 所示。

这里安装在本机的播放器程序称为 Client 程序,提供音乐文件存储功能的是 Server 程序,所以这种程序结构称为 Client/Server 结构,简称 C/S 结构。C/S 结构的音乐播放器不需要在本地保存音乐文件,而是在远程服务器上由专人负责音乐文件的存储和更新。

图 1.22　单机版音乐播放过程

图 1.23　C/S 结构网络版音乐播放过程

由于本机上只有音乐播放功能,而音乐文件不需要在本机出现,相较于单机版,在便利性上有了很大的提高。

3. B/S 结构的网络版音乐播放器

目前更流行的音乐播放方式则是通过网页来实现的。这种形式的音乐播放既无须在本机保存音乐文件,也不用安装专门的播放器软件。播放音乐的时候,只要打开 Web 浏览器,输入特定网址打开音乐列表页面,然后选择要播放的歌曲名称,运行在 Web 服务器上的播放器功能会将音乐文件处理为声音数据,传输给浏览器,最后由浏览器在本机上播放音乐。音乐播放过程如图 1.24 所示。

这种程序结构称为 Browser/Server 结构,简称 B/S 结构。本机上只需要运行一个通用的 Web 浏览器,就可以实现音乐播放功能。此时,音乐播放的功能和音乐文件都已经不需要在本机出现。

C/S 和 B/S 两种结构的程序都需要运行在网络环境下,并且要有远端服务器的支

图 1.24   B/S 结构网络版音乐播放过程

持,两者的特点和对比如下:

- C/S 结构,适用于中小型应用程序,将任务合理分配到 Client 端和 Server 端来实现。这种结构的程序通信开销低,应用服务器运行负荷较轻,但程序升级或功能更新的代价高、效率低。
- B/S 结构,适用于大中型应用程序,极少事务逻辑在前端(Browser)实现,主要事务逻辑在服务器端(Server)实现。这种结构的程序简化了客户端的功能负载,减轻了应用维护与升级的成本和工作量,降低了用户的总体成本,但应用服务器运行负荷较重。

本书中所讲的 Java Web 应用开发就是使用 Java 和相关技术开发实现 B/S 结构的应用程序。

1.2.2   客户端开发技术

客户端开发技术,是对 Web 应用程序中浏览器端开发技术的统称,也可以称为 Web 技术。这是在 20 世纪 90 年代初引入的一项重要技术,它对互联网的发展起到了巨大的推动作用。

构成 Web 的基本单位是 Web 页,即通常所说的网页。Web 技术主要包括 HTML、CSS 和 JavaScript,也称静态网页开发技术。

1. HTML 技术

HTML(HyperText Markup Language,超文本标记语言)是一种用于表示网上信息的符号标记语言。它用标记来表示网页中的各种信息,如文本、图像、音乐、超链接等。通过使用 Web 浏览器解析用 HTML 编写的网页,就可以呈现丰富多彩的多媒体内容。

超文本是指利用超链接的方法,将各种不同空间的文字信息组织在一起的网状文本。其中的文字包含有可以指向其他位置或者文档的超链接,允许从当前阅读位置直接切换到超链接所指向的位置。其本质是在文档内部和文档之间建立关系,实现文本的非线性组织形式。

这种新的超文本组织形式及其所处的互联网环境带来的信息分布式存放,提高了人类社会信息传播的速度,扩展了覆盖范围,因而在出现之后很快就得到了飞速的发展。但同时也逐渐显露出其本身的不足之处。

HTML 的不足主要体现在两个方面。第一是网页内容的静态性。HTML 页面一旦写好,其内容就固定了下来。如果需要更新网页内容,则必须修改 HTML 代码,因此把 HTML 页面称为静态网页。第二是布局的局限性。最初的 HTML 是被设计用于定义超文本类型的内容,在布局上没有太多的考虑,只能通过宽度(width)、高度(height)等简单的标记属性来实现有限的效果。

2. CSS 技术

CSS(Cascading Style Sheets,层叠样式表)技术是一种定义样式结构(如字体、颜色、位置等)的语言,用于描述网页上的信息格式和显示的方式。它为 HTML 带来了两大好处:一是丰富了 HTML 的表现能力,使得网页的布局、格式、表现样式等方面的能力大大增强;二是分离了网页的内容和表现,CSS 用于表现样式的控制之后,HTML 只专注于网页内容的表示,提高了网页的开发和维护效率。

3. JavaScript 技术

JavaScript 是一种广泛应用于客户端的脚本语言,通过嵌入到 HTML 中来实现自身的功能;通过控制网页元素的行为和 CSS 代码中的样式定义,为网页增添了诸如表单内容验证、动画显示效果等交互能力,可以使静态网页具备一定的动态效果。但是这种动态性只体现在客户端的浏览器上,并非网页内容的动态变化,所以把这种具有动态效果的网页称为动态 HTML 页面,其本质仍然是静态网页。真正的动态网页是通过在服务器端编程实现网页内容的动态变化。

在客户端开发技术中,HTML 使用标记将信息分门别类地组织在一起,形成 Web 应用的用户界面,开发者需要熟练掌握 HTML 文档的基本结构和常用标记的用法。CSS 主要用于定义网页的外观,实现对页面布局、字体、颜色、背景和效果等方面的精确控制,同时也分离了网页的数据代码和样式代码,提高了网页的开发效率。JavaScript 作为一种基于对象和事件驱动的解释型脚本语言,为浏览器提供了一些动态的功能,使得 Web 应用的用户界面更有交互性,增强了用户的体验。

1.2.3　服务器端开发技术

服务器端开发技术,是在 HTML 代码中嵌入服务器端脚本代码,这些代码在服务器端执行,将执行后的页面内容发送给客户端浏览器。它与动态 HTML 页面的不同之处在于,每次执行得到的页面可能会有变化,因此是真正的动态网页。常见的动态网页开发技术有 ASP、JSP 和 PHP 等。这些技术入门简单,易于使用,适合开发功能简单、规模较小的 Web 应用,在实际中也得到了较多的应用。动态网页运行机制如图 1.25 所示。

本书所涉及的服务器端开发技术主要包括 Servlet、JSP、JavaBean 和 JDBC 技术等。

1. Servlet 技术

Servlet 是以 Java 技术为基础的服务器端应用程序组件,与运行在浏览器端的 Applet 相对应。Servlet 是被 Web 服务器(如 Tomcat)加载和执行,而 Applet 则是被浏览器加载和执行。Servlet 通过 Web 服务器接收客户端浏览器发来的请求,执行预定的功能,然后将执行结果返回给客户端的浏览器。Servlet 可以使用服务器端的所有 Java 类库资源,所以理论上其功能可以无限扩展。

图 1.25　动态网页运行机制

2. JSP 技术

JSP(Java Server Page)是建立在 Servlet 规范提供的功能之上的一种动态网页技术。它简化了开发方式,加强了界面设计,定位于交互网页的开发,但功能上与 Servlet 相比弱化了许多,一般在高级开发中只用于用户界面部分。与 ASP 和 PHP 类似,JSP 也是在网页文件中嵌入脚本代码来产生动态内容,只不过脚本语言是 Java。JSP 页面接收到客户端浏览器的请求后,先由 Web 容器将 JSP 文件转换为 Servlet,再由该 Servlet 处理此请求,最后将执行结果返回给客户端的浏览器。

Servlet 和 JSP 是 Java Web 开发中最重要的两个规范。从上面的介绍可以看出,JSP 在本质上其实就是 Servlet,但 JSP 在处理静态内容时要比 Servlet 更为方便。

3. JavaBean 技术

JavaBean 是 Java 组件技术的核心,它是 Java 平台上实现重用的软件组件模型。JavaBean 是一种特殊的 Java 类,需要满足一定的规范要求。它一般用于封装业务逻辑代码或数据访问代码,之后可以在 JSP 中直接使用,从而提高代码的重用率和系统安全性。

4. JDBC 技术

JDBC(Java DataBase Connectivity)是一种用于执行 SQL 语句的 Java API(Application Programming Interface,应用编程接口),由一组 Java 语言编写的类和接口组成。JDBC 很好地屏蔽了不同数据库之间的差异,为 Java 程序员提供了一个通用的用户接口,使得程序员能够以统一的 SQL 语句来操作不同的数据库,从而不需要考虑所使用的数据库平台的类型。

但是,这种简单地基于脚本语言所开发的动态网页,存在代码可读性和可维护性差等缺点,不能适用于规模较大、业务逻辑复杂的应用系统开发。一种替代的选择就是选用企业级开发解决方案,如 Java EE、ASP.NET 等。这些技术除了动态网页开发技术的优点之外,还具有开发效率高、可维护性好、可扩展性强等特点,一般采用 Java、C♯ 等语言,有丰富的类库支持,而且易于使用各类成熟的开发模式(如 MVC 模式)进行开发,使得应用系统的开发和维护都更为快捷和方便。

Java EE 技术是 Java 发展最为成熟和成功的一个领域。经过多年的发展,目前已经积累了大量的常用类库、成熟的设计思想,还有许多开源资源可供使用,如 Tomcat、JBoss 等 Web 服务器,Spring、Struts、Hibernate 等应用框架,以及 Eclipse 等开发工具,这些资源能够极大地提高开发效率,减少程序员的重复劳动。Java Web 应用开发是 Java EE 中的重要组成部分。

1.2.4　HTTP

Web 的基础是 HTTP(Hyper Text Transfer Protocol,超文本传输协议),Web 应用程序实际上也可以被看作运行在 HTTP 基础上的请求响应处理。HTTP 是用于从 Web 服务器传输超文本到本地浏览器的一个网络协议。它定义了 Web 客户端如何向 Web 服务器请求 Web 页面,以及服务器如何把 Web 页面传送给客户端。

HTTP 采用请求/响应模型。Web 浏览器作为 HTTP 客户端通过 URL 向 HTTP 服务器端即 Web 服务器发送请求报文。请求报文中包含请求方法、URL、协议版本、请求报文头和请求数据。服务器根据接收到的请求向客户端发送响应报文。响应报文中包括协议版本、成功或错误代码、服务器信息、响应报文头以及响应数据。

HTTP 请求/响应的处理过程包括以下步骤,如图 1.26 所示。

(1) 浏览器向 Web 服务器发送请求报文。

(2) 服务器解析接收到的请求,定位请求资源,做相应处理,然后封装好响应报文,回送给浏览器。

(3) 浏览器收到响应报文,解析 HTML、图片等静态内容,渲染网页呈现给用户,解析 DOM(Document Object Model,文档对象模型)树,脚本引擎执行脚本代码,完成 DOM 操作、CSS 属性更改、发送 AJAX(Asynchronous JavaScript And XML,异步 JavaScript 和 XML)请求等功能。

图 1.26　HTTP 请求/响应机制

HTTP 主要有以下特点。

- 简单快速:客户向服务器请求服务时,只需传送请求方法和路径。由于 HTTP 简单,使得 HTTP 服务器的程序规模小,因此通信速度很快。
- 灵活:HTTP 允许传输任意类型的数据对象,数据类型由 Content-Type 加以标记。
- 无连接:限制每次连接只处理一个请求。服务器处理完客户的请求,并收到客户的应答后,即断开连接。采用这种方式可以节省传输时间。
- 无状态:HTTP 是无状态协议,对于事务处理没有记忆能力。这意味着如果后续处理需要前面的信息,就必须重传,这样可能导致每次连接传送的数据量增大。

但是在服务器不需要先前信息时，应答就会比较快。

- 支持 B/S 及 C/S 模式。

1.3   Web 应用开发流程

这里描述的是一般的 Web 应用开发流程。根据项目规模的大小不同，其中的某个步骤可能很小，也许在你的脑海中就能够完成。不过，了解一下事情的整个过程还是有好处的。另外，这里只是对开发流程做一个简要描述，更详细的介绍可以参考软件工程方面的相关资料。通常，把软件开发的过程分为需求分析、系统设计、编程实现和测试发布等几个阶段。

1.3.1   需求分析

开发 Web 应用的第一个阶段是分析用户需求。这个阶段的主要任务是定义出一个尽量周全的功能清单，作为接下来进行程序开发工作的目标。如果是为客户开发这个应用，你需要明白他们想要的是什么。通过双方的讨论总结出需求和软件规格。对于本书中所要实现的新闻发布系统，在 1.1.1 节已经给出了具体的用户需求。

1.3.2   系统设计

明确用户需求之后，就可以进入系统设计阶段。系统设计是程序开发的关键环节，设计任务可以分为界面设计、数据库设计、功能设计和架构设计等几个方面。

1. 界面设计

根据用户需求，首先进行初步的界面流程设计。这个步骤能够明确程序最终的样子，可以用一些词语描述，适度细化。在设计过程中每当有了一个好的想法，或者想到事情应该如何做时，可以做出标注（例如，当单击这个按钮时，应该使另外一个元素改变或隐藏，可以把它写在流程图上）。这个步骤的工作可以只用简单的纸笔或者使用专门的工具软件来完成。

当完成初步的界面流程设计之后，可以开始制作界面原型。Web 应用程序的原型一般用 HTML 实现，并使用 CSS 和 JavaScript 实现效果渲染。需要实现页面的布局，设定好链接、颜色、字体和字体大小等各个方面。这里所完成的东西都可以用在最终的程序中。

在这个阶段的最后，要开发的 Web 应用程序最终的运行结果和各个界面之间的流程已经明确。例如登录页面有哪些内容，用户如何从主页转到各个页面等。在实际开发中，界面设计通常要反复进行很多次，每一次重复都会把设计更加细化。

2. 数据库设计

根据对用户需求的分析，明确程序所要实现的功能之后，可以确定程序要处理的数据对象，并使用数据库来存储这些数据。按照数据库设计规范，设计出所要使用的数据表及结构。

在本书的示例应用中，共用到四个数据表，分别是新闻表（news）、评论表

（comment）、新闻类别表（newstype）和用户表（user），各表结构如图 1.27 所示。另外，在
书末的附录 B 中给出了创建数据库的相关语句供参考。

图 1.27　数据表关系图

3．功能设计

功能设计是将用户的功能需求进一步进行细化。前面在 1.1.2 节已经对示例应用程序的各个功能进行了详细的说明。这是编程实现阶段编写代码的主要依据。

4．架构设计

对于规模较大的程序，还需要对系统的整体架构进行设计。架构设计包括对系统的各个功能模块之间如何交互和集成、数据如何存储、怎样进行开发和测试以及在引进变动的时候如何应对等。常用的一些架构设计原则包括：模块化、轻耦合、无共享架构，减少系统各组件之间的依赖，以及防止由于服务之间的依赖而造成链式失败等。

1.3.3　编程实现

完成系统设计之后，开始进入编程实现阶段，这也是本书的主要内容。

编程实现阶段通常会按照功能设计中划分的功能模块来分块进行。在 Web 应用开发中，这个阶段的主要任务包括前台界面的开发和后台功能的实现。前台开发任务是在界面设计的基础上，实现真正给用户使用的操作界面。后台开发任务包括根据功能设计的结果来编写和使用实现特定功能的类、对象、服务、过程，是整个应用的核心。这一部分的开发工作与普通的编程没有什么区别。最后把前台的界面和后台的功能集成到一起，形成一个完整的 Web 应用程序。

1.3.4　测试发布

编程实现各个功能模块，并将其集成到一起之后，需要通过测试来确保在需求分析阶段中所定义的需求和软件规格已经完全实现。事实上，在整个开发过程中都要时时考虑这个问题。另外，还要通过测试确保用户不能通过试图做一些未实现的操作而导致程序崩溃（参考软件测试中的白盒测试和黑盒测试）。另外，对于 Web 应用程序，还需要确保能在各种浏览器上正确地运行。根据测试的情况可以对程序做一些调整。

测试完成之后，进入开发的最后一步——发布 Web 应用，让用户能够真正使用。通常可以先发布一个 Beta 版，让一小部分用户通过实际使用来发现程序中存在的各种 bug，以便改进程序的质量，使程序变得更加稳定。经过 Beta 版的试用之后，程序就可以正式发布。

但是 Web 应用程序的发布并不意味着开发过程的结束。在之后的使用中，通过不断地听取用户的反馈意见，反复思考如何使应用变得更好，经过不断迭代开发，最终才能得到一个完美的 Web 应用。

1.4   本 章 小 结

本书以一个典型 Web 应用的开发作为贯穿全书的一条主线,按照软件工程的开发流程,围绕各个功能的实现讲解 Java Web 应用开发的关键技术。本章首先介绍示例应用的功能需求;然后介绍应用程序的演化过程及程序结构,并对主流的 Web 应用开发技术进行简要介绍,包括客户端开发技术、服务器端开发技术以及 HTTP;最后对 Web 应用的典型开发流程进行说明。

1.5   习   题

1. 单选题

(1) Java Web 应用是运行在(   )上的应用程序。

    A. Windows 操作系统　　　　　　　　　B. Web 服务器

    C. Web 浏览器　　　　　　　　　　　　D. Linux 操作系统

(2) Web 服务器向客户端发送 Web 页面时遵循的协议是(   )。

    A. HTTP　　　　　　B. FTP　　　　　　C. TCP　　　　　　D. UDP

2. 简答题

(1) 简述 C/S 结构与 B/S 结构的特点及各自优势。

(2) 简述 HTTP 的主要特点。

(3) Web 应用开发的主要流程包括哪些阶段?

第 2 章

用户界面设计

学习目标

- 掌握 HTML 常用标记的用法;
- 了解应用 CSS 设计界面布局和显示样式;
- 掌握应用 JavaScript 实现常用客户端功能。

2.1　用户界面设计任务

在第 1 章已经给出了新闻发布系统的主要功能及相关界面需求,本章开始进行用户界面的设计和实现。

Java Web 应用通过 Web 浏览器使用,其用户界面主要基于 HTML、CSS 和 JavaScript 等客户端开发技术,以网页的形式实现。用户界面设计的任务主要包括典型界面元素实现、界面布局设计和客户端功能开发。

通过对新闻发布系统的用户界面进行归类,可以将用户界面的构成总结为几类典型界面元素。本章首先使用 HTML 实现这些典型界面元素,包括标题列表、文本段落、评论列表、输入表单、新闻发布表单、管理表格和功能菜单等;然后应用 CSS 完成界面布局的设计与实现;最后使用 JavaScript 开发所需的客户端功能。

2.2　用户界面元素开发

2.2.1　典型界面元素实现

1. 标题列表

在图 1.3 所示的新闻列表功能界面中,显示了一种标题列表,把所有的新闻标题分条依次展示给用户。

这种标题列表的实现使用了 HTML 中的列表元素。列表元素是 HTML 中组织数据的一种形式,在网站界面设计中比较常用,它可以将信息整齐、直观地展示给用户。下面给出新闻列表的实现代码。

【**程序 2.1**】　创建 demo02 文件夹,在其中编写网页文件 listNews. htm,使用列表元素实现标题列表。

```
<html>
<head>
    <title>新闻发布系统 V2.0</title>
    <meta http-equiv="content-type" content="text/html;charset=UTF-8"/>
    <style>
        div{
            display:inline;
        }
    </style>
</head>
<body>
    <h1>新闻列表</h1>
    <ul>
        <li>
            <div class="dd_lm">[国内]</div>
            <div class="dd_bt"><a href="#">时尚礼仪专家做客我校 </a></div>
            <div class="dd_time">2015-07-04 23:51:33</div>
        </li>
        <li>
            <div class="dd_lm">[国内]</div>
            <div class="dd_bt"><a href="#">华为发布荣耀独立品牌 </a></div>
            <div class="dd_time">2015-07-04 22:41:39</div>
        </li>
        <li>
            <div class="dd_lm">[国内]</div>
            <div class="dd_bt"><a href="#">苹果设备在企业移动市场中占据主导
            地位 </a></div>
            <div class="dd_time">2015-07-04 23:51:37</div>
        </li>
        <li>
            <div class="dd_lm">[国内]</div>
            <div class="dd_bt"><a href="#">前外交部部长来我校作主题报告
            </a></div>
            <div class="dd_time">2015-07-04 22:44:35</div>
        </li>
        <li>
            <div class="dd_lm">[国内]</div>
            <div class="dd_bt"><a href="#">智慧城市计划投资规模超万亿 </a>
            </div>
            <div class="dd_time">2015-07-05 22:11:42</div>
        </li>
        <li>
            <div class="dd_lm">[国内]</div>
```

```
        <div class="dd_bt"><a href="#">国产计算机已能够支撑大部分应用
        </a></div>
        <div class="dd_time">2015-07-04 23:42:51</div>
    </li>
    <li>
    <div class="dd_lm">[国内]</div>
    <div class="dd_bt"><a href="#">我国拟制定网络安全法 </a></div>
    <div class="dd_time">2015-07-05 22:32:34</div>
    </li>
    <li>
        <div class="dd_lm">[国内]</div>
        <div class="dd_bt"><a href="#">首款全彩柔性超薄显示屏问世 </a>
        </div>
        <div class="dd_time">2015-07-04 23:07:24</div>
    </li>
    <li>
        <div class="dd_lm">[国内]</div>
        <div class="dd_bt"><a href="#">图书馆积极开展"微平台"建设 </a>
        </div>
        <div class="dd_time">2015-07-07 10:32:10</div>
    </li>
    </ul>
  </body>
  </html>
```

代码中的<ul>和</ul>是 HTML 中实现无序列表的标记,其基本语法如下:

```
<ul type="符号类型">
    <li type="符号类型 1" />第一个列表项</li>
    <li type="符号类型 2" />第二个列表项</li>
    ...
</ul>
```

<ul>标记中的属性 type 指定列表前的项目符号的样式,取值有三种:disc:实心圆点;circle:空心圆点;square:实心方块。默认样式为实心圆点。

在<ul>和</ul>之间的<li>和</li>是列表项标记,每一对标记对应一个列表项,每个列表项用来显示一个标题。可以使用 type 属性,单独设置某个列表项的符号类型。

在新闻列表界面中,使用了简单的无序列表标记,样式为默认值。列表中共有 9 个用<li>标记的列表项。

在浏览器中打开 listNews.htm 页面,查看界面效果,与图 1.3 新闻列表页面效果相同。

2. 文本段落

在图 1.4 所示的新闻阅读功能界面中显示的新闻段落，就是用文本段落的形式将新闻的内容展示给用户。

文本段落是网站中常见的信息展示形式，主要使用 HTML 中的段落标记<p>和</p>来实现。下面给出新闻阅读界面中新闻段落的实现代码。

【程序 2.2】 在 demo02 文件夹中编写网页文件 dispNews.htm，使用段落标记实现文本段落显示。

```html
<html>
    <head>
        <title>新闻发布系统 V2.0</title>
        <meta http-equiv="content-type" content="text/html; charset=
            UTF-8" />
    </head>
    <body>
        <h1>智慧城市计划投资规模超万亿</h1>
        <div class="news_time">
        <span class="left-t">2015-07-05 22:05:23</span>
        <span class="right-t">(点击: 16)
            <img src="image/1.png"/>
            <a href="comment?action=disp&newsid=94">查看评论</a>
        </span>
        </div>
<p>  目前,我国已经先后发布了三批智慧城市试点。另外,统计显示,目前我国已经有超过
        500 个城市在进行智慧城市试点,并均出台了相应规划,计划投资规模超过万亿元。从
        实际效果看,智慧城市在城市交通、医疗、政务管理等领域取得了广泛成果。政企合作
        的新型商业模式正不断走向成熟,我国智慧城市建设将步入发展快车道。
</p>
    </body>
</html>
```

dispNews.htm 文件的基本结构与程序 2.1 相同。

HTML 中的段落标记<p>和</p>的基本语法如下：

```
<p align="对齐方式">段落 1 内容
<p align="对齐方式">段落 2 内容</p>
```

段落标记可以定义一个新段落。单独使用<p>标记时段落前会空一行，使内容隔行显示。同时使用<p>和</p>，会使段落前后各空一行。

标记中的 align 属性用于定义段落的水平对齐方式，可分别取 left（左对齐），center（居中），right（右对齐），默认值为 left。

在浏览器中打开 dispNews.htm 页面，查看界面效果，与图 1.4 新闻阅读功能界面效

果相同。

3. 评论列表

在图 1.5 所示的发表和查看评论功能页面中,所显示的评论列表列出每条评论的评论人信息、评论时间和内容。评论列表的实现用到了 HTML 的块标记<div>、行内元素标记<span>和图片标记<img>。

评论列表中的每条评论都显示在一个 DIV 层中。在 DIV 层内嵌套的图片标记<img>用来显示评论人图标;嵌套的行内元素标记<span>用于显示评论人账号;嵌套的子 DIV 层用于显示评论内容。下面给出评论列表的实现代码。

【程序 2.3】　在 demo02 文件夹中编写网页文件 listComment.htm,实现评论列表。

```html
<html>
    <head>
        <title>新闻发布系统 V2.0</title>
        <meta http-equiv="content-type" content="text/html; charset=
            UTF-8" />
    </head>
    <body>
        <h2><a href="#">我国拟制定网络安全法</a></h2><span>网友评论仅供网
        友表达个人看法,并不表明本网站同意其观点或证实其描述</span>
        <div>
            <span class="fd"><IMG src="image/zt2.gif"></span>
            <span class="fd">发表评论</span>
            <span class="fdr"><IMG style="cursor: pointer;"
                id="btnSubmitBottom" src="image/an7_1.gif">
            </span>
            <br/><br/>
            <form id="form_pl" method="post">
                <textarea name="comment" id="commentMessage" cols="64"
                    rows="6"></textarea>
            </form>
        </div>
    </div>

    <div class="yc"></div>
    <div class="mian">
        <div>
            <img class="fd" src="image/an16.gif">
            <span class="fd">评论人: [ admin ]</span>
            2015-07-04  23:44:09
            <div>
                网络空间安全已经成为国家安全的重要组成
            </div>
```

```
        </div>

        <div>
            <img class="fd" src="image/an16.gif">
            <span class="fd">评论人：[ admin ]</span>
            2015-07-04  21:19:13
            <div>
                网络安全很重要,有必要立法
            </div>
        </div>
    </body>
</html>
```

listComment. htm 中主要用到了块标记<div>、行内元素标记<span>和图片标记<img>。

（1）<div>标记：一个区块容器标记,可容纳标题、段落、表格、图像等各种 HTML 元素,可以使<div>与</div>之间的内容成为独立的一部分。在<div>与</div>之间的 HTML 内容称为 div block 或者 DIV 层。基本语法如下：

```
<div>...</div>
<div>...</div>
```

单纯使用<div>标记,只能起到换行的作用。之所以在"评论列表"中使用<div>标记主要是使用 DIV 层的独立性,从而方便对其应用 style 属性或者 CSS(详见 2.3 节)来设置排版等显示样式的定义。

DIV 层之间也可以嵌套,通常把这种嵌套理解为父层与子层的关系,其语法形式为：

```
<div>
        <div>...</div>
        <div>...</div>
</div>
```

因为在评论列表中,每条评论的样式都是一样的,所以可以使用<div>标记将每条评论都创建为一个 DIV 层,再用 class 属性来引用已创建好的 CSS 样式(详见 2.3 节)。

一条评论中的评论信息行和评论内容的样式不同,这就需要通过嵌套多个 DIV 层来实现同一层中的不同样式。评论内容的样式可以使用<div>的 style 属性来设置。

（2）<span>标记：与<div>标记一样,<span>标记也是一种容器标记。在<span>标记中也可以容纳各种 HTML 元素,并形成独立的对象。二者的区别在于,<div>是块级元素,它包含的元素会自动换行,而<span>是行内元素,在它的前后不会换行。<span>标记可以作为子元素包含在<div>标记中。

在评论列表中,因为评论信息一行的评论人和评论时间样式不同,所以可使用<span>标记实现。因为<span>标记不会换行,所以可用多个<span>标记来实现一行中的不同样式。

(3)<img>标记:HTML 利用图片标记<img>向网页中插入静态或者动态的图像,如插入评论列表中的评论人图标。

<img>标记的格式如下:

```
<img src="图片地址" >
```

src 属性用于规定图片的 URL,即图片的地址和图片名称。图片类型可以是 jpeg、gif 或 png 文件。

在浏览器中打开 listComment.htm 页面,查看界面效果,与图 1.5 查看发表评论页面效果相同。

4. 输入表单

在图 1.7 所示的用户登录功能界面中,使用了一个典型的输入表单。用户可以在表单中输入用户名和密码,然后单击"登录"按钮使用用户登录功能。

输入表单的功能是将用户输入的信息提交到服务器端进行处理,其实现主要使用了 HTML 的表单标记<form>和输入标记<input>。下面给出用户登录功能界面的实现代码。

【程序 2.4】　在 demo02 文件夹中编写网页文件 userlogin.htm,实现输入表单。

```
<html>
    <head>
        <title>新闻发布系统 V2.0</title>
        <meta http-equiv="content-type" content="text/html; charset=
            UTF-8" />
    </head>
    <body>
        <form action="" method="post" >
            用户名:<input type="text" name="username"></input><br><br>
            密    码:<input type="password" name="password">
                </input><br><br>
            <input type="submit" value="登录"></input>
        </form>
    </body>
</html>
```

userlogin.htm 中主要用到了表单标记<form>和输入标记<input>。

(1)<form>标记:用于定义 HTML 表单。表单可以用来收集用户输入的信息,然后将这些信息提交给服务器端处理,实现用户和服务器端程序之间的交互。用户输入表

单的信息要通过各种输入控件来完成提交,常用的输入控件有文本框、复选框、单选按钮等形式。表单定义的格式如下:

```
<form name="表单名" action="URL" method="get|post">
    <input type="表项类型" name="表项名" value="默认值" />
    ...
</form>
```

<form>标记的常用属性如下。

- name 属性:指定表单的名称。
- action 属性:规定当提交表单时,向何处发送表单数据。
- method 属性:规定用什么方式发送表单数据。

(2)<input>标记:用于定义表单中的输入控件,使用户能够使用文本框、下拉列表、单选按钮、复选框等多种方式输入信息。

<input>标记的常用属性如下。

- type 属性:设置输入控件的类型,例如 text 文本框、password 密码框、submit 提交按钮、hidden 隐藏域、checkbox 复选框、radio 单选按钮、file 文件域等。
- value 属性:设置该输入控件的控制初值,用以告诉表单用户的默认输入值或者选择结果。
- checked 属性:在定义复选框和单选按钮时表示是否为默认选中项,若不设置,则表示该项默认未选中。
- name 属性:指定输入控件的名称,对于复选框和单选按钮,同一组选择钮的输入控件名称必须相同。

userlogin. htm 中实现了一个简单的输入表单,其中包含三个<input>输入标记。text 文本框用于输入用户名;password 密码框用于输入密码;submit 提交按钮用于提交表单信息到服务器。

在浏览器中打开 userlogin. htm 页面,查看界面效果,与图 1.7 用户登录界面效果相同。

5. 新闻发布表单

在图 1.16 所示的新闻发布界面中也实现了一个输入表单,但是这个表单的输入形式要比用户登录表单更复杂。在表单中除了新闻标题和关键字这些简单的输入形式之外,有选择新闻类别和输入新闻内容的输入元素。新闻类别使用下拉列表框选择;新闻内容因为需要输入多行文本,所以使用多行文本框实现。下面给出新闻发布表单的实现代码。

【程序 2.5】 在 demo02 文件夹中编写网页文件 addNews. htm,实现新闻发布表单。

```
<html>
    <head>
        <title>新闻发布系统 V2.0</title>
        <meta http-equiv="content-type" content="text/html; charset=
            UTF-8" />
```

```
        </head>
        <body>
            <h1>新闻发布</h1>
            <form action="" method="post">
                标题：<input type="text" name="title" id="title"></input>
                    <br/><br/>
                类别：<select name="newstype">
                        <option value="1">校内</option>
                        <option value="2">社会</option>
                    </select>
                关键字：<input type="text" name="keyword" id="keyword">
                    </input><br/><br/>
                内容：<textarea name="content" cols="25" rows="5"></textarea>
                    <br/>
            <br>
                <input type="submit" value="发布"></input>
            </form>
        </body>
    </html>
```

addNews. htm 中用到了下拉列表框和多行文本框两种输入元素。

（1）下拉列表框。

下拉列表框需要使用＜select＞和＜option＞两个标记来定义。定义形式如下：

```
<select name="控件名" size="大小" multiple >
    <option value="选项值">选项名称</option>
    <option value="选项值" selected>选项名称</option>
    ...
</select>
```

＜select＞标记的属性 multiple 表示允许用户从列表中选择多项，若缺省，则表示单选。

＜option＞标记有两个属性：value 和 selected。前者用于设置当该选项被选中并提交后，浏览器传给服务器的数据；后者表示是否为默认选中项，若默认，则表示未被选中。

新闻发布界面中的"类别"有两种，所以需要两个＜option＞标记，每个选项的 value 值不能相同，否则就失去了选择的意义。

（2）多行文本框。

＜textarea＞标记用于实现一个多行文本框，定义形式如下：

```
<textarea name="content" clos="25" rows="5">编辑框默认显示的内容</textarea>
```

其中 clos 设置输入域的列数,rows 设置输入域的行数。

新闻发布界面中新闻内容<textarea>标记中的内容默认为空,需要用户输入。

在浏览器中打开 addNews.htm 页面,查看界面效果,与图 1.16 发布新闻界面效果相同。

6. 管理表格

新闻系统中管理表格较多,例如用户管理、评论管理、新闻管理等。这里以图 1.13 所示的用户管理界面为例来说明管理表格的实现。

管理表格是网站界面常用的数据组织形式,其实现要用 HTML 中的表格元素,主要用到<table>、<tr>、<th>、<td>四个标记。其中,<table>是表格标记,<tr>是行标记,<th>是标题单元格或者表头标记,<td>是单元格标记。

下面给出用户管理表格的实现代码。

【程序 2.6】 在 demo02 文件夹中编写网页文件 manageUser.htm,实现管理表格。

```
<html>
    <head>
        <title>新闻发布系统 V2.0</title>
        <meta http-equiv="content-type" content="text/html;charset=
            UTF-8" />
    </head>
    <body>
        <h1>用户管理</h1>
        <table border="1">
            <tr>
                <th>序号</th>
                <th>用户名</th>
                <th>删除</th>
            </tr>
            <tr>
                <td>1</td>
                <td>admin</td>
                <td><a href="#"><img src="image/hr.gif" alt="删除"/>
                    </a></td>
            </tr>
            <tr>
                <td>2</td>
                <td>user1</td>
                <td><a href="#"><img src="image/hr.gif" alt="删除"/>
                    </a></td>
            </tr>
            <tr>
                <td>3</td>
                <td>user2</td>
                <td><a href="#"><img src="image/hr.gif" alt="删除"/>
```

```
            </a></td>
        </tr>
    </table>
</body>
</html>
```

manageUser.htm 中用到了与表格相关的＜table＞标记、＜tr＞标记和＜td＞标记等。

表格的一般定义格式如下：

```
<table border="n">
    <tr><th>表头 1</th><th>表头 2</th></tr>
    <tr><td>单元格 1</td><td>单元格 2</td></tr>
    ...
    <tr><td>单元格 1</td><td>单元格 2</td></tr>
</table>
```

- ＜table＞标记：用于设置表格的格式,如表格宽度、高度、边框线、边距、单元格间距等,表格边框线宽度用 border 指定,单位是像素,当值为 0 时不显示边框。
- ＜tr＞标记：用于定义表格中的一行。
- ＜td＞和＜th＞标记：表格的单元格用＜td＞标记定义,表头单元格也可以用＜th＞标记定义。

用户管理界面是一个 5 行 3 列的表格,第一行为标题行即表头,其余各行是用户的具体信息。通过表格的形式可清晰地展示系统用户的信息,所以表格的作用之一就是数据的展示。另外,表格还可以用于页面布局,详见 2.3 节。

在浏览器中打开 manageUser.htm 页面,查看界面效果,与图 1.13 用户管理界面效果相同。

7. 功能菜单

在图 1.12 所示的新闻发布系统界面中,实现的功能菜单能够链接到用户登录界面、新闻管理界面、评论管理界面、用户管理界面及回到首页。这个功能菜单使用＜div＞标记设置了两个 DIV 层,菜单项使用＜ul＞和＜li＞标记实现,导航功能使用超链接实现。下面给出功能菜单的实现代码。

【程序 2.7】 在 demo02 文件夹中编写网页文件 menu.htm,实现功能菜单。

```
<html>
    <head>
        <title>新闻发布系统 V2.0</title>
        <meta http-equiv="content-type" content="text/html;charset=
            UTF-8"/>
        <style>
```

```
              #user{
                  float:left;
              }
              #menu-list{
                  float: right;
                  height: 30px;
                  margin: 0 20px;
              }

              #menu-list ul{
                  float: left;
                  margin: 0;
              }
              #menu-list li{
                  display:inline;
              }
          </style>
      </head>
      <body>
          <div id="menu">
              <div id="user">
                  <a href="#">用户登录</a>
              </div>
              <div id="menu-list">
                  <ul>
                      <li><a href="#">新闻管理</a></li>|
                      <li><a href="#">评论管理</a></li>|
                      <li><a href="#">用户管理</a></li>|
                      <li><a href="#">首 页</a></li>
                  </ul>
              </div>
          </div>
      </body>
  </html>
```

　　代码中的<a>和</a>为超链接的标记,可以实现从一个页面到另一个页面的跳转。超链接定义格式如下:

```
<a href="目标地址">超链接名称或者图片</a>
```

　　其中属性 href 指定目标地址的 URL,是必选项。超链接标记的内容可以是文字,也可以是图片。

　　这里为了实现菜单项的显示效果,使用了 CSS 代码来控制样式,具体用法在 2.3 节介绍。

在浏览器中打开 menu. htm 页面,查看功能菜单效果。

2.2.2　HTML 相关知识

1. HTML 概述

前面使用 HTML 实现了典型界面元素,这里对 HTML 进行简要的介绍。

Web 的首要任务是向人们提供信息和信息服务,而 HTML 则是信息展现的最有效载体之一,它使 Web 实现了信息与信息的连接。

HTML 是目前网络上应用最广泛的语言,也是构成网页文档的主要语言。之所以被称为超文本标记语言,是因为通过在文本中包含"超链接"实现了"超文本"。超文本就是用超链接的方法,将各种不同空间的文字信息组织在一起的网状文本,实现了文本的非线性组织。

HTML 是标准通用标记语言下的一个应用,它通过标记符号来控制文本的显示效果。网页的本质就是超文本标记语言通过在文本文件中添加标记,来告知浏览器如何显示其中的内容,例如文字如何处理、画面如何安排、图片如何显示等。HTML 文件的扩展名为. htm 或者. html。

2. HTML 文件的执行

HTML 文件是由 HTML 命令组成的描述性文本,它使用标记来说明文字、图形、动画、声音、表格、链接等。HTML 具有平台无关性。无论用户使用何种操作系统,只要有相应的浏览器程序,就可以运行 HTML 文件。需要强调的是,HTML 文件需要在浏览器上执行。

根据 HTML 文件的位置不同,可以把浏览器执行 HTML 文件的方式分为远程访问和本地访问两种类型。

(1) 远程访问形式:远程访问 HTML 文件是指远程访问存储在 Web 服务器上的 HTML 文件,其执行流程如图 2.1 所示。

图 2.1　远程访问 HTML 文件执行流程

远程访问 HTML 文件的过程如下。

* 用户在浏览器中输入网址(假设是一个 HTML 页面)。
* 浏览器向服务器发出请求。
* 服务器查找相应 HTML 文件。

- 将找到的文件返回给浏览器。
- 浏览器按顺序阅读 HTML 文件，然后根据标记符解释和显示其标记的内容，但是对于书写错误的标记并不会指出其错误，也不停止解释执行过程。
- 客户看到显示效果。

（2）本地访问形式：本地访问 HTML 文件是指访问存储在本地磁盘上的 HTML 文件，其执行流程如图 2.2 所示。

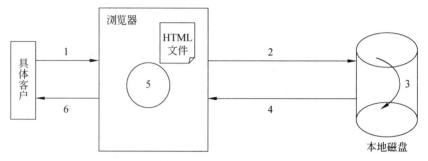

图 2.2　本地访问 HTML 文件执行流程

本地访问与远程访问的区别只在于前者是浏览器直接从本地磁盘读取 HTML 文件。其他步骤与远程访问完全相同。

3. HTML 文件的基本结构

HTML 文件包括头部和体部两部分，整个文件以<html>标记开头，以</html>标记结束。

HTML 文件的基本结构如下：

```
<html>              HTML 文件开始
  <head>            头部开始
   …                头部内容
  </head>           头部结束
  <body>            主体开始
   …                文件主体内容
  </body>           主体结束
</html>             HTML 文件结束
```

（1）<head>标记：用于定义 HTML 的头部，头部内容在页面中是不显示的。头部主要包括以下内容。

- 页面标题：用<title>标记定义，格式如下：

```
<title>页面标题</title>
```

- 关于页面描述、字符集、网页关键字等的说明信息：用<meta>标记定义。<meta>标记有 3 个属性：http-equiv、content、name。http-equiv 属性用于指定 HTTP 标

题信息的设置项目,content 属性用于设置指定项目值。例如,下面的代码用于设置页面字符集:

```
<meta http-equiv="Content-Type" content="text/html; charset=某种字符集">
```

其中,"Content-Type"表示字符集设置项目,而 content 指定了文档的类型和页面所使用的字符集。常用字符集有 GBK 和 UTF-8。

name 属性可以指定设置页面描述信息或页面关键字,具体值由 content 属性给出。

<head>标记中可以包含多个<meta>标记以实现对不同内容的说明。

- CSS 和 JS 代码:可以用<style>标记来定义 CSS 样式或者用<link>标记导入 CSS 文件,用<script>标记定义或者导入 JavaScript 脚本。

(2) <body>标记:用于定义 HTML 的体部。体部包含了网页的具体内容,使用各类 HTML 标记进行定义。

4. HTML 标记

HTML 标记用于描述网页结构和控制各种对象(如文本、图片、表格、声音、动画等)的显示效果。标记由一对尖括号和标记名构成,分为开始标记和结束标记。开始标记使用<标记名>表示,结束标记使用</标记名>表示。同时具有开始和结束标记的称为双标记,而只有开始标记的称为单标记。

对象的具体样式由属性和属性值来设置。属性的设置要放到开始标记中,结束标记中不包含任何属性。语法格式如下:

<标记名 属性名="属性值" 属性名="属性值" …>标记内容</标记名>

前面已经介绍了<ul>、<p>、<div>、<span>、<form>、<input>、<table>、<a>等常用标记的用法,在此不再赘述。

2.3　界面布局设计

2.3.1　界面布局构成

在 2.2 节已经实现了新闻发布系统中的典型界面元素,本节进行新闻发布系统界面的整体布局设计。在第 1 章给出的新闻发布系统功能描述中,界面的整体布局效果如图 2.3 所示。布局设计采用了如图 2.4 所示的结构。

整个页面被分为四部分:Logo 区、菜单栏、主体部分和页脚。

- Logo 区位于页面顶端,显示新闻发布系统的 Logo。
- 菜单栏位于 Logo 部分下面,分为左、右两部分。左侧主要显示用户登录链接和用户信息,右侧是动态功能菜单。
- 页面布局的主体部分分为侧栏内容和页面主体内容,侧栏内容主要放置站内检索、热点新闻、最新评论,主体内容显示页面的主体内容。
- 页脚区位于页面最下面,用来显示版权、联系方式等页脚信息。

图 2.3 新闻发布系统的页面效果图

图 2.4 页面整体布局图

其中,动态菜单栏的内容会根据用户身份的不同有所变化,具体情况见表 2.1。对于匿名用户,左侧显示登录链接,右侧是首页链接;注册用户登录之后,左侧显示用户信息和退出登录链接,右侧显示注册用户的功能菜单;管理员用户登录后,左侧显示用户信息和退出登录链接,右侧显示管理员用户的功能菜单。

表 2.1 菜单栏内容

用户身份	左 侧 内 容	右 侧 内 容
匿名用户	用户登录链接	首页
注册用户	当前用户信息和退出登录链接	(注册用户)评论管理、(注册用户)用户管理、首页
管理员用户	当前用户信息和退出登录链接	(管理员用户)新闻管理、(管理员用户)评论管理、(管理员用户)用户管理、首页

2.3.2　界面布局实现

新闻发布系统界面布局的实现可以采用 DIV＋CSS 方式。首先用 DIV 将整个页面划分为四部分即四个 DIV 层，分别是 Logo 区、菜单栏、主体区和页脚区；然后使用链接外部 CSS 文件的方式应用 CSS 对各个部分进行布局和样式控制；最后在各个 DIV 层中添加相应内容。下面给出整体页面划分 DIV 层的代码。

【**程序 2.8**】　在 demo02 文件夹中编写网页文件 index.htm，实现首页。

```
<!DOCTYPE html PUBLIC "-//W3C//DTD XHTML 1.0 Transitional//EN" "http://
www.w3.org/TR/xhtml1/DTD/xhtml1-transitional.dtd">
<html xmlns="http://www.w3.org/1999/xhtml">
    <head>
        <title>新闻发布系统 V2.0</title>
        <meta http-equiv="pragma" content="no-cache" />
        <meta http-equiv="cache-control" content="no-cache" />
        <meta http-equiv="expires" content="0" />
        <link rel="stylesheet" type="text/css" href="image/main.css" />
    </head>
    <body>
        <div id="logo" >
                Logo 部分
        </div>
        <div id="menu"><!--菜单 DIV 层开始-->
          <div id="user">
                菜单左侧部分
          </div>
            <div id="menu_list">
                菜单右侧部分
            </div>
        </div><!--菜单 DIV 层结束-->
        <div id="content"><!-主体部分 DIV 层开始-->
            <div id="sidebar">
                主体部分左栏
            </div>
            <div id="main">
                主体部分右栏
            </div>
        </div><!-主体部分 DIV 层结束-->
            <div id="footer">
                页脚部分
            </div>
    </body>
</html>
```

下面依次实现各部分 DIV 层的代码及相关的 CSS 样式定义。

1. Logo 部分

在程序 2.8 中 Logo 部分 DIV 层中增加如下代码：

```
...
<div id="logo">
    <div id="logo_main"></div>
</div>
...
```

【**程序 2.9**】 在 demo02 文件夹中创建 image 文件夹，然后在 image 文件夹内创建 CSS 样式文件 main.css，编写 Logo 部分的 CSS 样式代码如下：

```
div#logo {
    background: url("top_bjm2.jpg") no-repeat center; height: 109px;
}
div#logo_main {
    background: url("top_bj.gif");
    margin: 0 auto;
    padding: 40px 0px 0px 430px;
    width: 520px; height: 69px;
}
```

在 Logo 部分有两个 DIV 层，父 DIV 层内嵌套一个子 DIV 层。父 DIV 层使用了交集选择器 div♯logo 样式。在 div♯logo 样式中设置了 Logo 部分的背景（background）、对齐方式（center）和高度（height）。

子 DIV 层在父 DIV 层布局的基础上又使用了交集选择器 div♯logo_main 样式。♯logo_main 样式中设置图片 top_bj.gif 作为背景，另外还设置了外边距 margin，内边距 padding、宽度 width 和高度 height 属性的值。

2. 菜单栏

在程序 2.8 中菜单部分 DIV 层中增加如下代码：

```
...
<div id="menu">
    <div id="user">
        <a href="#">用户登录</a>
    </div>
    <div id="menu_list">
        <ul>
            <li><a href="#">新闻管理</a></li>|
            <li><a href="#">评论管理</a></li>|
            <li><a href="#">用户管理</a></li>|
```

```
                <li><a href="#">首 页</a></li>
            </ul>
        </div>
    </div>
  ...
```

接着在程序 2.9 中的 main.css 中继续编写菜单栏 CSS 样式代码：

```
#menu {
    margin: 0 auto;
    padding-top:10px;
    width:950px;
    text-align: center;
    color:#0000ff;
    background:#e8f3fb;
    border-bottom:solid 1px #bfdaf5;
    height:30px;
    clear:both;
    font-size:14px;
    font-weight:bold;
    letter-spacing: 1px;
}
#menu #user{
    float: left;
    margin: 0 20px;
}
#menu #menu_list{
    float: right;
    height: 30px;
    margin: 0 20px;
}
#menu_list ul{
    float: left;
    margin: 0;
}
#menu li{
    display:inline;
}
#menu li a,#menu #user a{
    padding:3px 5px;
    color:#0000ff;
}
```

```
#menu li a:hover{
    color:#ffffff;
    background:#40b7ed;
}
```

　　菜单栏父 DIV 层内嵌套了两个子 DIV 层,如图 2.5 所示。父 DIV 层使用样式表中的样式♯menu 进行布局和修饰。样式♯menu 设置了 margin、padding-top、width、text-align、color、background、border-bottom、height 等属性,对父 DIV 层的位置、背景,以及 DIV 层内容的字体等进行了设置。

图 2.5　菜单栏布局

　　第一个子 DIV 层即菜单栏左侧部分使用了后代选择器♯menu♯user 样式。在♯user 样式中进行了浮动设置,即设置了 CSS 中 float 属性。float 值为 left,使第一个子 DIV 层向左侧靠近。另外设置上下外边距为 0,左右外边距为 20px。

　　第二个子 DIV 层的样式为后代选择器♯menu♯menu_list,设置该层向左侧浮动,高度设置为 30px,外边距设置同第一个子 DIV 层。

　　两个子 DIV 层中的超链接都通过后代选择器设置了内边距上下为 3px,左右为 5px,颜色为蓝色。

　　第二个子 DIV 层中的导航是一个无序列表,使用♯menu_list ul 样式设置左侧浮动。列表项的样式在后代选择器♯menu li 中定义,因为设置 display 值为 inline,所以列表项不会换行。列表项中的超链接使用了伪元素选择器♯menu li a:hover,当鼠标悬浮于菜单上时,超链接变白色,并呈现深蓝色背景。

3. 主体部分

　　在程序 2.8 中主体部分 DIV 层中增加如下代码:

```
...
<div id="content">
    <div id="sidebar">
        <div class="sidesec">
            <div class="sidesec_bt">
                <span>站内检索</span></a>
            </div>
            <hr/>
            <div class="sideform">
                <form action="" method="get" id="formQ">
                    <div id="leftdiv">
                        <input id="q" type="text" value="请输入关键字"
```

```html
                name="keyword"></input>
            </div>
            <div id="rightdiv">
                <img id="submitBtn" style="cursor: pointer;"
                name="submitBtn" src="image/ss.jpg"></img>
            </div>
        </form>
    </div>
</div>
<div class="sidesec">
    <div class="sidesec_bt">
        <span>热点新闻</span></a>
    </div>
    <hr/>
    <div class="sidesec_list">
        <ul>
            <li>.<a href="#">图书馆积极开展"微平台"建设</a></li>
            <li>.<a href="#">时尚礼仪专家做客我校</a></li>
            <li>.<a href="#">智慧城市计划投资规模超万亿</a></li>
            <li>.<a href="#">华为发布荣耀独立品牌</a></li>
            <li>.<a href="#">前外交部部长来我校作主题报告</a></li>
        </ul>
    </div>
</div>
<div class="sidesec">
    <div class="sidesec_bt">
        <span>最新评论</span></a>
    </div>
    <hr/>
<div class="sidesec_list">
    <ul>
        <li>.<a href="#">网络空间安全已经成为国家安全的重要组成</a>
            </li>
        <li>.<a href="#">网络安全很重要,有必要立法</a></li>
        <li>.<a href="#">希望能够多举办高档次的讲座和报告</a></li>
        <li>.<a href="#">苹果真是太牛了</a></li>
        <li>.<a href="#">为华为加油</a></li>
    </ul>
</div>
</div>
</div>
<div id="main">
    <!--main begin -->
```

```
<div class="news_list">
    <h1>新闻列表</h1>
    <ul>
        <li>
            <div class="dd_lm">[国内]</div>
            <div class="dd_bt"><a href="#">时尚礼仪专家做客我校
                </a></div>
            <div class="dd_time">2015-07-04 23:51:33</div>
        </li>
        <li>
            <div class="dd_lm">[国内]</div>
            <div class="dd_bt"><a href="#">华为发布荣耀独立品牌
                </a></div>
            <div class="dd_time">2015-07-04 22:41:39</div>
        </li>
        <li>
            <div class="dd_lm">[国内]</div>
            <div class="dd_bt"><a href="#">苹果设备在企业移动
                市场中占据主导地位 </a></div>
            <div class="dd_time">2015-07-04 23:51:37</div>
        </li>
        <li>
            <div class="dd_lm">[国内]</div>
            <div class="dd_bt"><a href="#">前外交部部长来我校
                作主题报告 </a></div>
            <div class="dd_time">2015-07-04 22:44:35</div>
        </li>
        <li>
            <div class="dd_lm">[国内]</div>
            <div class="dd_bt"><a href="#">智慧城市计划投资
                规模超万亿 </a></div>
            <div class="dd_time">2015-07-05 22:11:42</div>
        </li>
        <li>
            <div class="dd_lm">[国内]</div>
            <div class="dd_bt"><a href="#">国产计算机已能够
                支撑军队大部分应用 </a></div>
            <div class="dd_time">2015-07-04 23:42:51</div>
        </li>
        <li>
            <div class="dd_lm">[国内]</div>
            <div class="dd_bt"><a href="#">我国拟制定网络
                安全法 </a></div>
```

```
                    <div class="dd_time">2015-07-05 22:32:34</div>
            </li>
            <li>
                    <div class="dd_lm">[国内]</div>
                    <div class="dd_bt"><a href="#">首款全彩柔性超薄
                        显示屏问世 </a></div>
                    <div class="dd_time">2015-07-04 23:07:24</div>
            </li>
            <li>
                    <div class="dd_lm">[国内]</div>
                    <div class="dd_bt"><a href="#">图书馆积极开展
                        "微平台"建设 </a></div>
                    <div class="dd_time">2015-07-07 10:32:10</div>
            </li>
        </ul>
        </div>
        <!--main end -->
    </div>
    <div class="blank20"></div>
    <div class="blank10"></div>
</div>
...
```

接着在程序 2.9 中的 main.css 中继续编写主体部分的 CSS 样式代码：

```css
#content {
    width:950px;
    margin:0 auto;
}
#main{
    width:656px;
    float:right;
    border:solid 1px #bfdaf5;
}
#sidebar{
    width:285px;
    height:370px;
    float:left;
    border:solid 1px #bfdaf5;
        padding-bottom:10px;
    }
    .sidesec { width: 285px;}
```

```
.sideform{
    margin:5px 30px;
    padding:5px 15px;
    height:30px;
}
.sidesec_bt {
    margin:10px 10px 0;
    width: 100px;
    font-weight:bold;
}
```

主体部分 DIV 布局如图 2.6 所示。最外层父 DIV 层内包含左栏和右栏两个子 DIV 层。左栏内又包含三个 DIV 层。

图 2.6　主体部分布局

父 DIV 层使用＃content 样式设置宽度和外边界。

左栏父 DIV 层使用＃sidebar 样式，设置浮动位置向左侧靠近，并设置了宽度、高度、边框和低端内边距。左栏第一个子 DIV 层使用.sidesec 样式设置宽度。在此层中有两个 DIV 标记：第一个显示标题；第二个显示内容。标题层使用.sidesec_bt 设置样式。显示内容层是表单，使用.sideform 样式修饰。

左栏其余两个子 DIV 层的设置同第一个 DIV 层，不同之处是显示内容为列表，所以使用的样式是.sidesec_list。

主体部分右栏 DIV 层使用 main 样式，设置了 DIV 层外边距和宽度。

4. 页脚部分

在程序 2.8 中页脚部分 DIV 层中增加如下代码：

```
...
<div id="footer">
    <div class="banq">
        本网站所刊载的信息,不代表本网观点。使用本网站稿件,务经书面授权。<br/>
        未经授权禁止转载、复制及建立镜像,违者将依法追究法律责任。
    </div>
</div>
...
```

接着在程序 2.9 中的 main.css 中继续编写页脚部分的 CSS 样式代码：

```
.banq{
    color:#999999;
    text-align:center;
    padding:8px;
    line-height:22px
}
```

页脚部分的结构比较简单，只有两个 DIV 层的嵌套，子 DIV 层使用样式 .banq 来修饰。

2.3.3　CSS 相关知识

1. CSS 概述

CSS 是 Cascading Style Sheets(层叠样式表)的缩写，是一种美化网页的技术。它的引入使 HTML 网页美工设计不再烦琐。CSS 和 HTML 的关系作用原理类似人和衣服的关系，如图 2.7 所示，CSS 具有修饰网页的作用。CSS 样式可以单独定义，从而使网页内容的样式和网页结构分离，方便了样式的重用和网页的修改维护。另外，CSS 和 HTML 结合还能够设置网页的布局，使网页在外观上达到更好的效果。如图 2.3 所示的新闻发布系统的界面，就是通过 CSS 设置网页的布局、字体、颜色、背景等格式来达到最终的效果。

图 2.7　CSS 格式化标记的原理

2. 基本 CSS 选择器

CSS 样式的定义涉及三个要素：对象、属性和属性值。对象是指要对哪个 HTML 元素应用样式，属性是指要设定哪些样式，属性值是指样式的具体效果怎样。这里先介绍一下基本的 CSS 选择器，它包括标记选择器、类别选择器、ID 选择器和伪元素选择器，下面分别进行介绍。

(1) 标记选择器：直接针对 HTML 标记定义样式。一个 HTML 标记名就可以作为一个样式选择器。基本格式如下：

```
HTML 标记名{标记属性:属性值；标记属性:属性值；标记属性:属性值；...;}
```

其中"HTML 标记名"就是标记选择器名。例如使用 div 作为标记选择器,这个样式定义就针对当前页面中所有的<div>标记。

(2) 类别选择器:上面的<div>标记选择器会使页面中所有的<div>标记显示效果都相同,如果其中的一个<div>标记要设置不同的显示效果,可以使用类别选择器,或者称为 class 选择器。类别选择器可以使相同的标记具有不同的显示效果,也可以将相同的效果应用于不同的标记。基本格式如下:

```
.类别选择器名 {标记属性:属性值; 标记属性:属性值; 标记属性:属性值; …;}
```

类别选择器名称由用户自定义,并且要在名称前加一个"."，属性的设置与标记选择器中相同。

要在 HTML 标记中实用 class 选择器,需要将标记的 class 属性值设置为类别选择器名。格式如下:

```
<HTML 标记名 class="类别选择器名">
```

(3) ID 选择器:类别选择器定义的样式可以被一个 HTML 页面中的多个元素使用,如果要为某个元素定义单独的样式,可以使用 ID 选择器。ID 选择器在一个 HTML 页面中只能被引用一次,其定义格式如下:

```
#ID 选择器名{标记属性:属性值; 标记属性:属性值; 标记属性:属性值; …;}
```

与定义类别选择器不同的是,在选择器名称前加的是符号#,另外引用方式也不同。使用 ID 选择器,需要设置相应标记的 ID 属性值为 ID 选择器名。格式如下:

```
<HTML 标记名 id="ID 选择器名">
```

因为 ID 选择器的引用在页面中具有唯一性,所以在设计网页时,一般大的结构用 id样式。例如新闻发布系统界面布局的 Logo 部分、菜单栏、主体部分、页脚部分,分别引用id 样式#logo、#menu、#content、#footer。class 样式则应用于结构内部,便于页面中不同位置的页面元素样式重用。

(4) 伪元素选择器:指对同一 HTML 元素的各种状态来定义样式的一种方式。例如超链接存在正常超链接(link)、访问过后(visited)、光标移动到超链接文字上(hover)、选中超链接(active)等状态。要为每种状态设置不同的样式,就要用伪元素选择器,其定义的格式如下:

```
HTML 标记:伪元素{样式}
```

3. 在 HTML 中使用 CSS 的方法

前面介绍了如何定义 CSS 样式表,接下来说明 CSS 样式表具体在哪里定义,以及如何在 HTML 中使用。

在 HTML 中使用 CSS 的方法主要有嵌入式、头部式和外部式三种形式。

（1）嵌入式：将样式表嵌入到 HTML 标记的属性中，把样式的定义直接作为标记的 style 属性值。格式如下：

```
<HTML 标记 style="属性名：属性值">
```

这种形式的用法把样式定义作为<p>标记的属性来对待，定义文字的颜色、大小和效果。这种样式只对本标记有效。

嵌入式是最简单和直接的 CSS 应用方法，但是因为需要为每个标记单独设置 style 属性，所以实现过程比较烦琐，而且不利于维护，实际开发中使用较少。

（2）头部式：把样式定义在 HTML 页面的头部，用<style>标记进行声明。这样定义的样式在整个页面中都可以使用。基本格式如下：

```
<style>
    样式定义
</style>
```

因为头部式样式只能在当前页面中使用，不能被其他页面重用，因此，对于需要在多个页面中使用的样式，采用这种形式会增加编写代码和后期维护的成本，所以头部式样式表通常只适用于对特殊的页面设置单独的样式风格。

（3）外部式：当在很多网页里都要使用相同的样式时，可以使用外部样式表的形式。外部样式表是把样式定义保存在一个专门的文本文件中，这个文件的文件名由用户自定义，但扩展名必须是 .css。外部式的最大优点是实现了 CSS 代码和 HTML 代码的分离。

因为一个 CSS 文件可以链接到多个 HTML 文件中使用，所以一个网站的所有页面可以链入同一个 CSS 文件，使用相同的样式来统一网站的整体风格。在实际开发中，外部式是最常用的一种 CSS 应用方式。

定义好的 CSS 文件可以通过在 HTML 页面头部的<link>标记将 CSS 文件链入 HTML 文件中。格式如下：

```
<link href="yangshi1.css" rel="stylesheet" type="text/css" />
```

其中，href 属性的值是用户自定义的 CSS 文件名（如果 CSS 文件跟 HTML 文件不在同一个目录下，要给出 CSS 文件的相对路径），rel 属性说明引入的文件是样式表，type 属性指定被链入文件的 MIME 类型。

4. 盒子模型

除了定义 HTML 元素的显示样式，CSS 的另一个重要应用是实现网页布局。

在 CSS 中有一个非常重要的概念称为盒子模型，页面中的每个 HTML 元素都被看作是一个个的盒子。就像图 2.4 中所表示的那样，新闻发布系统页面的整体布局用大大小小的很多盒子排列而成。通过对每个盒子的位置和大小进行调节,呈现出需要的页面布局效果。

在 CSS 盒子模型中,用来调节盒子大小和位置的属性主要有四个:content(内容),border(边框),padding(内边距),margin(外边距)。这四个属性构成了盒子模型的四个组成部分。

一个盒子在页面中实际所占据的空间由"内容＋内边距＋边框＋外边距"决定。盒子内容的大小可以通过设定 width 和 height 的属性值来控制。通过设置盒子的 padding、border、margin 等属性可以实现各种各样的排版效果。

在 HTML 的元素中有一些元素属于块级元素,如<div>、<li>、<p>、<table>等标记,默认都会自动换行来显示。这些元素在显示时都是垂直排列,不能并排放置。如果需要实现并排的效果,可以通过设置盒子的浮动效果来实现,即设置 CSS 的 float 属性。

5. 界面布局实现

(1) DIV＋CSS 布局:可以使用 DIV＋CSS 来实现网页布局,实现思路是先用<div>标记对整个页面进行分块,然后再利用 CSS 样式对每个 div 分块进行布局设置,最后在各个 div 分块中添加内容。前面介绍的新闻发布系统界面就是采用 DIV＋CSS 的方式实现了页面布局。随书提供的示例程序代码中包含了完整的 CSS 文件内容,其中有与页面布局相关的样式,也有页面中各个元素显示效果的样式定义。

(2) 表格布局:对于不熟悉 CSS 用法的开发者,也可以使用传统的表格来实现页面布局,利用<table>中单元格把网页划分成不同的区域,然后在各个单元格定义的区域中填写页面内容。表格布局主要通过表格的纵向堆砌和表格的横向嵌套来划分模块。

表格的纵向堆砌格式如下:

```
<table>...</table>
<table>...</table>
```

表格的横向嵌套格式如下:

```
<table>
    <tr>
    <td><table>...</table></td>
    <td><table>...</table></td>
    <tr>
</table>
```

附录 A 中给出了使用表格实现首页布局的参考代码。

2.4 客户端功能开发

2.4.1 客户端功能设计

在新闻发布系统中有一些功能是使用运行在浏览器上的客户端程序实现的。本节讲解使用 JavaScript 开发这些客户端功能,具体功能如下。

1. 删除确认提示功能

在管理表格中删除记录时有删除确认提示功能,例如在新闻管理表格中删除图标时,弹出如图 2.8 所示的确认删除的提示信息。

2. 搜索提示功能

在搜索文本框中显示提示文字。如图 2.9 所示,在搜索文本框中显示"请输入关键字"的提示文字。当文本框获得输入焦点时提示文字消失;当失去输入焦点时,如内容为空,提示文字重新出现。

图 2.8　删除提示

图 2.9　搜索框提示文字

3. 当前时间显示功能

在页面的 Logo 区显示当前时间,并根据时间不同显示相应的欢迎词,如图 2.10 所示。

2017-2-13 11:15:39 上午好!

图 2.10　搜索框提示文字

4. 客户端非空校验功能

在用户登录页面中,当单击"登录"按钮时,如果用户名为空,则显示相应的提示信息。

5. 密码长度校验功能

在用户注册页面中,当单击"注册"按钮时,如果密码长度不符合要求,则显示相应的提示信息。

2.4.2　客户端功能实现

下面给出各个客户端功能的实现代码。

1. 删除确认提示功能

删除确认提示功能的实现主要使用超链接标记的 onClick 事件属性。在"单击"标记事件发生时会触发相应的事件处理程序,然后再根据返回结果决定后续动作。如果返回结果为 true,则继续执行标记默认的响应动作;如果返回结果为 false,就不再执行默认的响应动作。

在删除确认提示功能的事件处理程序中主要使用了 JavaScript 中的 confirm()函数。confirm()函数用于显示一个带有指定消息和"确定""取消"按钮的对话框。如果用户单击"确定"按钮,返回 true;如果单击"取消"按钮,则返回 false。在用户单击"确定"按钮或"取消"按钮关闭对话框之前,它将阻止用户对浏览器的所有输入。在调用 confirm()函数时,会暂停 JavaScript 代码的执行,在用户做出响应之前,不会执行后续的语句。

下面给出管理表格中删除记录时的删除确认提示功能实现代码。

【程序 2.10】 　在 demo02 文件夹中编写网页文件 manageUserJS. htm,可以直接使用程序 2.6 中的代码,只要为其中所有的＜a＞标记指定链接目标页面,并增加 onClick 属性即可。关键代码如下:

```
...
<td>
    <a href="delete.htm" onClick="return confirm('确定删除吗?')">
        <img src="image/hr.gif" width="16" height="16" alt="删除"/>
    </a>
</td>
...
```

当用户单击图片超链接时,会触发 onClick 事件,弹出确认对话框,如果用户单击对话框中的"确定"按钮,会实现链接效果,打开 delete. htm 文件。如果用户单击"取消"按钮,则取消超链接的执行。

【程序 2.11】 　在 demo02 文件夹中编写网页文件 delete. htm,作为删除链接的目标页面。

```
<html>
<head>
<title>新闻发布系统 V2.0</title>
<meta http-equiv="content-type" content="text/html;charset=UTF-8"/>
</head>
<body>
<h1>用户删除成功!</h1>
</body>
</html>
```

在浏览器中打开 manageUserJS. htm 页面,查看运行结果。

2. 搜索提示功能

在搜索文本框获得输入焦点时要清除提示文字,此时会触发 onFocus 事件,只要在事件处理程序中编写代码设置该控件的值为空即可;当失去输入焦点时会触发 onBlur 事件,如果该控件的值为空,则重新设置其值为提示文字。因此,该功能需要实现两个事件处理函数。下面给出该功能的 JavaScript 代码。

【程序 2.12】 　在 demo02 文件夹中创建文件夹 js,并在其中编写 JavaScript 代码文件 fun. js。

```
function clearinput(obj){
    if (obj.value =="请输入关键字"){
        obj.value ="";
        obj.style.color ="#000000";
    }
}
```

```
function setinput(obj){
    if (obj.value=='') {
        obj.value='请输入关键字'
        obj.style.color ="#999999";
    }
}
```

clearinput()函数用于文本框获得输入焦点时清除提示文字"请输入关键字",并将文字颜色设置为黑色;setinput()函数用于文本框失去输入焦点时,如果文本框值为空,则设置其值为"请输入关键字"并将文字颜色设置为灰色。

【**程序 2.13**】　在 demo02 文件夹中编写网页文件 indexJS. htm,可以直接使用程序 2.8 中的代码,在<head>部分添加如下代码:

```
<head>
...
<script src="js/fun.js"></script>
<head>
...
```

这个 script 标记的作用是把 fun. js 文件引入到 indexJS. htm 文件中。之后即可在 indexJS. htm 中使用 fun. js 中实现的函数。

然后再为搜索文本框设定事件处理函数,关键代码如下:

```
...
<div class="sideform">
    <form action="" method="get" id="formQ">
    <div id="leftdiv">
    <input id="q" type="text" value="请输入关键字" name="keyword"
        onfocus="clearinput(this)" onblur="setinput(this)" ></input>
    </div>
    ...
    </div>
...
```

在浏览器中打开 indexJS. htm 页面,查看运行结果。

3. 当前时间显示功能

在 JavaScript 中可以使用 Date 对象获取系统时间。再通过判断时间段,给出相应的提示信息。

向程序 2.12 中的 fun. js 中添加如下代码:

```
function showTime(){
    var Timer=new Date();
    var h=Timer.getHours();
    var m=Timer.getMinutes();
    var s=Timer.getSeconds();
    var d=Timer.getDate();
    var mm=Timer.getMonth()+1;
    var y=Timer.getFullYear();
    var strShow=""+y+"-"+mm+"-"+d+" "+h+":"+m+":"+s;
    if (h<6)
        strShow+="  熬夜对身体不好哦,早点休息吧。";
    else if (h <9)
        strShow+="  早上好!";
    else if (h <12)
        strShow+="  上午好!";
    else if (h <19)
        strShow+="  下午好!";
    else if (h <24)
        strShow+=" 晚上好!";
        myspan.innerText=strShow;
        setTimeout("showTime()",1000);
    }
```

上述代码在自定义函数 showTime()中,首先使用 JavaScript 的 Date 类实例化对象 Timer,再使用 Timer 对象的方法 getHours()、getDate()等获取时分秒日月年,然后将时分秒日月年连成一个字符串,即是当前时间。判断时间段是上午、下午等,则将 getHours() 获取的时间分别与各时间段进行比较,0～6 点则显示"熬夜对身体不好哦,早点休息吧。";6～9 点为"早上好!";9～12 点为"上午好!";12～19 点为"下午好!";19～24 点为"晚上好!"。将时间连接上相应时间的欢迎词就是最后的显示效果。

如果要在 Logo 内显示时间和欢迎词,只要在 Logo 代码的相应位置调用函数 showTime()即可。该函数的调用直接写在<script>和</script>之间,即可使其在页面打开时自动运行。

在程序 2.13 中的 indexJS. htm 中的 Logo 区添加如下代码:

```
...
<div id="logo">
      <div id="logo_main">
          <span id="myspan" style="float:right;margin:10px 5px 0;
             color:#000099;"></span>
          <script>
              showTime();
```

```
            </script>
        </div>
        </div>
    ...
```

在浏览器中打开 indexJS. htm 页面,查看运行结果。

4. 客户端非空校验功能

客户端非空校验功能使用 document 对象的 getElementById()方法取得目标对象,
然后根据目标对象的值是否为空实现校验功能。

【程序 2.14】 在 demo02 文件夹中编写网页文件 userloginJS. htm,直接使用程序 2.4
中的 userlogin. htm 文件的内容,在<head>部分添加如下代码:

```
    ...
    <script>
        function checkform(){
            var obj =document.getElementById("username");
            if (obj.value =="")
            {
                alert("用户名不能为空!");
                obj.focus();
                return false;
            }
            return true;
        }
    </script>
    ...
```

然后再为表单添加提交事件的处理函数,关键代码如下:

```
    ...
    <form action="loginSuccess.htm" method="post" onSubmit="return checkform()">
        用户名:<input type="text" name="username" id="username" ></input>
            <br><br>
        密    码:<input type="password" name="password" id=
            "password"></input><br><br>
        <input type="submit" value="登录"></input>
    </form>
    ...
```

自定义函数 checkform()实现了判断非空的功能。首先使用 document 对象的
getElementById()方法取得到目标对象,其参数 username 是用户名文本框的 id 值。若
用户名为空则弹出提示对话框,并将输入焦点重新置入用户名文本框。如果用户名非空,

就可以进入登录成功页面。

将 checkform()设置为表单的 onSubmit 事件处理程序,这样当提交登录表单时会触发该函数执行,判断用户名是否为空。

【程序 2.15】 在 demo02 文件夹中编写网页文件 loginSuccess. htm,作为模拟用户登录成功页面。

```html
<html>
    <head>
        <title>新闻发布系统 V2.0</title>
        <meta http-equiv="content-type" content="text/html;charset=
            UTF-8"/>
    </head>
    <body>
        <h1>用户登录成功!</h1>
    </body>
</html>
```

在浏览器中打开 userloginJS. htm 页面,查看运行结果。

5. 密码长度校验功能

在用户注册功能中需要验证用户输入的密码长度是否符合要求,这里在用户登录页面中实现密码长度校验功能。下面给出实现代码。

修改程序 2.14 中的 userloginJS. htm,在<script>标记中添加如下代码:

```
...
<script>
    function checkform(){
        var obj =document.getElementById("username");
        if (obj.value =="")
        {
            alert("用户名不能为空!");
            obj.focus();
            return false;
        }
        //return true;
        return checkvalid();
    }
    function checkvalid()
    {
        var obj =document.getElementById("password");
        var strmsg=obj.value;
        var strlg=strmsg.length;
        if(strlg>15||strlg<6)
        {
```

```
                  alert("密码长度不合法");
                  obj.focus();
                  return false;
              }
              return true;
          }
      </script>
   …
```

上述代码在 checkform()函数中验证用户名不为空后,再调用验证密码长度的
checkvalid()函数。checkvalid()函数中首先获取表单中的密码框的值,然后判断密码的
长度是否合法。如果不合法,则弹出"密码长度不合法"提示对话框。

在浏览器中打开 userloginJS.htm 页面,查看运行结果。

2.4.3　JavaScript 相关知识

1. JavaScript 概述

JavaScript 是一种简单的脚本语言,由浏览器解释执行,简单、易学、易用。其最基本
的两个特点是基于对象和事件驱动。

所谓基于对象,是指 JavaScript 支持使用对象,但是没有提供面向对象语言的所有功
能,不是完全的面向对象编程语言。

事件驱动指 JavaScript 程序的运行机制。它把 GUI(图形用户界面)中的用户动作封
装为各种事件,例如单击按钮、移动鼠标、按下键盘等都是事件,当某个事件发生时,就会
触发相应的事件处理程序运行。

2. JavaScript 脚本的使用方式

JavaScript 代码可以直接嵌入到 HTML 文件中使用,嵌入方式主要有三种:嵌入标
记事件属性、使用脚本语句块、链接独立的脚本文件。

(1)嵌入标记事件属性:脚本代码可以直接嵌入到 HTML 标记的事件属性中。前
面在实现本节的第一个开发任务——删除确认提示功能时,使用的就是这种方式。把脚
本代码作为超链接标记的 onClick 事件属性的值,当用户单击超链接时,就会触发
onClick 事件的处理函数。

这种脚本使用方式针对某个控件,使用比较灵活,缺点是脚本代码不能重用。

(2)使用脚本语句块:也可以把脚本语句块放在 HTML 页面中的＜script＞标记
中,基本语法如下:

```
<script language="javaScript">
    JavaScript 脚本代码
</script>
```

前面在实现客户端校验功能时,就是把脚本语句块放在了页面中的＜script＞标

记中。

这种脚本使用方式可以在页面内实现代码重用。

（3）链接独立的脚本文件：为了使 JavaScript 脚本代码可以在多个页面中重用，还可以把 JavaScript 代码写到一个独立的文件中，文件的扩展名必须是.js。在需要使用脚本代码的页面中，用＜script＞标记将文件链入。基本语法如下：

```
<script src="脚本文件" language="javaScript"></script>
```

前面在实现当前时间显示功能时，就是把脚本代码放在了 fun.js 文件中，并在 HTML 页面中的通过＜script＞标记来链接。

这种脚本使用方式可以在多个页面中实现代码重用。

3. JavaScript 的基本语法

（1）数据类型：JavaScript 中有如下四种基本数据类型。

- 数值型：number，包括整型 int 和实型 float。
- 字符串型：string，字符串是用单/双引号括起来的字符或数值。
- 布尔型：boolean，其值为 true 或者 false。
- Undefined 类型：已声明但没有赋值的变量，不能直接使用。

（2）变量：JavaScript 是弱类型语言，在声明变量时，不需要指定变量的类型，变量类型会根据所赋的值来确定。变量声明使用命令 var 来完成，格式如下：

```
var 变量名[=值];
```

例如：

```
var strmsg;
var strlg="length";
```

需要注意的是，JavaScript 严格区分大小写，所以输入时一定要采取正确的大小写形式。例如 strmsg 和 strMsg 是两个不同的变量。

另外，JavaScript 的常量、表达式、运算符等与 Java 语言完全相同。

（3）流程控制：JavaScript 的流程控制语句如下。

- 分支语句：if …else…和 switch…case…。
- 循环语句：for、while 和 do…while。

这些控制语句的用法与 Java 语言完全相同。

（4）程序结构和内置函数：在 JavaScript 中单条语句即可构成程序。但是通常为了使程序结构更好，一般会使用函数作为 JavaScript 程序的基本构成单位。

JavaScript 的函数有自定义函数和内置函数两种。

自定义函数使用关键词 function 定义，基本语法如下：

```
function 函数名(参数){
    函数体
    return 返回值;
}
```

其中,return 用于返回函数值。

JavaScript 的内置函数较多,包括五类:常规函数(alert()函数等)、数组函数(join()函数等)、日期函数(getDate()函数等)、数学函数(Math 对象中函数)、字符串函数(length()函数等)。这些函数是 JavaScript 已经定义好的,可以直接使用,具体用法请参考相关资料。

4. 对象

JavaScript 中的对象由属性和方法构成,主要有三种类型:内置对象、浏览器提供的对象和自定义对象。下面介绍几种常用的对象。

(1) Date 对象:用于处理日期和时间,需要先创建才能使用。本节的当前时间显示功能就使用了 Date 对象。

(2) window 对象:代表当前浏览器窗口所有 JavaScript 全局对象、函数和变量均自动成为 window 对象的成员。window 对象提供了多个属性和函数用于对浏览器窗口进行操作。

window 对象的常用函数有:alert(警告对话框)、confirm(确认对话框)、prompt(消息框)、open(打开新窗口)、print(打印网页内容)等。本节的删除确认提示功能中就使用了 window 对象的 confirm()函数,客户端校验功能中使用了 window 对象的 alert()函数。

因为 window 对象是 JavaScript 中最顶级的对象,所以在使用当前窗口对象的函数时,可以省略函数前的 window,即可以直接使用 alert(),而不需要用 window.alert()。

(3) document 对象:属于 HTML DOM(Document Object Model,文档对象模型)。当网页被加载时,浏览器会创建当前页面的 DOM 模型。DOM 的最顶层就是 HTML 文档,document 对象就代表当前 HTML 文档,通过它可以访问页面中的所有元素。

document 对象的常用方法如下。

- write(字符串):将字符串或数值显示在显示器上。
- getElementById():返回对指定 id 的第一个对象的引用。

本节客户端校验功能中用 getElementById()方法来取得 id 为 username 的元素。

5. 事件驱动机制

事件驱动机制是事件发生者向事件处理者传递消息的一种机制。所谓的事件(发生者),就是用户与 Web 页面交互时产生的操作。事件处理者就是事件处理程序。事件驱动实际上就是当事件发生时,驱动相应的事件处理程序执行。下面主要介绍 JavaScript 标记事件。

标记事件是标记状态或者内容的变化,例如单击按钮、做出选择、输入内容改变等。常用标记事件如下。

- onClick 事件：当"单击"事件发生时则触发对应的事件处理程序。例如单击 button、radio、checkbox、超链接、submit 按钮等控件时，触发相应的事件处理程序。例如本节开发任务的删除确认功能用的 onClick 事件。

- onChange 事件：有两种情况可以触发 onChange 事件。一种是文本框中内容改变则触发对应的事件处理程序，例如 textbox、textarea 等控件内容改变；第二种是当前选项改变时则触发事件处理程序，例如 select 下拉列表控件选项改变。

- 另外还有 onFocus、onBlur、onSelect 等事件，不同的标记所拥有的事件不同。

2.5　本 章 小 结

本章首先以新闻发布系统的典型界面元素的实现为例，介绍 HTML 的段落标记、表格、表单等重要标记，并介绍了 HTML 文件的执行过程及基本结构；然后以新闻发布系统的界面为例，介绍 CSS 的布局和样式的使用方法；最后通过新闻发布系统中客户端功能的设计与实现，介绍如何在 HTML 文件中嵌入 JavaScript 脚本，以及 JavaScript 的基本语法。HTML、CSS 和 JavaScript 是 Web 应用开发中编写用户界面的基础知识，属于客户端开发技术。

2.6　习　　　题

1. 简答题

(1) 举例说明 HTML 文件的基本结构。

(2) 如何在 HTML 文件中使用 CSS？

(3) 如何在 HTML 文件中嵌入 JavaScript 脚本？

2. 上机练习

(1) 根据第 1 章对示例应用的功能介绍，使用 HTML 和 CSS 实现 1.1.2 节中提到的功能界面。

(2) 使用 JavaScript，在相关的用户界面中实现 2.4.1 节设计的几种客户端功能。

第3章

Web 应用开发基础

学习目标

- 理解开发环境与运行环境；
- 掌握 Java Web 应用开发环境的搭建；
- 理解 JSP 的运行机制和基础语法；
- 掌握结构化网页开发的方法。

3.1 开发环境和运行环境

在以往的程序开发学习中，读者可能使用过不同的开发工具，如学习 C 语言时使用的 WinCC 或 VC++ 。一般的编程过程是在开发工具中创建源程序并编写代码，然后再使用开发工具所提供的编译功能将源程序编译为目标程序，最后使用开发工具的运行功能来运行目标程序，得到需要的结果。因为一般会在开发过程中使用集成开发工具，所开发的程序也大多运行在操作系统上，所以对开发程序和运行程序两种情况下的环境需求不明确区分。但是对于 Java Web 应用程序来说，开发环境和运行环境是两个不同的概念，需要区分理解。

3.1.1 开发环境

开发环境是指程序员为了编写程序所需要的软件集合。利用这些软件，程序员可以使用某种程序设计语言编写应用程序，实现各种功能。

完整的程序开发包括编码、编译、调试运行等阶段。最简单的开发环境是在不同的开发阶段使用不同的工具软件来进行处理。先用文本编辑软件编写源程序，然后用编译工具进行编译，最后再用运行工具进行调试运行。例如对于 Java 开发，可以用任意的文本编辑软件编写.java 源文件，然后使用 javac 把源文件编译成.class 字节码文件，最后使用 Java 运行字节码文件。

也可以使用集成开发环境(Integrated Development Environment，IDE)来进行程序开发。IDE 中通常包含了代码编辑器、程序编译器、调试器以及图形界面工具，将代码编写功能、编译功能、调试功能、运行功能等集成为一体。例如 Java 开发中经常使用的 Eclipse、JBuilder，以及微软公司的 Visual Studio 系列，Borland 公司的 C++ Builder、Delphi 系列等。

集成开发工具可以有效地提高开发效率，简化开发过程，在实际项目开发中一般都会使用某种 IDE。但对于初学者来说,过早地使用集成开发工具会影响到学习者对程序底层运行机制的理解,导致在程序出现运行错误时,需要分析原因时却无从下手。因此本书没有使用集成开发工具,而是使用了最简单的开发工具。编写源代码使用文本编辑器软件,推荐使用 EditPlus 或 UltraEdit,也可以使用 Windows 操作系统内置的记事本。编译 Java 代码使用 JDK6.0。

3.1.2 运行环境

运行环境是指能够使一个程序顺利运行的所有外部条件之和。它包括符合基本需要的硬件配置、特定版本的操作系统以及其他系统软件及运行库。Java Web 应用程序的运行环境涉及三个方面的需要。首先要能够运行 Java 代码,由于 Java 语言的跨平台特性,所以对硬件和操作系统都没有特定的要求,但需要提供 JRE(Java Runtime Environment,Java 运行环境)。其次要能够提供 Web 服务,需要有 Web 服务器和 Web 浏览器。最后要能够提供应用程序功能,需要有运行相关程序的基础平台,这个平台称为 JSP 引擎。另外,如果程序需要数据库的支持,运行环境还需要包括一种数据库管理系统。

本书使用的运行环境由 JDK6.0 内置的 JRE、Tomcat6.0、通用 Web 浏览器,以及 MySQL5.5 构成。其中,JRE 用来运行 Java 代码,Tomcat 提供 Web 服务和 JSP 引擎服务。

3.1.3 安装和配置 JDK

1. JDK 简介

1996 年,Sun 公司发布了 Java 的第一个开发工具包 JDK(Java Development Kit) 1.0。JDK 是整个 Java 的核心,包括 Java 运行环境、Java 工具和 Java 基础类库。

1998 年,Sun 公司发布了第二代 Java 平台 JDK1.2(简称 Java2),包括三个版本: J2ME(Java2 Micro Edition,Java2 平台的微型版),应用于移动、无线及有限资源的环境; J2SE(Java2 Standard Edition,Java2 平台的标准版),应用于桌面环境;J2EE(Java2 Enterprise Edition,Java2 平台的企业版),应用于基于 Java 的应用服务器。

2004 年,JDK1.5 的发布是 Java 语言发展史上的又一里程碑事件。为了表示这个版本的重要性,JDK1.5 更名为 JDK5.0(内部版本号 1.5.0)。

2006 年,Sun 公司发布了 JDK6.0。这次,Java 的各种版本已经更名,取消了其中的数字 2,J2ME 更名为 Java ME(微型版),J2SE 更名为 Java SE(标准版),J2EE 更名为 Java EE(企业版)。

因为 JDK 从 6.0 版本开始改名为 Java SE,所以我们通常使用的 J2SE 也就是标准版的 JDK,与大家经常看到的 Java SE 6.0 以及 JDK1.6 其实都是一回事。

2009 年,Oracle(甲骨文)公司宣布收购 Sun 公司,从此以后,JDK 的获取就变成了从 Oracle 的网站上免费下载,Sun 公司就此退出了历史舞台。

2. 下载 JDK

以下载 JDK6 的最新版本 jdk-6u45-windows-i586.exe 为例,在浏览器中输入

http：//www.oracle.com/technetwork/java/javase/downloads/java-archive-downloads-javase6-419409.html 后，在打开页面的下方选择超链接 Java SE Development Kit 6u45，进入版本列表页面，该页面列出了不同版本的 JDK。

单击版本列表上方的 Accept License Agreement 单选按钮，然后选择列表中的 jdk-6u45-windows-i586.exe，进入用户登录页面，输入用户名和密码进行登录后，开始下载。如果没有用户名，则需要创建一个新用户，创建新用户的过程在此省略。

JDK 支持不同的操作系统及其位数，如 Linux、Solaris 和 Windows，版本列表中的 x86 指 32 位操作系统，x64 指 64 位操作系统，32 位操作系统的 JDK 版本可以在 64 位操作系统上使用，反之则不行。所以 jdk-6u45-windows-i586.exe 实际是 Windows 32 位操作系统的 JDK 安装包，也可以在 Windows 64 位操作系统上使用。当然，实际开发使用的 JDK 版本必须与操作系统完全匹配才能将 Java 的性能发挥到最佳，在学习时则无须拘泥于此。

3. 安装 JDK

双击下载的 jdk-6u45-windows-i586.exe，在打开的安装界面中单击"下一步"按钮，进入自定义安装界面。

在自定义安装界面中可以选择要安装的程序功能，其中"公共 JRE"为独立的 Java 运行环境，由于 JDK 中已经包含了 JRE，因此可以不选择此功能。Java DB 是 Java 自带的数据库，由于本书使用的数据库是 MySQL5.5，也可以不选择此功能。安装路径采用默认的"C:\Program Files\Java\jdk1.6.0_45\"。

单击"下一步"按钮，开始安装所选功能，安装完毕后单击"关闭"按钮退出安装程序。此时在安装路径"C:\Program Files\Java\jdk1.6.0_45\"下可以看到如图 3.1 所示的目录结构。

图 3.1　安装完成后的 JDK 目录结构

- bin 目录包含了编译、调试、打包、运行 Java 程序的工具程序。如 javac.exe 为编译 Java 源代码的工具，java.exe 为运行编译得到的字节码文件的工具。
- jre 目录为前面提到的 Java 运行环境。
- lib 目录为 Java 类编译打包后的基础类库。bin 目录下 java.exe 等工具的运行依赖于 lib 目录下的基础类库。
- src 目录为 Java 类的源代码。

4. 配置 JDK

以 Windows 7 系统为例,右击桌面上的"计算机"图标,在弹出的快捷菜单中选择"属性",在打开的控制面板主页左侧选择"高级系统设置",弹出"系统属性"对话框。然后在"高级"选项卡中单击"环境变量"按钮,弹出"环境变量"对话框。在对话框上方的用户变量列表中选择 Path 行,然后单击"编辑"按钮,弹出"编辑用户变量"对话框。在"变量值"文本框的末尾输入";C:\Program Files\Java\jdk1.6.0_45\bin"后,依次单击"确定"按钮,返回到控制面板主页,最后关闭该窗口。

说明:将 JDK 的 bin 路径添加到 Path 环境变量的作用是在执行 Java 的工具程序时,可以自动在指定的路径下进行搜索并执行,即无须每次在命令行输入 Java 的工具程序全路径,只输入工具名即可。

5. 测试 JDK

单击"开始"按钮,在搜索框中输入 cmd,搜索出程序 cmd.exe,单击后打开命令行,输入 java -version 后按 Enter 键,显示如图 3.2 所示的 JDK 版本信息,即表示 JDK 安装配置成功。

```
C:\Windows\system32\cmd.exe

C:\>java -version
java version "1.6.0_45"
Java(TM) SE Runtime Environment (build 1.6.0_45-b06)
Java HotSpot(TM) Client VM (build 20.45-b01, mixed mode, sharing)

C:\>
```

图 3.2   JDK 版本信息

3.1.4   安装和配置 Tomcat

1. Tomcat 简介

Tomcat 是一个开源的轻量级 Web 应用服务器,是 Apache 软件基金会(Apache Software Foundation)的 Jakarta 项目中的一个核心项目,由 Apache、Sun 和其他一些公司及个人共同开发而成。Tomcat 因为技术先进、性能稳定,而且免费,而深受 Java 爱好者的喜爱并得到了部分软件开发商的认可,成为目前比较流行的 Web 应用服务器,在中小型系统和并发访问用户不是很多的场合下被普遍使用,是学习 Java Web 开发的首选。

2. 下载 Tomcat

Tomcat 下载包分为安装版和绿色版两种。安装版和常规的软件安装包类似,在安装向导的提示下进行每一步操作,并会以服务的形式注册到系统,可以很方便地控制 Tomcat 的启动、关闭和重启。绿色版则是在解压后需要通过人工方式在配置文件中进行参数的配置,启动和停止 Tomcat 都需要通过执行脚本来实现。为方便起见本书使用安装版,读者有兴趣也可以下载绿色版进行试验。本书中使用的 tomcat-6.0.48,其下载地址为 http://mirror. bit. edu. cn/apache/tomcat/tomcat-6/v6. 0. 48/bin/apache-tomcat-6.0.48.exe。

3. 安装 Tomcat

双击下载的 apache-tomcat-6.0.48.exe 文件,进入安装界面,如图 3.3 所示。

图 3.3　Tomcat 安装界面

单击 Next 按钮,在打开的安装许可同意窗口中(见图 3.4)单击 I Agree 按钮,进入选择组件界面,如图 3.5 所示,安装组件采用默认勾选即可。

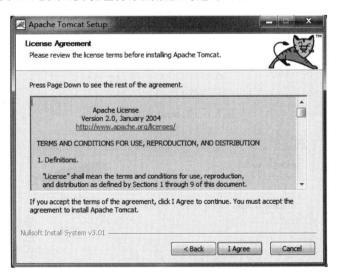

图 3.4　Tomcat 安装许可同意窗口

单击 Next 按钮,进入配置界面,对 Tomcat 的端口等信息进行配置,如图 3.6 所示。端口采用默认值 8080 即可,如果被占用也可以修改成其他端口,Tomcat 的 Web 管理页面登录用户名和密码都设置为 admin,然后单击 Next 按钮,进入 JDK 路径选择界面,如图 3.7 所示。

图 3.5　Tomcat 选择组件界面

图 3.6　Tomcat 配置界面

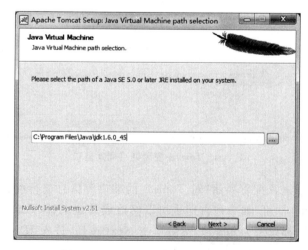

图 3.7　Tomcat 选择 JDK 路径的界面

输入或选择 JDK 的安装路径"C:\Program Files\Java\jdk1.6.0_45"后单击 Next 按钮，进入 Tomcat 安装位置选择界面，如图 3.8 所示。安装路径采用默认的"C:\Program Files\Tomcat 6.0"即可，最后单击 Install 按钮开始安装，安装完毕后单击 Finish 按钮退出安装。

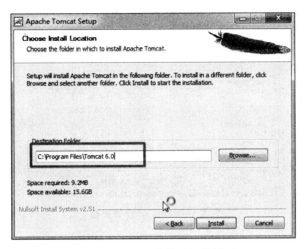

图 3.8　Tomcat 安装路径的界面

安装完成后，在路径"C:\Program Files\Tomcat 6.0"下可以看到如图 3.9 所示的目录结构。

图 3.9　Tomcat 目录结构

- bin 目录包含了启动、停止等操作 Tomcat 的程序或者脚本。由于本书采用的是安装版，因此在该文件夹下有扩展名为.exe 的 Tomcat 控制程序。绿色版的控制程序扩展名为.sh 和.bat，其中.sh 为 Linux 系统下运行的脚本，.bat 则为 Windows 系统下运行的脚本。
- conf 目录为 Tomcat 的配置文件夹，最重要的配置文件是 server.xml，此文件里配置了 Tomcat 的各个端口、应用部署的路径等。
- logs 目录为 Tomcat 运行的日志，在开发和运行维护时经常需要通过查看此文件夹下的日志来定位系统出现的问题。
- webapps 目录为 Tomcat 默认部署应用的路径。本书中所有的示例应用都需要部署到此目录中才能运行。

4. 测试 Tomcat

选择"开始"→"所有程序"→Apache Tomcat 6.0 Tomcat6→Configure Tomcat，启动 Tomcat 的管理面板，如图 3.10 所示。

通过该管理面板可以方便地控制 Tomcat，如启动、停止等，同时还可以观察 Tomcat 服务器的运行情况。

图 3.10   Tomcat 管理面板

- General 选 项 卡：Startup type 选 项 分 为 Automatic、Manual、Disabled。
  Automatic 表示自动启动，即每次开机后即将 Tomcat 启动；Manual 为手工启
  动，即需要在 Tomcat 的管理面板或 Windows 的"服务"程序中进行手工启动；
  Disabled 表示禁止启动 Tomcat 服务器。
- Logging 选项卡：配置 Tomcat 的日志路径，默认为 Tomcat 的 logs 文件夹。
- Java 选项卡：配置 Tomcat 依赖的 JDK 及其参数信息，在安装 Tomcat 时已经做
  过配置，也可以在此处进行修改。

　　打开浏览器，在地址栏输入地址 http://localhost:8080，出现 Tomcat 信息显示页面，
如图 3.11 所示，说明安装成功。

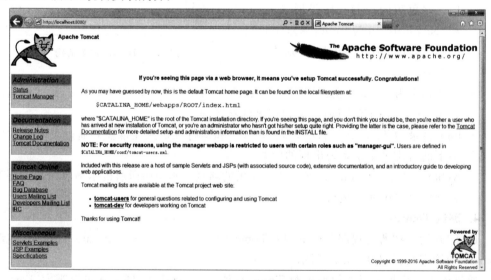

图 3.11   Tomcat 信息显示页面

3.2　JSP 基本概念

Java Web 应用开发的基本形式是编写 JSP 页面。JSP(Java Server Pages,Java 服务器页面)是一种创建和管理动态网页的技术标准。通过在传统的网页 HTML 文件中插入 Java 脚本代码和 JSP 标记,就可以得到 JSP 页面文件。JSP 程序本质上是在服务器端执行的 Java Servlet,执行完毕通常会返回给客户端一个 HTML 文件作为响应,在客户端浏览器即可查看该响应文件的内容。

3.2.1　JSP 开发方法

这里用一个简单的例子来说明 JSP 的开发方法。

【程序 3.1】　在"Tomcat 安装目录\webapps"下创建 demo03 文件夹,在其中编写页面文件 serverDemo.jsp。

```jsp
<%@page contentType="text/html;charset=UTF-8" %>
<%@page import="java.util.Date" %>
<%@page import="java.text.SimpleDateFormat;" %>
<html>
    <head>
        <title>serverDemo</title>
    </head>
    <body>
        <h3>欢迎光临中国北京</h3>
        <%
            SimpleDateFormat df =new SimpleDateFormat("yyyy-M-d HH:mm:ss");
        %>
        <span id="myspan"><%=df.format(new Date())%></span>
        <hr>
    </body>
</html>
```

serverDemo.jsp 文件的功能是输出一行文字和当前的系统时间。

【程序 3.2】　在 demo03 文件夹中编写网页文件 clientDemo.htm。

```html
<html>
    <head>
        <title>JavaScript Date 对象</title>
        <script language="javaScript">
            function showTime(){
                var Timer=new Date();
                var h=Timer.getHours();
```

```
                            var m=Timer.getMinutes();
                            var s=Timer.getSeconds();
                            var d=Timer.getDate();
                            var m1=Timer.getMonth()+1;
                            var y=Timer.getFullYear();
                            var strShow=""+y+"-"+m1+"-"+d+" "+h+":"+m+":"+s;
                            myspan.innerText=strShow;
                    }
            </script>
        </head>
        <body>
            <h3>欢迎光临中国北京</h3>
            <span id="myspan">时间内容</span>
            <script>
                showTime();
            </script>
            <hr>
        </body>
    </html>
```

clientDemo.htm 文件的功能也是输出一行文字和当前的系统时间。

启动 Tomcat,在浏览器地址栏输入 http://localhost:8080/demo03/serverDemo.jsp,可以看到程序 3.1 的运行结果,如图 3.12 所示。再输入 http://localhost:8080/demo03/clientDemo.htm,可以看到程序 3.2 的运行结果,如图 3.13 所示。

图 3.12　serverDemo.jsp 页面

图 3.13　clientDemo.htm 页面

上面两个程序的运行结果几乎是完全一样的。但它们的源代码显示完全不同。下面通过介绍 JSP 的运行机制和 JSP 页面构成来分析这两个页面的运行过程。

3.2.2　JSP 运行机制

JSP 的运行机制如图 3.14 所示。当浏览器向服务器发出请求访问一个 JSP 页面时,所请求的 JSP 文件会被服务器端的 JSP 引擎转化为一个 Java 类,并被编译成一个字节码文件,再装载到 Java 虚拟机中运行,最后把运行产生的输出作为对本次请求的响应返回给浏览器。

实际上,服务器并非在每次收到 JSP 请求后都严格按照上述过程进行处理,而是会

图 3.14　JSP 运行机制

先检查是否为针对该 JSP 文件创建后的第一次请求,或者所请求的 JSP 文件在上次被请求之后是否被更新过。如果是第一次请求,或者被更新过,就会按照上述处理过程来运行。如果该 JSP 文件之前已经被请求过,而且之后没有更新过,就会直接找到该文件对应的字节码文件来执行。因此,JSP 页面在第一次被请求时响应速度会比较慢,之后再次访问就会快很多。

可以在"Tomcat 安装目录\work\Catalina\localhost\demo03\org\apache\jsp"下找到程序 3.1 被转译成的 Java 类文件 serverDemo_jsp.java,代码如下:

```java
package org.apache.jsp;
import javax.servlet.*;
import javax.servlet.http.*;
import javax.servlet.jsp.*;
import java.util.Date;
import java.text.SimpleDateFormat;;

public final class serverDemo_jsp extends org.apache.jasper.runtime.
HttpJspBase implements org.apache.jasper.runtime.JspSourceDependent {

    private static final javax.servlet.jsp.JspFactory _jspxFactory =
        javax.servlet.jsp.JspFactory.getDefaultFactory();

    private static java.util.Map<java.lang.String,java.lang.Long>_jspx_
    dependants;

    private javax.el.ExpressionFactory _el_expressionfactory;
    private org.apache.tomcat.InstanceManager _jsp_instancemanager;

    public java.util.Map<java.lang.String,java.lang.Long>getDependants() {
```

```
            return _jspx_dependants;
    }

    public void _jspInit() {
        _el_expressionfactory =_jspxFactory.getJspApplicationContext
        (getServletConfig().getServletContext()).getExpressionFactory();
        _jsp_instancemanager =org.apache.jasper.runtime.InstanceManagerFactory.
        getInstanceManager(getServletConfig());
    }

    public void _jspDestroy() {
    }

    public void _jspService(final javax.servlet.http.HttpServletRequest
    request, final javax.servlet.http.HttpServletResponse response)
    throws java.io.IOException, javax.servlet.ServletException {

        final javax.servlet.jsp.PageContext pageContext;
        javax.servlet.http.HttpSession session =null;
        final javax.servlet.ServletContext application;
        final javax.servlet.ServletConfig config;
        javax.servlet.jsp.JspWriter out =null;
        final java.lang.Object page =this;
        javax.servlet.jsp.JspWriter _jspx_out =null;
        javax.servlet.jsp.PageContext _jspx_page_context =null;

        try {
            response.setContentType("text/html;charset=UTF-8");
            pageContext =_jspxFactory.getPageContext(this, request, response,
                null, true, 8192, true);
            _jspx_page_context =pageContext;
            application =pageContext.getServletContext();
            config =pageContext.getServletConfig();
            session =pageContext.getSession();
            out =pageContext.getOut();
            _jspx_out =out;

            out.write("\r\n");
            out.write("\r\n");
            out.write("\r\n");
            out.write("<html>\r\n");
            out.write("  <head>\r\n");
            out.write("    <title>serverDemo</title>\r\n");
```

```
            out.write("    </head>\r\n");
            out.write("  <body>\r\n");
            out.write("      <h3>欢迎光临中国北京</h3>\r\n");
            out.write("\t ");

            SimpleDateFormat df =new SimpleDateFormat("yyyy-M-d HH.mm.ss");

            out.write("\r\n");
            out.write("\t <span id=\"myspan\">");
            out.print(df.format(new Date()));
            out.write("</span>\r\n");
            out.write("  <hr>\r\n");
            out.write("  </body>\r\n");
            out.write("</html>");
        } catch (java.lang.Throwable t) {
            if (!(t instanceof javax.servlet.jsp.SkipPageException)){
            out = _jspx_out;
            if (out !=null && out.getBufferSize() !=0)
                try { out.clearBuffer(); } catch (java.io.IOException e) {}
            if ( _ jspx _ page _ context  ! = null )  _ jspx _ page _ context.
            handlePageException(t);
            }
        } finally {
            _jspxFactory.releasePageContext(_jspx_page_context);
        }
    }
}
```

serverDemo_jsp. java 是一个完整的 Java 类。其中只有下面这段代码是来自 serverDemo.jsp,其余的语句都是 Tomcat 在转译过程中自动生成的。

```
    out.write("\r\n");
    out.write("\r\n");
    out.write("\r\n");
    out.write("<html>\r\n");
    out.write("  <head>\r\n");
    out.write("    <title>JSP Date 对象</title>\r\n");
    out.write("\r\n");
    out.write("  </head>\r\n");
    out.write("  <body>\r\n");
    out.write("      <h1>欢迎光临中国北京</h1>\r\n");
    out.write("      \r\n");
```

```
    out.write("\t ");

    SimpleDateFormat df = new SimpleDateFormat("yyyy-M-d HH:mm:ss");

    out.write("\r\n");
    out.write("\t <span id=\"myspan\">");
    out.print(df.format(new Date()));
    out.write("</span>\r\n");
    out.write("<hr>\r\n");
    out.write("  </body>\r\n");
    out.write("</html>");
```

正是通过这种运行机制,原本十分晦涩的 Java Web 服务器端开发变成了简单的 JSP 开发。

在图 3.12 所示的运行结果页面中使用浏览器的"查看页面源代码"功能,可以看到浏览器所收到的响应信息是如下内容:

```
<html>
    <head>
        <title>serverDemo</title>
    </head>
    <body>
        <h3>欢迎光临中国北京</h3>

        <span id="myspan">2017-5-7 22:18:04</span>
        <hr>
    </body>
</html>
```

不难看出,上面这段代码正是 serverDemo_jsp 类的运行产生的输出。其中的大部分内容与程序 3.1 完全相同。

JSP 页面中可以包含 JSP 脚本、JSP 指令、JSP 标记、HTML 标记、JavaScript 语句以及 CSS 样式定义等内容。这些内容可以在一个 JSP 文件中组合使用。

根据这些代码的运行位置,可以把 JSP 页面的内容分为服务器端代码和客户端代码。服务器端代码是指运行在服务器端的 JSP 脚本、JSP 指令和 JSP 标记等内容。客户端代码是指需要在客户端的浏览器上运行和处理的 HTML 标记、JavaScript 语句和 CSS 样式定义等内容。

JSP 文件存储在服务器端。当浏览器向服务器发出 JSP 请求后,从上面分析的处理过程可以看到,JSP 页面中的客户端代码在服务器端不做任何处理,服务器端代码则是在服务器环境下被运行之后,将其所产生的输出与客户端代码组合成一个整体返回给浏览器。最后由浏览器对接收到的内容进行解析和显示。

由此可知,程序 3.1 的运行结果图 3.12 中所显示的时间是服务器端的当前系统时间。浏览器只负责把接收到的时间字符串显示在页面中。

而程序 3.2 是一个 HTML 文件。Tomcat 对这个文件的处理不像 JSP 文件那么复杂,只是将文件内容原样返回给浏览器,然后由浏览器对文件内容进行解析和显示。所以,它的运行结果图 3.13 中所显示的时间是客户端的当前系统时间。

3.2.3　Web 应用目录结构

虽然 Java Web 应用开发的基本形式是编写 JSP 页面,但一个典型的 Java Web 应用通常会包含一组 JSP 文件、Servlet、其他 Java 类以及 HTML 文档和各种资源文件。这些文件在 Web 应用中都有固定的存放目录。

按照 Java EE 规范的规定,一个典型的 Java Web 应用包含四个部分:

- 公开文件夹,存放能够被用户访问的资源,包括.jsp、.htm、.js、.css、.jpg 等文件。
- WEB-INF/web.xml 文件,应用的部署描述文件。
- WEB-INF/classes 文件夹,存放编译好的 Java 类文件(.class)。
- WEB-INF/lib 文件夹,存放 Java 类库文件(.jar)。

公开文件夹中存放所有可以被用户访问的资源文件。也可以把这些文件根据类别放在公开文件夹下的不同子文件夹中。这个公开文件夹的名字就是 Web 应用程序的名称。

WEB-INF 文件夹是一个专用区域,其中的文件用户不能直接访问,只能被 Web 应用本身和 JSP 引擎使用。

运行 Java Web 应用需要先把它部署到运行环境中。最简单的部署方式是把应用文件夹存放到 Tomcat 安装目录下的 webapps 中。例如,对于本书中使用的示例应用"新闻发布系统",在 webapps 目录下创建 newsPub 文件夹,相应的目录结构如图 3.15 所示。

图 3.15　Java Web 应用的目录结构

每个文件夹中放置不同类型的代码文件。

- newsPub 文件夹:是 Java Web 应用的公开文件夹,所有的 JSP 文件和 HTML 文件都直接放在这个文件夹下。
- common 文件夹:存放应用中的公共文件,例如通用的 JSP 文件。此文件夹的名字不一定必须是 common,可以根据需要自行设定。
- image 文件夹:存放页面文件中使用的图片文件,其命名也可以根据需要自行设定。本书示例中,把 CSS 样式定义文件也放在了这个文件夹下。
- js 文件夹:存放页面中使用的 JavaScript 代码文件。
- WEB-INF 文件夹:是 Java Web 应用的安全目录。
- classes 文件夹:用于放置 Java Web 应用中用到的 Java 类字节码文件。
- lib 文件夹:用于 Java Web 应用中用到的外部 jar 文件。
- src 文件夹:用于放置 Java Web 应用中用到的 Java 类源文件。这个文件夹及其中的 Java 类源文件对于 Java Web 应用的运行不是必需的,只是为了代码管理的方便,习惯把源文件放置在此处。

把第 2 章编写的 index. htm 放到 newsPub 文件夹中,fun. js 放到 js 文件夹中,main. css 和用到的图片文件放到 image 文件夹中。然后启动 Tomcat,打开浏览器,在地址栏输入地址 http://localhost:8080/newsPub/index. htm,即可打开新闻发布系统首页。

这里直接在运行环境中创建 newsPub 应用,接下来将会在 newsPub 文件夹中依次完成各个功能的开发,逐步完善新闻发布系统。

3.3 JSP 基础语法

JSP 页面中的服务器端代码包括 JSP 脚本、JSP 指令、JSP 标记等构成元素。这些代码需要符合 JSP 语法的要求。

3.3.1 JSP 脚本元素

所有的 JSP 脚本元素都以<%标记开始,以%>标记结束。JSP 脚本元素包括三类分别是脚本代码、声明和表达式。JSP 脚本代码就是一些 Java 代码片段;JSP 声明包括变量、方法和类的声明,分别用于定义变量、方法和类;JSP 表达式用于输出计算结果。另外,还可以在 JSP 页面中添加不同形式的注释。

1. JSP 脚本代码

JSP 脚本代码就是一些 Java 代码片段,可以实现业务逻辑处理,也可以产生输出。其语法格式如下:

```
<%  脚本代码  %>
```

一个 JSP 页面可以有多个脚本代码,这些脚本代码将被 JSP 引擎按顺序执行。

例如在程序 3.1 中,就使用如下代码实现了获取系统当前时间的功能。

```
<%
    SimpleDateFormat df =new SimpleDateFormat("yyyy-M-d HH:mm:ss");
%>
```

脚本代码中声明的变量在当前页面内的所有脚本代码和 JSP 表达式中有效,这样的变量被称为 JSP 页面的局部变量。因为这里的变量定义语句在发生 JSP 转译时,都被转换成了_service()方法中的语句,所以变量实际也相应地转变成了方法中的变量。这种变量的生存周期仅限于方法的执行过程中。当多个客户请求同一个 JSP 页面时,一个客户对 JSP 页面局部变量的操作,不会影响到其他客户的这个局部变量。

2. JSP 声明

前面已经说过,JSP 页面在运行时会被首先转译为一个 Java 类。在 JSP 声明中所定义的变量和方法都会成为转译后的 Java 类的成员变量及类成员方法,声明的类则成为内部类。所声明的变量、方法和类可以被同一 JSP 页面中的其他代码访问。

JSP 声明的语法格式如下:

```
<%! 变量或方法、类的声明%>
```

JSP 声明中定义的变量也被称作 JSP 页面的全局变量,所有访问同一个 JSP 页面的客户操作的都是同一个全局变量。

【**程序 3.3**】 在 demo03 文件夹下编写示例页面文件 declareDemo1.jsp。

```jsp
<%@page contentType="text/html;charset=UTF-8" %>
<html>
    <head>
        <title>declareDemo1</title>
    </head>
    <body>
        <H3>
        <%! int number=0; %>
        <%
            int localNumber =0;
            localNumber++;
            synchronized(this){
                number++;
            }
        %>
        您是第
        <%out.println(number); %>
        个访问本页面的客户。局部变量值是
        <%out.println(localNumber);%>
        </H3>
    </body>
</html>
```

declareDemo1.jsp 中的声明部分定义了一个变量 number。这个 number 是 JSP 页面的全局变量。接下来又在脚本代码中定义了一个局部变量 localNumber。

然后分别对两个变量进行加 1 运算,再进行输出。其中对于全局变量 number 的操作,需要进行同步处理。

启动 Tomcat,在浏览器地址栏输入 http://localhost:8080/demo03/declareDemo1.jsp,查看程序 3.3 的运行结果,如图 3.16 所示。在同一个浏览器窗口和不同的浏览器窗

图 3.16 declareDemo1.jsp 运行结果

口多次访问该页面,可以看到 number 变量的值会依次递增,而 localNumber 变量的值一直保持为 1。这是因为局部变量只在处理当前页面请求时有效,处理完毕则被销毁,而全局变量作为 JSP 页面对应类的成员变量,会一直存在于内存中。只有当前应用被停止运行,例如关闭 Tomcat 时,全局变量才会被销毁。

【程序 3.4】 在 demo03 文件夹下编写示例页面文件 declareDemo2.jsp。

```jsp
<%@page contentType="text/html;charset=UTF-8" %>
<html>
    <head>
        <title>declareDemo2</title>
    </head>
    <body>
        <H3>
        <%! int number=0;
            synchronized void countPeople(){
                number++;
            }
        %>
        <%
            int localNumber = 0;
            localNumber++;
            countPeople();
        %>
        您是第
        <%out.println(number); %>
        个访问本页面的客户。局部变量值是
        <%out.println(localNumber);%>
        </H3>
    </body>
</html>
```

declareDemo2.jsp 中的声明部分除了定义全局变量 number 之外,还定义了 countPeople()方法。在 countPeople()方法中实现对 number 的加 1 处理,然后在脚本代码中调用此方法。最后输出结果。

启动 Tomcat,在浏览器地址栏输入 http://localhost:8080/demo03/declareDemo2.jsp,查看程序 3.4 的运行结果,和程序 3.3 完全相同。

【程序 3.5】 在 demo03 文件下编写示例页面文件 declareDemo3.jsp。

```jsp
<%@page contentType="text/html;charset=UTF-8" %>
<html>
    <head>
        <title>declareDemo3</title>
```

```
        </head>
        <body>
            <H3>
            <%! class Counter {
                int number=0;
                void countPeople(){
                    number++;
                }
            }
            Counter c1 =new Counter();
            %>
            <%
                Counter c2 =new Counter();
                c1.countPeople();
                c2.countPeople();
            %>
            您是第
            <%out.println(c1.number); %>
            个访问本页面的客户。局部变量值是
            <%out.println(c2.number);%>
            </H3>
        </body>
    </html>
```

　　declareDemo3.jsp 中的声明部分定义了一个 Counter 类,类中有成员变量 number 和 countPeople()方法,并定义了一个全局变量 c1。然后在脚本代码中定义了局部变量 c2, 并分别调用 c1 和 c2 的 countPeople()方法。最后输出结果。

　　启动 Tomcat,在浏览器地址栏输入 http://localhost:8080/demo03/declareDemo3. jsp,查看程序 3.5 的运行结果,也和程序 3.3 完全相同。

3. JSP 表达式

　　可以将 JSP 表达式理解为一种简单的输出形式。JSP 表达式的语法格式如下:

```
<%=表达式%>
```

　　其中的表达式可以是任意合法的 Java 表达式。该表达式会被计算并将得到的结果 以字符串的形式显示到页面中。需要注意的是,由于 JSP 表达式不是程序代码,所以末 尾不能出现";"。

　　【程序 3.6】　在 demo03 文件夹下编写示例页面文件 expressionDemo.jsp,输出九九 乘法表。

```jsp
<%@page language="java" contentType="text/html;charset=UTF-8" %>
<html>
    <head>
        <title>expressionDemo</title>
    </head>
    <body>
        <h1>九九乘法表</h1>
        <table>
        <%for (int i=1;i<=9;i++){%>
            <tr>
            <%for (int j=1;j<=i;j++){%>
                <td><%=i%> * <%=j%>=<%=i * j%></td>
            <%}%>
            </tr>
        <%}%>
        </table>
    </body>
</html>
```

expressionDemo.jsp 中使用多段脚本代码实现了循环处理,并用 JSP 表达式进行输出。

启动 Tomcat,在 浏 览 器 地 址 栏 输 入 http://localhost: 8080/demo03/ expressionDemo.jsp,程序运行结果如图 3.17 所示。

图 3.17 expressionDemo.jsp 运行结果

4. 注释

除了上面所说的三种组成内容之外,JSP 页面中也可以写必要的注释内容。JSP 注释的语法如下:

```
<%--JSP 注释信息--%>
```

这些注释信息会在 JSP 转译为 Java 类时被忽略。

另外,在 JSP 脚本代码中,也可以使用 Java 的单行注释和多行注释方式添加注释内容。这些 Java 注释会与其他脚本代码一样,被转换到转译之后的 Java 类中,然后在编译 Java 类时被忽略。

在 JSP 页面中还可以使用 HTML 的注释语法编写注释内容,语法如下:

```
<!--HTML 注释信息-->
```

但是需要注意,HTML 注释会和普通的 HTML 标记一样,作为客户端代码被原样发送给浏览器。虽然在浏览器窗口中不会显示这些注释内容,但是利用浏览器的“查看页面源代码”功能就可以看到这些 HTML 注释。所以,如果不希望被用户看到注释内容,就需要使用前面两种注释方式。

为了提高程序的可读性,程序员应该合理地使用注释,将代码所实现的算法、功能等通过注释描述清晰,以提高代码的可读性和可维护性。

【程序 3.7】　在 demo03 文件夹下编写示例页面文件 commentDemo.jsp,使用不同的注释方式。

```
<%@page language="java" contentType="text/html;charset=UTF-8" %>
<html>
    <head>
        <title>JSPComment</title>
    </head>
    <body>
        <%--   JSP comment  --%>
        <h1>hello world</h1>
        <%
            //JAVA comment1;
            out.println("<h2>hello world</h2>");
            /* JAVA comment2 */
        %>
        <!--html comment-->
    </body>
</html>
```

commentDemo.jsp 中分别使用了 JSP 注释、Java 注释和 HTML 注释。

启动 Tomcat,在浏览器地址栏输入 http://localhost:8080/demo03/commentDemo.jsp,程序运行结果如图 3.18 所示。

可以通过查看和对比转译后的 Java 类、浏览器接收到的源代码以及浏览器窗口中的

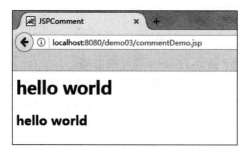

图 3.18 commentDemo.jsp 运行结果

显示,来理解三种注释的处理时机。

3.3.2 JSP 指令元素

JSP 指令主要用来通知 JSP 引擎如何处理 JSP 页面,所有指令都是在 JSP 的整个页面有效。JSP 指令是在 JSP 文件转译时处理,用于实现类的引入、定义 JSP 页面的编码格式、包含其他文件、引入新的标签库等功能。

JSP 指令共有三种:page、include 和 taglib,统一使用如下语法格式:

```
<%@指令名 属性1="值1" 属性2="值2" 属性n="值n" %>
```

1. page 指令

page 指令用来定义 JSP 页面的全局属性。一个页面中 page 指令可以出现多次,但是只有 import 属性可以在同一个 JSP 文件中多次出现。允许将 page 指令放在 JSP 文件中的任何地方,但习惯上都放在文件的最开始。

page 指令的主要属性如下。

- language 属性:定义脚本代码使用的语言,默认值为 Java。
- import 属性:定义此 JSP 页面导入的类包。
- errorPage 属性:定义当页面执行中发生异常错误时,对此页面的请求会被重新指向的错误处理页面 URL。
- isErrorPage 属性:取值为 true 时表示当前 JSP 页面是一个错误处理页面。
- contentType 属性:定义页面响应信息的 MIME 类型和编码方式。
- pageEncoding 属性:定义页面响应信息的编码方式。

page 指令的 import 属性与 Java 语言中的 import 关键字作用相同。可以使用一个 <%@ page %>指令同时引入多个类,也可以使用多个<%@ page %>指令来引入类。

例如在程序 3.1 中,就使用两条 page 指令引入了两个 Java 基础类。

```
<%@page import="java.util.Date" %>
<%@page import="java.text.SimpleDateFormat;" %>
```

事实上,当 JSP 页面被转译为 Java 类时,在 page 指令中通过 import 属性引入的包会被自动转换成类中的 import 语句。

　　另外,JSP 页面默认会引入 java. lang. * 、javax. servlet. * 、javax. servlet. jsp. * 、javax. servlet. http. * 几个包。所以在 serverDemo_jsp. java 中可以看到有如下 import 语句。

```
import javax.servlet.*;
import javax.servlet.http.*;
import javax.servlet.jsp.*;
import java.util.Date;
import java.text.SimpleDateFormat;
```

　　page 指令的 contentType 属性用于定义返回给浏览器的响应信息的 MIME 类型及字符编码。

　　MIME(Multipurpose Internet Mail Extensions,多功能互联网邮件扩展)最初是为了在发送电子邮件时附加多媒体数据,让邮件客户程序能根据其类型进行处理,目前已成为互联网上判断文件格式的事实标准。MIME 技术规范的完整内容由 RFC 2045-2049 定义,包括了信息格式、媒体类型、编码方式等各方面的内容。

　　在最初的 HTTP 协议中,并没有附加的数据类型信息,所有传送的数据都被客户端程序解释为超文本标记语言 HTML 文档。后来为了支持多媒体数据类型,HTTP 协议中就使用了附加在文档之前的 MIME 类型信息来标识数据类型,这使得 HTTP 协议能够传输的信息类型不只是普通的文本,而是变得更加丰富多彩。

　　每个 MIME 类型由两部分组成,前面是数据的大类别,例如声音 audio、图像 image 等,后面定义具体的种类。常用的 MIME 类型见表 3.1。

表 3.1　常用的 MIME 类型

文件类型	文件扩展名	MIME
HTML 文档	. html	text/html
普通文本	. txt	text/plain
PNG 图像	. png	image/png
GIF 图形	. gif	image/gif
JPEG 图形	. jpeg,. jpg	image/jpeg
MPEG 文件	. mpg,. mpeg	video/mpeg
Microsoft Word 文件	. doc	application/msword
Microsoft Excel 文件	. xls	application/x-msexcel
PDF 文档	. pdf	application/pdf
任意的二进制数据		application/octet-stream

　　字符编码是用二进制字符串来代表字符集的字符,以便于文本在计算机中的存储和

网络传输。可以说,对字符进行编码是信息交流的技术基础。

字符集是定义要对哪些字符进行编码;字符编码则具体规定了对每个字符分别用一个字节还是多个字节存储,这些字节的内容是什么。各个国家和地区在制定编码标准的时候,一般都是同时制定字符集和编码方式。因此,平时提到"字符集"时,如 GB 2312,GBK,JIS 等,除了表示"字符集合"的含义之外,同时也包含了"编码方式"的含义。

常见的字符集有以下几种。

- ASCII 字符集:美国在 20 世纪 60 年代制定了一套字符编码规则,规定了包含英文字母在内的 128 个字符的编码方式。共占用了一个字节的后 7 位,最高位统一规定为 0。

- ISO 8859-1 字符集:后来随着计算机在欧洲的不断普及,又制定了扩展 ASCII 字符集,包含 256 个字符。在 ASCII 字符集原有的 128 个字符基础上,又扩展了 128 个新字符。这个字符集也称西欧字符集,之后又陆续制定了 ISO 8859-2~15 字符集,都是完全兼容 ASCII 字符集。Tomcat 默认使用的就是 ISO 8859-1 字符集。

- GB 2312 字符集:GB 2312 是对 ASCII 字符集的中文扩展。规定当一个字节值小于 127 时,表示一个 ASCII 字符,而两个大于 127 的字节连在一起时,就表示一个汉字。这样,为大约 7000 多个常用汉字以及数学符号、罗马希腊字母等都定义了编码。另外,还为 ASCII 字符集里已有的数字、标点、字母也都重新编了两个字节的编码,这就是所谓的全角字符,而称 ASCII 字符集中用一个字节表示的那些字符为半角字符。

- GBK 字符集:之后又对 GB 2312 字符集做了扩展,在 GB 2312 的基础上,又增加了近 20 000 个汉字(包括繁体字)和符号,称作 GBK。

- Unicode 字符集:为了便于国际信息交流,国际组织制定了 Unicode 字符集,为地球上现有的各种语言中的每一个字符都设定了唯一的数字编号,以满足跨语言、跨平台进行文本转换、处理的要求。Unicode 字符集可以简写为 UCS(Unicode Character Set)。

但 Unicode 只是一个字符集,它规定了字符的二进制代码,但并没有规定这个二进制代码如何存储。因为包含的字符数量非常庞大,所以一个字符的二进制代码可能会达到几十位之多,需要用到几个字节来保存。为此,又定义了 Unicode 的不同实现方式,如 UTF-8、UTF-16、UTF-32 等。其中 UTF-8 在互联网中使用最广泛。

UTF-8 是一种变长的编码方式,可以使用 1~4 个字节表示一个字符。UTF-8 的具体编码规则这里不再详述。为了保持统一,本书把 JSP 页面的 contentType 属性统一设置为如下形式:

```
<%@page contentType="text/html;charset=UTF-8" %>
```

2. include 指令

include 指令的作用是在当前 JSP 页面中的指定位置插入另一个文件的内容,语法格式如下：

```
<%@include file="URL"%>
```

URL 是一个相对路径，用来定义被插入的文件。如果 URL 以/开头，代表当前 Web 应用的根目录；如果以文件名或目录名称开头，则代表当前目录下的相对位置。

使用 include 指令实现的文件插入被称为文件静态包含，实际的文件插入过程发生在 JSP 页面被转译为 Java 类之前。静态包含的执行机制如图 3.19 所示。

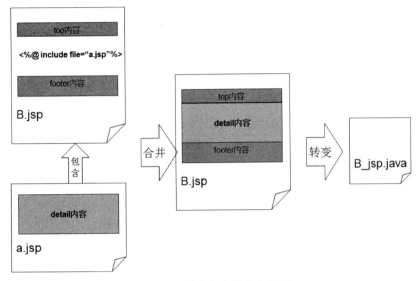

图 3.19　静态包含的执行机制

B.jsp 文件中静态包含了 a.jsp 文件。当 B.jsp 被请求时，JSP 引擎会将文件中的 include 指令替换为 a.jsp 文件的内容，得到一个新的 B.jsp 文件。然后再进行转译、编译和运行。下面通过示例程序说明静态包含的执行机制。

【程序 3.8】　在 demo03 文件夹下编写示例页面文件 includeDemo1_1.jsp。

```
<%@page contentType="text/html;charset=UTF-8" %>
<html>
    <head>
        <title>includeDirective</title>
    </head>
    <body>
        <H3>
            <%@include file="hello.txt" %>
        </H3>
    </body>
</html>
```

includeDemo1_1.jsp 中使用 page 指令静态包含了 hello.txt 文件。

【程序 3.9】 在 demo03 文件夹下编写文本文件 hello.txt，实现被包含的文件内容。

```
Hello,Everyone!
```

hello.txt 文件中只有一行简单的文本。

【程序 3.10】 在 demo03 文件夹下编写示例页面文件 includeDemo1_2.jsp。

```
<%@page contentType="text/html;charset=UTF-8" %>
<html>
    <head>
        <title>includeDirective</title>
    </head>
    <body>
        <H3>
            Hello,Everyone!
        </H3>
    </body>
</html>
```

根据前面对静态包含执行机制的描述，当 includeDemo1_1.jsp 被请求时，首先发生文件包含，hello.txt 中的内容会被合并得到一个新的 includeDemo1_1.jsp 文件。这个新文件的内容应该与 includeDemo1_2.jsp 相同。

启动 Tomcat，在浏览器地址栏输入 http://localhost:8080/demo03/includeDemo1_1.jsp，查看程序 3.8 的运行结果，如图 3.20 所示，再启动一个浏览器窗口，输入 http://localhost:8080/demo03/includeDemo1_2.jsp，查看程序 3.10 的运行结果，如图 3.21 所示。可以看到，两个程序的运行结果完全相同。

图 3.20 includeDemo1_1.jsp 运行结果　　　　图 3.21 includeDemo1_2.jsp 运行结果

需要注意的是，如果插入文件的内容发生了变化，include 指令下的 JSP 宿主文件并不会重新转译，因此 include 指令适用于包含静态内容文件。

include 指令的优点在于只编译一次，所以执行速度快。如果被包含的文件内容变化频繁，应该使用后面介绍的<jsp:include>标记实现动态包含。

3. taglib 指令

类似 HTML 页面有很多标记，JSP 页面也允许开发者自定义标记来提高 JSP 的开发效率。taglib 指令会在第 7 章做详细说明。

3.3.3 JSP 标记元素

标记元素是由 JSP 引擎解释执行的一组功能。在 JSP2.0 的规范里定义了 20 多种标记元素,可以实现动态文件包含、页面跳转、使用 JavaBean 组件等功能。标记元素的统一语法格式如下:

```
<jsp:标记名 属性 1="值 1" 属性 2="值 2" 属性 n="值 n">
...
</jsp:标记名>
```

下面介绍常用标记元素的用法。

1.<jsp:include>标记

<jsp:include>标记用于将 HTML 或者 JSP 动态内容插入到当前的 JSP 页面中。

<jsp:include>标记的作用是实现对其他文件的动态包含,语法格式如下:

```
<jsp:include page="path">
    <jsp:param name="Name1" value="Value1" />
    <jsp:param name="Name2" value="Value2" />
...
</jsp:include>
```

path 是被包含文件的路径,可以是 JSP 动态文件,也可以是 HTML 或其他静态文件。所谓动态包含,是指在程序运行时才会发生包含动作。

<jsp:param>用于向被包含页面传递参数,详细用法在后面进行说明。

动态包含的执行机制如图 3.22 所示。

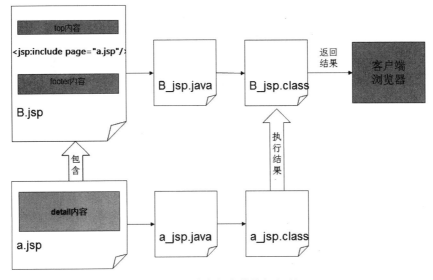

图 3.22 动态包含的执行机制

B. jsp 文件中动态包含了 a. jsp 文件。当 B. jsp 被请求时，JSP 引擎会分别对 B. jsp 和被包含的 a. jsp 进行转译、编译和运行，并在最后将两个页面的运行结果进行合并，再将合并后的内容返回给浏览器。下面通过示例程序说明动态包含的执行机制。

【程序 3.11】 在 demo03 文件夹下编写示例页面文件 includeDemo2_1. jsp。

```jsp
<%@page contentType="text/html;charset=UTF-8" %>
<html>
    <head>
        <title>includeAction</title>
    </head>
    <body>
        <P>
            加载文件效果：
            <jsp:include page="includeDemo2_2.jsp">
                <jsp:param name="computer" value="300" />
            </jsp:include>
        </P>
    </body>
</html>
```

includeDemo2_1. jsp 文件中动态包含了 includeDemo2_2. jsp 文件，并用<jsp：param>标记向被包含页面传递了一个名为 computer 的参数。

【程序 3.12】 在 demo03 文件夹下编写示例页面文件 includeDemo2_2. jsp，实现被包含的文件。

```jsp
<%@page contentType="text/html;charset=UTF-8" %>
<html>
    <head>
        <title>includeAction</title>
    </head>
    <body>
        <%
        String str=request.getParameter("computer"); //获取值
        int n=Integer.parseInt(str);
        int sum=0;
        for(int i=1;i<=n;i++){
            sum=sum+i;
        }
        %>
        从 1 到<%=n%>的连续和是：<%=sum%>
    </body>
</html>
```

includeDemo2_2.jsp 中接收 includeDemo2_1.jsp 传递的 computer 参数,然后计算累加和并输出。

根据前面对动态包含执行机制的描述,当 includeDemo2_1.jsp 被请求时,被包含的 includeDemo2_2.jsp 文件也会同步被执行,最后两个文件的执行结果合并。

启动 Tomcat,在浏览器地址栏输入 http://localhost:8080/demo03/includeDemo2_1.jsp,程序运行结果如图 3.23 所示。

图 3.23　includeDemo2_1.jsp 运行结果

动态包含是在执行时将被包含文件的执行结果包含进来,而不是被包含文件的源代码。每次请求页面时都会重新运行被包含文件,所以被包含文件内容的任何变化都会及时反映在最后的运行结果中。因此对于更新比较频繁的内容应使用<jsp:include>标记实现动态包含,以及时反映被包含文件的更新。

2. <jsp:param>标记

<jsp:param>标记用于配合<jsp:include>标记和<jsp:forward>标记,实现参数传递。语法格式如下:

```
<jsp:param name="Name1" value="Value1" />
```

其中 Name1 表示传递参数的名称,Value1 表示对应参数的值。

3. <jsp:forward>标记

<jsp:forward>标记用于实现页面请求的转发,可以把对当前 JSP 页面的请求转发到同一 Web 应用中的另一个资源。转发目标可以是 JSP 页面、HTML 页面、Servlet 等各种类型的 Web 资源。

<jsp:forward>标记的语法格式如下:

```
<jsp:forward page="URL 路径">
    <jsp:param name="Name1" value="Value1" />
    <jsp:param name="Name2" value="Value2" />
    …
</jsp:forward>
```

page 属性表示要转发目标资源的 URL,如果需要在转发的同时传递参数,可以使用<jsp:param>标记来实现。

请求转发功能可以在程序中实现 JSP 页面之间的跳转,是 Java Web 应用开发中实现流程控制的一种重要手段。请求转发的具体处理过程如图 3.24 所示。

图 3.24　页面请求转发的处理过程

客户端发送对页面 a.jsp 的请求,Tomcat 按照 JSP 运行机制对 a.jsp 进行转译、编译和运行。如果在 a.jsp 中包含到 b.jsp 的 forward 指令,本次请求会被转发到 b.jsp。Tomcat 按照 JSP 运行机制再对 b.jsp 进行处理,最后把 b.jsp 的运行结果作为本次请求的响应信息返给浏览器。

在页面请求被转发的过程中,客户端对此是不知情的。也就是说,客户端收到的虽然是 b.jsp 的运行结果,但仍然是作为对 a.jsp 的请求得到的响应。查看客户端浏览器的地址栏可以看到,所显示的仍然是 a.jsp 的 URL。整个处理过程中只有一次请求和一次响应。

下面使用请求转发功能实现一个简单的用户登录功能。

【程序 3.13】　在 demo03 文件夹中创建 login 文件夹,在其中编写用户登录页面文件 login.jsp。

```
<%@page language="java" contentType="text/html;charset=UTF-8"%>
<html>
    <head>
        <title>新闻发布系统</title>
    </head>
    <body>
        <h1>用户登录</h1>
        <form method="post" action="doLogin.jsp">
            用户名:<input type="text" name="username"><br>
            密码:<input type="password" name="password"><br>
            <input type="submit" name="submit" value="登录">
        </form>
    </body>
</html>
```

login.jsp 使用 form 标签来传递参数。单击"登录"按钮后跳转到 doLogin.jsp,同时传递用户名 username 和密码 password 两个参数。

【程序 3.14】　在 demo03\login 文件夹下编写登录判断页面文件 doLogin.jsp。

```
<%@page language="java" contentType="text/html;charset=UTF-8"%>
<%
    String name = request.getParameter("username");
    String pwd = request.getParameter("password");

    if ("tom".equals(name) && "123".equals(pwd)){
%>
        <jsp:forward page="index.jsp">
            <jsp:param name="username" value="<%=name%>"/>
        </jsp:forward>
<%    }else{%>
        <jsp:forward page="login.jsp"/>
<%    }%>
```

doLogin.jsp 中首先通过 request.getParameter()方法获取到 login.jsp 传递的 username 和 password 两个参数的值,然后判断 username 是否等于 tom、password 是否等于 123。如果是则使用<jsp:forward>标记转发到 index.jsp 页面,同时用<jsp:param>标记将 login.jsp 传递过来的 username 属性值传递给 index.jsp 页面;否则转发到 login.jsp 页面要求重新登录。

【程序 3.15】 在 demo03\login 文件夹下编写页面文件 index.jsp,实现登录成功后进入的页面。

```
<%@page language="java" contentType="text/html;charset=UTF-8"%>
<html>
    <head>
        <title>新闻发布系统</title>
    </head>
    <body>
        h1>系统首页</h1>
        <%
            String name = request.getParameter("username");
            if (name ==null){
        %>
            请单击<a href="login.jsp">登录</a>
        <%    }else{%>
            用户<%=name%>已登录
        <%    }%>
    </body>
</html>
```

启动 Tomcat,在地址栏中输入地址 http://localhost:8080/demo03/login/login.jsp,在登录表单中输入用户名 tom 和密码 123,单击“登录”按钮即可成功登录,进入 index.

jsp 页面,运行结果如图 3.25 所示。

图 3.25　登录成功页面

这个用户登录示例程序中用到的其他知识,将在后续章节中陆续介绍。

3.4　结构化网页设计

结构化网页设计是指利用前面介绍的文件包含机制,将一个页面分解为几个模块,分别实现。在程序运行时,再重新组合成一个完整的页面。

对于一个网站而言,大部分页面的顶部、底部等公共区域内容都是相同的。利用结构化网页设计的思想,可以把这些公共区域的内容写在单独的文件中,然后在其他页面中通过文件包含的方式引入它们,就可以大幅提高开发效率,提升程序的可读性及可维护性。

根据第 2 章中对新闻发布系统的页面布局设计,可以把整个页面分解为以下几个部分。

- top 区:显示系统 Logo 和菜单栏。
- left 区:显示侧栏内容。
- content 区:显示当前页面的主体内容。
- footer 区:显示版权声明、联系方式等信息。

整体结构如图 3.26 所示。

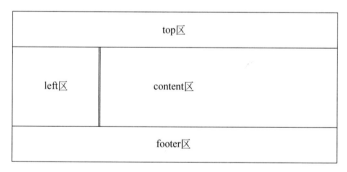

图 3.26　网站功能布局示意图

按照结构化网页的设计思想,可以编写 top.jsp 文件实现系统 Logo 显示和菜单栏,编写 left.jsp 文件实现侧栏区内容,编写 footer.txt 文件定义页脚信息。然后在主页面中包含上面三个文件,实现结构化网页设计。

【程序 3.16】　在 newsPub 文件夹中编写页面文件 index.jsp，使用结构化网页设计实现新闻发布系统的首页。

```
<%@page language="java" contentType="text/html;charset=UTF-8"%>
<!DOCTYPE html PUBLIC "-//W3C//DTD XHTML 1.0 Transitional//EN" "http://
www.w3.org/TR/xhtml1/DTD/xhtml1-transitional.dtd">
<html xmlns="http://www.w3.org/1999/xhtml">
    <head>
        <title>新闻发布系统 V2.0</title>
        <link rel="stylesheet" type="text/css" href="image/main.css">
    </head>
    <body>
        <jsp:include page="common/top.jsp" />
        <div id="content">
            <div id="sidebar">
                <jsp:include page="common/left.jsp" />
            </div>
            <div id="main">
                <!--main begin -->
                <div class="news_list">
                    <h1>新闻列表</h1>
                    <ul>
                    <li><div class="dd_lm">[国内]</div>
                        <div class="dd_bt">
                            <a href="#">时尚礼仪专家做客我校 </a>
                        </div>
                        <div class="dd_time">2015-07-04 23:51:33 </div>
                    </li>
                    <li><div class="dd_lm">[国内]</div>
                        <div class="dd_bt">
                            <a href="#">华为发布荣耀独立品牌 </a>
                        </div>
                        <div class="dd_time">2015-07-04 22:41:39 </div>
                    </li>
                    <li><div class="dd_lm">[国内]</div>
                        <div class="dd_bt">
                            <a href="#">苹果设备在企业移动市场中占据主导地位 </a>
                        </div>
                        <div class="dd_time">2015-07-04 23:51:37 </div>
                    </li>
                    <li><div class="dd_lm">[国内]</div>
                        <div class="dd_bt">
                            <a href="#">前外交部部长来我校作主题报告 </a>
```

```
                </div>
                <div class="dd_time">2015-07-04 22:44:35 </div>
            </li>
            <li><div class="dd_lm">[国内]</div>
                <div class="dd_bt">
                    <a href="#">智慧城市计划投资规模超万亿 </a>
                </div>
                <div class="dd_time">2015-07-05 22:11:42 </div>
            </li>
            <li><div class="dd_lm">[国内]</div>
                <div class="dd_bt">
                    <a href="#">国产计算机已能够支撑军队大部分应用 </a>
                </div>
                <div class="dd_time">2015-07-04 23:42:51 </div>
            </li>
            <li><div class="dd_lm">[国内]</div>
                <div class="dd_bt">
                    <a href="#">我国拟制定网络安全法 </a>
                </div>
                <div class="dd_time">2015-07-05 22:32:34 </div>
            </li>
            <li><div class="dd_lm">[国内]</div>
                <div class="dd_bt">
                    <a href="#">首款全彩柔性超薄显示屏问世 </a>
                </div>
                <div class="dd_time">2015-07-04 23:07:24 </div>
            </li>
            <li><div class="dd_lm">[国内]</div>
                <div class="dd_bt">
                    <a href="#">图书馆积极开展"微平台"建设 </a>
                </div>
                <div class="dd_time">2015-07-07 10:32:10 </div>
            </li>
            </ul>
        </div>
        <!--main end -->
    </div>
    <div class="blank20"></div>
    <div class="blank10"></div>
    </div>
    <%@include file="common/bottom.txt"%>
    </body>
</html>
```

index.jsp 利用文件包含机制,把 top 区、left 区和 footer 区的内容各自写在单独的文件中,然后在 index.jsp 中分别利用<jsp:include>标记和 include 指令实现文件包含。

因为 top 区中的菜单内容,以及 left 区的侧栏内容会在程序运行过程中发生变化,所以这里使用动态包含实现。footer 区的内容比较固定,就使用静态包含实现。

【程序 3.17】　在 newsPub\common 文件夹下编写页面文件 top.jsp,实现系统 Logo和菜单栏。

```
<%@page language="java" contentType="text/html;charset=UTF-8"%>
<div id="logo">
    <div id="logo_main"></div>
</div>
<div id="menu">
    <div id="user">
        <a href="userLogin.jsp">用户登录</a>
    </div>
    <div id="menu_list">
        <ul>
            <li><a href="#">新闻管理</a></li>|
            <li><a href="#">评论管理</a></li>|
            <li><a href="#">用户管理</a></li>|
            <li><a href="index.jsp">首 页</a></li>
        </ul>
    </div>
</div>
```

top.jsp 文件的内容就是程序 2.8 中 Logo 和 menu 两个 DIV 层的内容。

【程序 3.18】　在 newsPub\common 文件夹下编写页面文件 left.jsp,实现侧栏内容。

```
<%@page language="java" contentType="text/html;charset=UTF-8"%>
    <div class="sidesec">
        <div class="sidesec_bt"><span>站内检索</span></a></div>
        <hr>
        <div class="sideform">
        <form action="" method="get" id="formQ">
            <div id="leftdiv">
                <input type="hidden" value="query" name="action"/>
                <input id="q" type="text" value="请输入关键字"
                    name="keyword"/>
            </div>
            <div id="rightdiv">
                <img id="submitBtn" style="cursor:pointer;"
                        onclick="submitFun()" name="submitBtn"
```

```
                    src="image/ss.jpg"/>
            </div>
        </form>
    </div>
</div>
<div class="sidesec">
    <div class="sidesec_bt"><span>热点新闻</span></a></div>
    <hr>
    <div class="sidesec_list">
        <ul>
            <li>.<a href="#">图书馆积极开展"微平台"建设</a></li>
            <li>.<a href="#">时尚礼仪专家做客我校</a></li>
            <li>.<a href="#">智慧城市计划投资规模超万亿</a></li>
            <li>.<a href="#">华为发布荣耀独立品牌</a></li>
            <li>.<a href="#">前外交部部长来我校作主题报告</a></li>
        </ul>
    </div>
</div>
<div class="sidesec">
    <div class="sidesec_bt"><span>最新评论</span></a></div>
    <hr>
    <div class="sidesec_list">
        <ul>
            <li>.<a href="#">网络空间安全已经成为国家安全的重要组成</a>
                </li>
            <li>.<a href="#">网络安全很重要,有必要立法</a></li>
            <li>.<a href="#">希望能够多举办高档次的讲座和报告</a></li>
            <li>.<a href="#">苹果真是太牛了</a></li>
            <li>.<a href="#">为华为加油</a></li>
        </ul>
    </div>
</div>
```

left.jsp 文件的内容就是程序 2.8 中 sidebar 这个 DIV 层的内容。

【程序 3.19】 在 newsPub\common 文件夹下编写文件 bottom.txt,定义网站的版权信息。

```
<%@page language="java" contentType="text/html;charset=UTF-8"%>
<div id="footer">
    <!--版权-->
        <DIV class="banq">本网站所刊载的信息,不代表本网站观点。使用本网站稿
            件,务经书面授权。<BR>
```

```
            未经授权禁止转载、复制及建立镜像,违者将依法追究法律责任。
            </DIV>
      </div>
```

bottom.txt 文件的内容就是程序 2.8 中 footer 这个 DIV 层的内容。

启动 Tomcat,在浏览器地址栏中输入地址 http://localhost:8080/newsPub/index.jsp,页面运行结果与图 2.3 完全相同。

这里利用了结构化网页设计方法,从系统主页分解出三个公共内容文件,又使用文件包含机制把它们重新组合为一个完整的页面。在后面的章节中实现其他页面时,只需要考虑 main 这个 DIV 层中的内容如何实现,公共内容部分直接使用这里的三个文件即可。

3.5　本章小结

本章首先介绍 Java Web 应用的开发环境和运行环境的概念,并详细说明了搭建方法,包括 JDK 和 Tomcat 的安装与配置;然后介绍 JSP 的基本概念,包括开发方法、运行机制和 Java Web 应用的目录结构;接下来介绍 JSP 的基础语法,包括脚本元素、指令元素和标记元素;最后介绍结构化网页设计的方法。通过本章的学习,可以掌握 JSP 程序开发的基础知识,为后续章节的学习做好准备。

3.6　习　　题

1. 单选题

(1) 要运行 Java Web 应用程序,需要把对应的应用文件夹放到 Tomcat 的(　　)文件夹下。

　　A. work　　　　　B. temp　　　　　C. webapps　　　　D. logs

(2) 下面的注释形式中,能在客户端看到注释内容的是(　　)。

　　A. <%-- 注释内容 --%>　　　　　B. <!-- 注释内容 -->
　　C. <% // 注释内容 %>　　　　　D. <% /*注释内容*/ %>

(3) 如果希望在 JSP 页面中包含汉字,所设置的字符编码不能是(　　)。

　　A. UTF-8　　　　B. GBK　　　　C. ISO 8859-1　　D. GB 2312

2. 简答题

(1) 简述 Java Web 应用的开发环境和运行环境。

(2) 简述 JSP 的运行机制。

3. 上机练习

(1) 根据教材中的说明,下载和安装 JDK 和 Tomcat,配置 Java Web 应用的运行环境。

(2) 利用结构化网页设计方法,实现新闻发布系统的首页。

第 4 章

流程控制与数据传递

学习目标

- 掌握 request、response、session 等常用内置对象的用法；
- 理解 HTTP 请求响应机制和会话管理；
- 掌握控制流和数据流的各种实现方式。

4.1 用户注册功能开发

4.1.1 用户注册开发任务

用户注册功能是第一个正式实现的示例应用程序功能，包括注册确认和注册提交两个环节。用户通过单击用户登录页面的超链接进入用户注册页面。首先填写注册信息，提交后进入注册确认页面；然后在注册确认页面核对无误后完成注册，并在注册成功后重新进入用户登录页面，或者返回用户注册页面重新填写注册信息。

用户注册功能页面如图 4.1 所示，注册确认功能页面如图 4.2 所示。

图 4.1　用户注册功能页面　　　　图 4.2　注册确认功能页面

4.1.2 用户注册设计与实现

1. 用户注册功能设计

根据用户注册开发任务的描述，需要分别设计注册确认和注册提交两个子任务。这里先实现注册确认功能，注册提交功能留待第 5 章开发。

首先分析注册确认功能中的流程控制，这里涉及三个页面。第一步是通过单击用户登录页面中的超链接跳转到用户注册页面，接下来单击用户注册页面中的"提交"按钮进入到注册确认页面。因此,流程控制的两次跳转可以分别用 HTML 中的超链接标记和提交表单方式来实现。

　　然后再分析注册确认功能中的数据传递。这里的数据传递很简单,用户在注册页面的表单中输入注册信息,当单击"提交"按钮进入注册确认页面时,这些注册信息需要同步传递给注册确认页面并在该页面中显示。这里的数据传递可以使用 HTML 中的提交表单方式来实现。

2. 用户注册功能实现

【程序 4.1】　在第 3 章创建的 newsPub 文件夹下编写用户登录页面文件 userLogin. jsp,提供用户注册功能的入口。

```
<%@page language="java" pageEncoding="UTF-8"%>
<!DOCTYPE html PUBLIC "-//W3C//DTD XHTML 1.0 Transitional//EN" "http://
www.w3.org/TR/xhtml1/DTD/xhtml1-transitional.dtd">
<html xmlns="http://www.w3.org/1999/xhtml">
  <head>
    <title>新闻发布系统 V2.0</title>
    <meta http-equiv="pragma" content="no-cache"/>
    <meta http-equiv="cache-control" content="no-cache"/>
    <meta http-equiv="expires" content="0"/>
    <link rel="stylesheet" type="text/css" href="image/main.css"/>
  </head>
<body>
<jsp:include page="common/top.jsp"/>
<div id="content">
    <div id="sidebar">
        <jsp:include page="common/left.jsp"/>
    </div>
    <div id="main">
    <!--main begin -->
        <div class="inputform">
            <form action="doLogin.jsp" mehtod="post" >
                用户名:<input type="text" name="username"></input><br>
                    <br>
                密码:<input type="password" name="password"></input><br>
                    <br>
                    <input type="submit" value="登录"></input>
                    <a href="userRegister.jsp">用户注册</a><br>
            </form>
        </div>
    <!--main end -->
    </div>
```

```
        <div class="blank20"></div>
        <div class="blank10"></div>
    </div>
    <%@include file="common/bottom.txt"%>
    </body>
    </html>
```

userLogin.jsp 的整体代码结构按照第 3 章介绍的结构化网页设计方法实现,其实现机制此处不再赘述。只需关注代码中 main DIV 块中的部分即可。

此处引入这个页面的目的只是作为用户注册功能的入口,所以暂时只需要了解其中的"用户注册"超链接,其余代码在后面的用户登录功能实现中再做详细解释。如下关键代码实现了目标地址为用户注册页面 userRegister.jsp 的超链接。

```
    <a href="userRegister.jsp">用户注册</a>
```

当用户单击此链接时,即可转入用户注册页面。

【**程序 4.2**】 在 newsPub 文件夹下编写用户注册页面文件 userRegister.jsp,提供用户注册表单,用于输入注册信息。

```
    ...
    <!--main begin -->
        <div class="inputform">
            <div class="top-bar">
                <h1>用户注册</h1>
            </div>
            <br/>
            <form action="userVeriRegister.jsp" method="post">
                用户名:<input type="text" name="username"></input><br/>
                密码:<input type="password" name="password"></input><br/><br/>
                性别: 男<input type="radio" value="male" name="gender">
                      女<input type="radio" value="female" name="gender"><br>
                个人简介<textarea name="resume" cols="12" rows="6"></textarea>
                      <br/><input type="submit" value="提交"></input><br/>
            </form>
        </div>
    <!--main end -->
    ...
```

userRegister.jsp 的整体代码结构与 userLogin.jsp 完全相同,为了节省版面,这里只给出了 main DIV 块中的关键部分,其余代码用省略号代替,后面的示例程序都采用这种方式来给出代码。

注册页面的主要功能是提供输入用户信息的注册表单,这里使用 HTML 中的 form 标记和 input 标记实现。

form 标记中的 action 属性值表示处理该表单请求的文件,取值为 userVeriRegister. jsp,表示这个表单被提交后,会由 userVeriRegister. jsp 来处理此请求。

表单中的内容用 input 标记和 textarea 标记来定义。其中,input 标记分别用于输入文本形式的用户名、密文形式的用户密码、单选按钮形式的性别,以及提交按钮形式的"注册"按钮;textarea 标记用来实现文本区形式的个人简介。需要注意的是,用于输入注册信息的表单元素,都需要设置唯一的 name 属性值,作为数据传递时的区分依据。

【程序 4.3】 在 newsPub 文件夹下编写注册确认页面文件 userVeriRegister. jsp,提供注册信息显示,用于用户核对。

```
...
<!--main begin -->
    <div class="inputform">
        <div class="top-bar">
            <h1>注册确认</h1>
        </div>
        <%
            request.setCharacterEncoding("UTF-8");
            String uName =request.getParameter("username");
            String uPwd =request.getParameter("password");
            String uGender =request.getParameter("gender");
            String uResume =request.getParameter("resume");
        %>
        <table>
            <tr>
                <td>用户名:</td><td><%=uName %></td>
            </tr>
            <tr>
                <td>密码:</td><td><%=uPwd %></td>
            </tr>
            <tr>
                <td>性别:</td><td><%=uGender %></td>
            </tr>
            <tr>
                <td>个人简介:</td><td><%=uResume %></td>
            </tr>
        </table>
    </div>
<!--main end -->
...
```

userVeriRegister.jsp 负责处理注册表单的请求,主要功能是获取表单数据并在页面中显示。

首先利用如下代码设置数据解析所采用的字符集,以避免用户输出汉字时出现乱码。

```
request.setCharacterEncoding("UTF-8");
```

然后调用 JSP 内置对象 request 的 getParameter()方法,获取 userRegister.jsp 中表单提交的数据。最后使用 JSP 表达式直接输出到页面中。关键代码如下:

```
String uName =request.getParameter("username");
...
<td><%=uName%></td>
...
```

至此,完成用户注册功能的开发。

4.1.3　用户注册功能运行过程

用户注册功能的程序运行过程详述如下。

启动 Tomcat,打开浏览器,在地址栏输入地址 http://localhost:8080/newsPub/userLogin.jsp,出现如图 4.3 所示的用户登录页面,单击"用户注册"超链接,进入用户注册页面。

图 4.3　用户登录页面

在注册表单中输入用户注册信息后,单击"提交"按钮,注册表单被提交给注册确认页面,显示刚刚输入的用户注册信息供核对。程序运行结果如图 4.1 和图 4.2 所示。

4.1.4　HTTP 请求响应机制

HTTP(HyperText Transfer Protocol,超文本传输协议)是 TCP/IP 中的一个应用层协议,用于定义 Web 客户端与 Web 服务器之间交换数据的过程。当客户端连上 Web 服务器之后,如果想要获得服务器中的某个 Web 资源,需遵守一定的通信格式,HTTP 就用于定义客户端与服务器之间的通信格式。

HTTP 基于请求响应模式实现 Web 内容的传送,即 Web 客户端向服务器发送一个请求信息,服务器会返回一个对应的响应信息。Web 交互的基本单位就是 HTTP 请求和 HTTP 响应。

1. HTTP 请求

HTTP 请求由请求行、消息报头、空行和请求数据四部分组成。

- 请求行由请求方法、URI(Uniform Resource Identifier,统一资源标识符)和 HTTP 版本三个字段组成,之间用空格分隔。常用的请求方法有 GET 和 POST。
- 消息报头由报头域/值对组成,每行一对,报头域和值用英文冒号":"分隔,用于向服务器传递请求的附加信息及客户端本身的信息。典型的请求消息报头有: Host、User-Agent、Accept 等。
- 空行表示请求消息报头的结束。
- 请求数据在 POST 方法中使用,GET 方法中不需要请求数据。

一般使用 GET 方法获取 URI 所标识的资源,使用 POST 方法可以在请求中附加请求数据。

例如在 4.1 节运行用户注册功能时,在浏览器的地址栏中输入地址 http://localhost:8080/ newsPub/userLogin.jsp,浏览器会向服务器发出一个 GET 请求。这个 GET 请求报文的内容如下:

```
GET http://localhost:8080/newsPub/userLogin.jsp HTTP/1.1
Host: localhost
Accept: */*
<blank line>
```

可以看到,这个请求报文中使用 GET 方法,请求的 URI 是 http://localhost:8080/ newsPub /userLogin.jsp,HTTP 版本为 1.1;请求消息报头有 Host 和 Accept 两个请求报头域;没有请求数据。

2. HTTP 响应

HTTP 响应由状态行、消息报头、空行和响应数据四部分组成。

- 状态行由 HTTP 版本、响应状态代码和响应状态文本描述三个字段组成,之间用空格分隔。常见的响应状态代码及文本描述有 200 OK(表示客户端请求成功)、404 Not Found(表示请求资源不存在)、500 Internal Server Error(表示服务器发生不可预期的错误)等。
- 消息报头由报头域/值对组成,每行一对,报头域和值用英文冒号":"分隔,用于服务器向客户端传递不能在状态行放置的附加响应信息,以及关于服务器的信息和对请求资源进行下一步访问的消息。典型的响应消息报头有:Date、Content-Type、Content-Length 等。
- 空行表示响应消息报头的结束。

- 响应数据是 Web 服务器在本次响应中返回给浏览器的数据。

响应报文与请求报文结构类似。对于上面的 GET 请求,服务器返回的响应报文内容如下:

```
HTTP/1.1 200 OK
Server: Apache-Coyote/1.1
Set-Cookie: JSESSIONID=725AD01D68741AA970D0BD2EC1845A20; Path=/newsPub/;
HttpOnly
Content-Type: text/html;charset=UTF-8
Content-Length: 3481
Date: Tue, 09 May 2017 07:02:18 GMT
\r\n
\r\n
\r\n
<!DOCTYPE html PUBLIC "-//W3C//DTD XHTML 1.0 Transitional//EN" "http://
www.w3.org/TR/xhtml1/DTD/xhtml1-transitional.dtd">
<html xmlns="http://www.w3.org/1999/xhtml">
    <head>
        <title>新闻发布系统 V2</title>
        <meta http-equiv="pragma" content="no-cache"/>
        <meta http-equiv="cache-control" content="no-cache"/>
        <meta http-equiv="expires" content="0"/>
        <link rel="stylesheet" type="text/css" href="image/main.css"/>
    </head>
<body>
… (此处内容略掉)
</body>
</html>
```

可以看到,其中的状态行中 HTTP 版本为 1.1、状态代码为 200、状态文本描述为 OK。接下来是响应消息报头的五个响应报头域,其中的 Content-Type 用于说明响应数据的 MIME 类型为 HTML 文档,字符集使用 UTF-8,Content-Length 用于说明响应数据的长度是 3481 字节。空行后面的内容就是响应数据,就是 userLogin. jsp 文件的内容。

完整的 HTTP 规范在 RFC-2616 中给出,有兴趣的读者可以自行查看。

4.2　用户登录功能开发

4.2.1　用户登录开发任务

应用系统的用户访问权限通常是基于登录用户的身份来控制的。以新闻发布系统为例,用户权限分为管理员权限、注册用户权限和匿名用户权限等不同的用户身份。

当用户注册成功之后,可以在登录页面输入自己的用户名和密码,进行登录。用户登录功能负责判断所输入的用户名和密码是否正确,如果身份合法则转入登录成功页面,否则返回登录页面要求用户重新登录。

4.2.2 用户登录设计与实现

1. 用户登录功能设计

根据用户登录开发任务的描述,需要实现以下四个操作:

- 获取用户输入。
- 判断用户身份。
- 实现流程控制。
- 用户身份识别。

首先分析用户登录功能中的流程控制。这里涉及三个页面。第一步是通过单击用户登录页面中的"登录"按钮进入到登录判断页面。在登录判断页面中判断用户身份,并根据判断结果将执行流程转到登录成功页面或返回登录页面。第一步中的流程控制用 HTML 中的提交表单方式实现,登录判断之后的流程控制需要用到本章的新知识来实现。

然后再分析用户登录功能中的数据传递。这里的数据传递也很简单。用户在登录页面的表单中输入登录信息,当单击"提交"按钮进入登录判断页面时,这些登录信息需要同步传递给登录判断页面用于判断用户身份。这里的数据传递使用 HTML 中的提交表单方式来实现。如果登录成功,会进入登录成功页面并显示登录用户名,此时需要将用户身份信息继续向下传递。这里的数据传递需要用到本章的新知识来实现。

另外,在实现用户身份判断功能时,需要根据数据库中存放的用户信息来实现。这里暂时用一个固定的用户名来模拟实现(假设用户名是 tom,密码是 123),完整的用户身份判断功能留待第 5 章开发。

2. 用户登录功能实现

使用程序 4.1 中的 userLogin.jsp 作为用户登录页面,提供用户登录表单用于输入登录信息。关键代码如下:

```
<form action="doLogin.jsp" method="post" >
    用户名: <input type="text" name="username"></input><br><br>
    密  码: <input type="password" name="password"/><br>
    <input type="submit" value="登录"/>
</form>
```

用户登录页面的主要功能是提供输入用户信息的登录表单,这里使用 HTML 中的 form 标记和 input 标记实现。form 标记中的 action 属性值表示处理该表单请求的文件,取值为 doLogin.jsp,表示该表单被提交后,会由 doLogin.jsp 来处理此请求。当用户单击"登录"按钮后,即可转入登录判断页面 doLogin.jsp。

【程序 4.4】 在 newsPub 文件夹中编写登录判断页面文件 doLogin.jsp,实现用户身份判断和登录流程控制。

```
<%@page language="java" contentType="text/html;charset=UTF-8"%>
<%
    request.setCharacterEncoding("UTF-8");
    String name =request.getParameter("username");
    String pwd =request.getParameter("password");
    if("tom".equals(name) && "123".equals(pwd)) {
        session.setAttribute("username",name);
        response.sendRedirect("index.jsp");
    } else {
        response.sendRedirect("userLogin.jsp");
    }
%>
```

doLogin.jsp 负责处理登录表单的请求，主要功能是获取登录的表单数据并判断数据是否正确，正确则转入登录成功页面 index.jsp，否则转入用户登录页面 userLogin.jsp。

doLogin.jsp 首先调用 JSP 内置对象 request 的 getParameter( )方法，获取 userLogin.jsp 表单提交的数据。关键代码为：

```
String name =request.getParameter("username");
String pwd =request.getParameter("password");
```

然后判断用户名是否等于 tom 且密码是否等于 123，如果登录失败，使用 JSP 内置对象 response 的 sendRedirect()方法重定向到 userLogin.jsp，使用户重新登录。关键代码为：

```
response.sendRedirect("userLogin.jsp");
```

如果登录成功，调用 JSP 内置对象 session 的 setAttribute()方法，将登录用户名保存到 session 作用域的 username 属性中，再调用 JSP 内置对象 response 的 sendRedirect()方法重定向到 index.jsp。关键代码为：

```
session.setAttribute("username",name);
response.sendRedirect("index.jsp");
```

【程序 4.5】 修改程序 3.17 中的动态功能菜单页面文件 top.jsp，实现用户登录后显示当前登录的用户信息。

```
<%@page language="java" contentType="text/html;charset=UTF-8"%>
<div id="logo">
    <div id="logo_main"></div>
</div>
```

```
<div id="menu">
    <div id="user">
        <%
            String username = (String) session.getAttribute("username");
            if (username ==null) {
        %>
            <a href="userLogin.jsp">用户登录</a>
        <%} else {%>
            当前用户:<%=username%>|
            <a href="doLogout.jsp">退出登录</a>
        <%}%>
    </div>

    <div id="menu_list">
        <ul>
            <li><a href="#">新闻管理</a></li>|
            <li><a href="#">评论管理</a></li>|
            <li><a href="#">用户管理</a></li>|
            <li><a href="index.jsp">首 页</a></li>
        </ul>
    </div>
</div>
```

top.jsp 首先调用 JSP 内置对象 session 的 getAttribute( )方法获取会话的属性信息。即用 doLogin.jsp 页面为该会话所设置的 username 属性名作为参数,获取它的属性值,实现了会话级的数据传递,最后使用 JSP 表达式直接输出到页面中。关键代码如下:

```
String username = (String) session.getAttribute("username");
...
当前用户:<%=username%>|
```

【程序 4.6】 在 newsPub 文件夹下编写文件 doLogout.jsp,实现登录用户注销的功能。

```
<%@page language="java" contentType="text/html;charset=UTF-8"%>
<%
    session.invalidate();
    response.sendRedirect("index.jsp");
%>
```

doLogout.jsp 调用 JSP 内置对象 session 的 invalidate()方法销毁当前的会话信息,保存在当前会话中的用户信息也同时被销毁,达到了注销已登录用户的功能,最后重定向到 index.jsp 页面。

使用程序 3.16 中的 index.jsp 作为登录成功页面,完成用户登录功能的开发。

4.2.3 用户登录功能运行过程

用户注册功能的程序运行过程详述如下。

启动 Tomcat,打开浏览器,在地址栏中输入地址 http://localhost:8080/newsPub/userLogin.jsp,出现用户登录页面,依次输入用户名 tom 和密码 123,单击"登录"按钮,跳转到如图 4.4 所示的登录成功页面,在该页面中单击"退出登录",即将当前会话信息销毁,注销当前的登录用户,运行结果如图 4.5 所示。

图 4.4 登录成功的页面

图 4.5 退出登录后的页面

4.2.4 HTTP 会话机制

HTTP 是一种无状态协议,不保存客户端每次提交的信息。也就是说,当服务器返回与请求相对应的响应后,这次请求的所有信息就都丢掉了。如果用户发来一个新的请求,服务器无法知道它是否与上次的请求有关系。

对于简单的 HTML 页面来说,这种特性很适用,但是对于那些需要多次提交请求才能完成的 Web 操作就有问题了。例如权限控制,Web 服务器必须知道每次请求来自哪个用户、这次请求操作是否有权限等。为了满足这种需要,在 Web 应用开发中实现了一种会话机制。

一个 HTTP 会话代表服务器与浏览器的一次会话过程,这个过程包含连续或时断时续的多次请求响应。在 Java Web 应用中,会话用 javax.servlet.http.HttpSession 类的对象来表示,不同的用户拥有不同的会话。也就是说,对于每个用户的会话都会在服务器上有一个会话对象与之相对应。

正常情况下,在用户打开浏览器第一次请求一个 JSP 页面时,服务器会自动为该用户创建一个会话对象,并为其赋一个 sessionID 发送给客户端的浏览器。例如在 4.1.4 节的响应报文中可以看到如下响应头部信息:

```
HTTP/1.1 200 OK
Server: Apache-Coyote/1.1
Set-Cookie: JSESSIONID=725AD01D68741AA970D0BD2EC1845A20; Path=/newsPub/;HttpOnly
Content-Type: text/html;charset=UTF-8
Content-Length: 3481
Date: Tue, 09 May 2017 07:02:18 GMT
```

其中的 JSESSIONID 就是服务器所创建的会话对象的 ID 值。

之后在这个会话过程中,客户端再请求本应用中其他资源时,就会自动在请求头部添加如下关键字:

```
Cookie: JSESSIONID=725AD01D68741AA970D0BD2EC1845A20
```

服务器端在接收到请求时,根据其中的 session ID 值在内存中找到之前为该用户创建的会话对象,提供给请求使用。

会话对象创建之后保存在服务器端的内存中。因为每个用户都会有一个独立的会话对象,如果其中的内容太多,当有大量客户访问服务器时可能会导致内存溢出,所以会话对象中的信息应尽量精简。

需要注意的是,只有当访问 JSP、Servlet 等程序时才会创建会话对象,在访问 HTML 页面、图片文件等静态资源时是不会创建会话对象的。

会话对象创建之后,每次用户继续访问该网站,服务器都会更新会话的最后访问时间,并维护该会话对象。为了防止会话对象过多导致内存溢出,服务器会把长时间没有被访问的会话对象从内存中删除,这个时间限制就是会话的超时时间,所以,超时的会话自动失效。

4.3 JSP 内置对象

Web 应用程序基于 HTTP 的请求响应模式运行。在程序开发时，需要利用 HTTP 请求、HTTP 响应以及 HTTP 会话等处理机制来实现诸如获取浏览器请求信息、对客户端做出响应和存储会话信息等功能。为了简化程序的开发，JSP 已经用一组类预先实现了这些常用的功能，并在 JSP 程序运行时由 JSP 引擎自动创建好。在编写 JSP 页面文件时，这些对象不需要创建，在脚本代码中直接调用其中的方法就可以实现特定的功能，因此被称为内置对象。表 4.1 列出了 JSP 的内置对象及其用途。

表 4.1 JSP 的内置对象及其用途

内置对象名称	类　　　型	作用域	用　　　途
request	javax. servlet. ServletRequest	Request	封装了客户端的请求信息，例如包含了通过 GET/POST 方式传递的参数等信息
response	javax. servlet. ServletResponse	Page	封装了客户端的响应信息，例如包含了服务端发送到客户端的响应内容等信息
pageContext	javax. servlet. jsp. PageContext	Page	封装了当前页面的属性信息
session	javax. servlet. http. HttpSession	Session	封装了当前请求的会话信息
application	javax. servlet. ServletContext	Application	封装了整个应用共享的信息
out	javax. servlet. jsp. JspWriter	Page	用于向客户端输出信息
config	javax. servlet. ServletConfig	Page	封装了 JSP 页面对应 Servlet 的配置信息
page	java. lang. Object	Page	JSP 页面类的实例，即 JSP 页面本身被编译后会生成一个名为 page 的实例对象
exception	java. lang. Throwable	Page	封装了发生的异常信息

下面对常用的几个 JSP 内置对象进行介绍。

4.3.1 request 对象

当用户通过浏览器向 Web 服务器发出请求时，Web 服务器接收到用户的请求信息，在进行必要的逻辑处理后，对该请求做出响应。JSP 提供了 request 对象来封装客户端的请求信息，response 对象来封装响应信息。处理过程如图 4.6 所示。

request 对象代表了客户端的请求信息，用于接收通过 HTTP 传送到服务器的数据。使用 request 对象的一系列方法，可以在 JSP 页面中比较容易地获取到各种请求信息，包括表单提交的数据、请求消息报头等。表 4.2 列出了 request 对象的主要方法。

图 4.6　request 对象和 response 对象的处理过程

表 4.2　request 对象的主要方法

方 法 声 明	功 能 简 介
getParameter(String name)	获取客户端提交的名称为 name 的请求参数值,不存在则返回 null
getParameterValues(String name)	获取客户端提交的名称为 name 的所有请求参数值,不存在则返回 null
setCharacterEncoding(Stringenv)	设置请求数据的字符编码类型
getCharacterEncoding()	获取请求数据的字符编码类型
setAttribute(name, Object o)	设置请求中 name 的属性值为 o
getAttribute(String name)	获取请求中名称为 name 的属性值,不存在则返回 null
removeAttribute(String name)	删除请求中名称为 name 的属性
getContentLength()	获取请求数据的长度,单位是字节;长度未知则返回 -1
getContentType()	获取请求数据的 MIME 类型;类型未知则返回 null
getProtocol()	获取客户端向服务器传递数据的通信协议名称和版本
getRemoteAddr()	获取客户端的 IP 地址
getRemoteHost()	获取客户端的主机名
getRemotePort()	获取客户端的端口号
getServerName()	获取收到请求的服务器主机名
getServerPort()	获取收到请求的服务器端口号
getCookies()	获取客户端的 Cookie 集合
getMethod()	获取客户端提交信息的方法,例如 GET,POST
getContextPath()	获取请求 URL 的上下文路径
getRequestURI()	获取请求 URL 中端口号之后到查询字符串之前的路径信息
getServletPath()	获取请求 URL 中调用的 Servlet 信息
getQueryString()	获取请求 URL 中路径之后的查询字符串
getRequestDispatcher(String path)	返回 path 表示的 Web 资源转发对象,可用于在不丢失请求信息的基础上实现服务器端的页面请求转发

下面通过几个示例程序来讲解 request 对象的常用方法。

1. 获取表单提交的数据

【程序 4.7】 在 Tomcat 安装目录\webapps 下创建文件夹 demo04,然后在其中编写页面文件 requestDemo1_1.jsp,实现输入表单。

```
<%@page language="java" contentType="text/html;charset=UTF-8"%>
<html>
  <head>
   <title>requestDemo</title>
  </head>
  <body>
     <form method="post" action="requestDemo1_2.jsp">
       <h3>
       用户名:<input type="text" name="username"><br>
       密码:<input type="password" name="up">
       </h3>
       <p>居住地:
       <select name="City" >
           <option value="BeiJing">北京市</option>
           <option value="ShangHai">上海市</option>
           <option value="TianJin">天津市</option>
       </select></p>
       <p>就业方式:
         <input type="checkbox" name="JOB" value="trainning">通过培训
       <input type="checkbox" name="JOB" value="recommend">通过推荐
       <input type="checkbox" name="JOB" value="selfstudy">通过自学<br>
       <p>性别:
         <input Type="Radio" Name="sex" Value="male" Checked>男
         <input Type="Radio" Name="sex" Value="female">女
         </p>
        <p>留言:</p>
       <p><textarea name="msg" rows="4" cols="60"></textarea></p>
       <input type="submit" name="submit" value="提交">
     </form>
   </body>
  </html>
```

requestDemo1_1.jsp 页面模拟实现用户注册页面,使用 HTML 的文本框(text 类型的 input)来输入用户名,密码框(password 类型的 input)来输入密码,下拉列表框(select)来选择居住地,复选框(checkbox)来选择就业方式,单选按钮(radio)来选择性别。

提交表单信息的关键代码如下:

```
<form method="post" action="requestDemo1_2.jsp">
...
<input type="text" name="username"><br>
...
```

form 标记的 action 属性定义了表单提交的目标页面是 requestDemo1_2.jsp。

【**程序 4.8**】　在 demo04 文件夹下编写页面文件 requestDemo1_2.jsp,实现表单数据获取和输出。

```jsp
<%@page language="java" contentType="text/html;charset=UTF-8"%>
<html>
  <head>
   <title>requestDemo</title>
  </head>
  <body>
  <%
   //接收 text 和 password 类信息
   String name =request.getParameter("username");
   String pwd =request.getParameter("up");
   out.println("用户名: " +name +"<br>");
   out.println("密码: " +pwd +"<br>");

   //接收 select 信息
   out.println("居住地: ");
   out.println(request.getParameter("City"));
   out.println("<br>");

   //接收 checkbox 类信息
   out.println("就业方式: <br>");
   String job[] =request.getParameterValues("JOB");
   if(job !=null) {
     for(int i=0; i<job.length; i++)
         out.println(job[i] +"<br>");
   }

   //接收 radio 类信息
   out.println("性别: ");
   out.println(request.getParameter("sex"));
   out.println("<br>");

   //处理 textarea 中的信息
   String str=request.getParameter("msg");
```

```
    out.println("您的留言是: <br>");
    out.println(str);
    %>
    </body>
</html>
```

requestDemo1_2.jsp 页面使用 request 对象的 getParameter()方法获取表单信息,参数对应了 form 标记中各个输入元素的 name 属性值,如 username。获取表单信息的关键代码如下:

```
    String name=request.getParameter("username");
```

启动 Tomcat,打开浏览器,在地址栏输入 http://localhost:8080/demo04/requestDemo1_1.jsp,输入注册信息后,单击"提交"按钮,进入 requestDemo1_2.jsp 页面,显示获取到的表单内容。程序运行结果如图 4.7 和图 4.8 所示。

图 4.7　requestDemo1_1.jsp 运行结果

可以看到,表单提交的数据在 requestDemo1_2.jsp 中能够接收到,但其中的中文字符变成了乱码。

出现这种现象的根本原因是由于中文字符在编码和解码时所使用的编码方式不一致。本例中浏览器在提交表单时,是使用 UTF-8 对表单中的中文字符进行编码的。这是由表单所在页面中 page 指令的 contentType 属性设定。而服务器端在获取表单数据进行解码时使用的是 Tomcat 默认的字符集 ISO 8859-1。

图 4.8　requestDemo1_2.jsp 运行结果

解决乱码问题的根本途径就是统一编码和解码的字符集。下面介绍两种针对表单提交数据出现乱码的解决办法。

（1）用 POST 方法提交表单时的乱码处理：对于采用 POST 方法提交的表单，可以在获取表单数据之前，先使用 request 对象的 setCharacterEncoding()方法把它的字符集设置为与客户端一致。例如向程序 4.8 中添加如下代码：

```
<%
    request.setCharacterEncoding("UTF-8");
  //接收 text 和 password 类信息
    String name = request.getParameter("username");
%>
```

把 request 对象的字符集也设置为 UTF-8，然后再获取表单数据。

重新提交表单，程序运行结果如图 4.9 所示。

图 4.9　用 POST 方法提交表单处理汉字乱码的结果

可以看到，中文内容也能够正常显示，乱码问题得到了解决。

（2）用 GET 方法提交表单时的乱码处理：对于采用 GET 方法提交的表单，前面的解决方法并不奏效。

这是因为采用 POST 方法提交时，表单内容是作为请求数据来提交的。setCharacterEncoding()方法设置的字符集只对获取请求数据有效。而用 GET 方法提交时，表单内容直接组合成查询字符串，作为请求 URL 的一部分。

如果把程序 4.8 中<form>标记的 method 属性值改为 GET，再重新提交表单，会看到浏览器地址栏中的目标页面地址变成了如下形式：

```
http://localhost:8080/demo04/requestDemo1_2.jsp?username=POST%E4%B9%
B1%E7%A0%81%E8%A7%A3%E5%86%B3%E6%B5%8B%E8%AF%95&up=123&City=BeiJing&sex
=male&msg=&submit=%E6%8F%90%E4%BA%A4
```

其中，? 后面就是被放置在 URL 中的查询字符串，由 & 分隔的表单元素名/值对组成。这时应采用下面处理方式来解决乱码问题。

对于每个表单元素，将得到的值先使用 ISO 8859-1 重新编码为二进制形式，然后再使用 UTF-8 进行解码，即可得到正确的中文字符串。关键代码如下：

```
String str =request.getParameter("参数名");
byte[] b =str.getBytes("ISO-8859-1");
str =new String(b, "UTF-8");
```

修改 requestDemo1_2.jsp，对获取到的每个表单元素值分别进行重新编码。运行程序可以看到用 GET 方法提交表单时的中文乱码也得到了解决。

2. 获取请求报文头及其他信息

【**程序 4.9**】 在 demo04 文件夹下编写页面文件 requestDemo2.jsp，获取请求中的其他信息。

```
<%@page language="java" contentType="text/html;charset=UTF-8"%>
<%@page import="java.util.* " %>
<html>
    <head>
        <title>requestDemo2</title>
    </head>
    <body>
        <%
        String cur_name="";
        Enumeration params=request.getHeaderNames();
        out.println("请求报文头:<br>");
        while(params.hasMoreElements()){
            cur_name=(String)params.nextElement();
            out.println(cur_name+"="+request.getHeader(cur_name)+"<br>");
        }
```

```
            out.println("请求协议:"+request.getProtocol()+"<br>");
            out.println("请求方法:"+request.getMethod()+"<br>");
            out.println("客户端提交信息的页面:"+request.getServletPath()+"<br>");
            out.println("客户端的 IP 地址:"+request.getRemoteAddr()+"<br>");
            out.println("客户端的名称:"+request.getRemoteHost()+"<br>");
            out.println("服务器的名称:"+request.getServerName()+"<br>");
            out.println("服务器的端口:"+request.getServerPort()+"<br>");
            out.println("上下文路径:"+request.getContextPath()+"<br>");
            out.println("请求 URI:"+request.getRequestURI()+"<br>");
        %>
    </body>
</html>
```

requestDemo2.jsp 使用 request 对象的主要方法获取请求的协议、请求报文头、请求文件名、请求方法、客户端 IP、服务器名称和端口等信息。

启动 Tomcat，打开浏览器，在地址栏中输入 http://localhost:8080/demo04/requestDemo2.jsp，程序运行结果如图 4.10 所示。

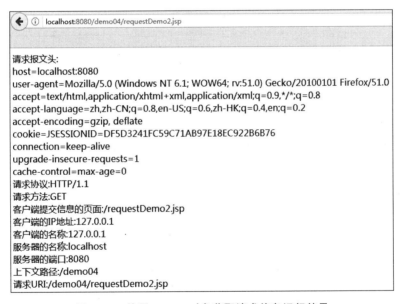

图 4.10　使用 request 对象获取请求信息运行结果

4.3.2　response 对象

response 对象代表服务器对客户端做出的响应，将 JSP 页面的运行结果返回给客户端，与 request 对象结合起来完成动态页面的交互功能。可以使用 response 对象的一系列方法，通过编写代码来设置各种响应信息，包括响应报文头、响应数据等。表 4.3 列出了 response 对象的主要方法。

表 4.3　response 对象的主要方法

方 法 声 明	功 能 简 介
setContentType(String type)	设置响应数据的 MIME 类型
getContentType()	获取响应数据的 MIME 类型
setHeader(String name, String value)	设置指定的响应报文头
sendRedirect(String location)	重定向到地址为 location 的 Web 资源
addCookie(Cookie cookie)	向响应中添加 Cookie,用于在客户端保存信息
getWriter()	获取响应的 PrintWriter 对象,用于输出响应数据
flushBuffer()	立即将缓存区的内容发送到客户端

下面通过几个示例程序来讲解 response 对象的常用方法。

1. 设置 ContentType 响应报头域

setContentType()方法用于设置响应报头域 ContentType 的值,可以在程序运行中根据需要进行动态设置。

【**程序 4.10**】　在 demo04 文件夹下编写页面文件 responseDemo1.jsp,设置响应数据的 MIME 类型。

```jsp
<%@page language="java" contentType="text/html;charset=UTF-8"%>
<html>
    <head>
        <title>responseDemo</title>
    </head>
    <body>
    <table border="1">
            <tr bgcolor="#E6E6E6">
                <th width="364" height="27">图书名称</th>
                <th width="150">出版社</th>
                <th width="140">定价</th>
            </tr>
            <tr align="center" height="25">
                <td>ASP.NET 网络编程</td>
                <td>清华大学出版社</td>
                <td>￥128 元</td>
            </tr>
            <tr align="center" height="25">
                <td>JavaWeb 应用开发</td>
                <td>清华大学出版社</td>
                <td>￥142 元</td>
            </tr>
```

```
            <tr align="center" height="25">
                <td>C++基础教程</td>
                <td>清华大学出版社</td>
                <td>￥162元</td>
            </tr>
        </table>
        <h3>最近浏览过的图书</h3>
        <form action="responseDemo1.jsp" method="get" name="form1" id="form1">
                【选项】将文档保存为以下哪个格式？<br>
                <input name="t" type="radio" value="text/plain" ID=
                    "Radio1">文本文件
                <input name="t" type="radio" value="application/x-
                    msexcel" ID="Radio2">  Office Excel 文件
                <input name="t" type="radio" value="application/msword"
                    ID="Radio3">Office Word 文件
                <input type="submit" name="Submit" value="保存" ID=
                    "Submit1">
        </form>
        <%
        String doctype=request.getParameter("t");
        if (doctype !=null){
            response.setContentType(doctype);
        }
        %>
    </body>
</html>
```

responseDemo1.jsp 中使用表单提交用户选择的文档类型 MIME 值,用 setContentType()
方法设置为响应报头域 ContentType 的值。

启动 Tomcat,打开浏览器,在地址栏输入 http://localhost:8080/demo04/
responseDemo1.jsp,此时请求参数 t 没有值,所以响应报头域 ContentType 的值是在
page 指令中设置的“text/html;charset=UTF-8”,其中,MIME 值 text/html 表示响应数
据是 HTML 文档。浏览器在收到响应后直接在窗口中以网页形式显示响应数据,运行
结果如图 4.11 所示。

可以在“选项”中选择“文本文件”单选按钮,然后单击“保存”按钮提交表单。提交目
标仍然是 responseDemo1.jsp 本身,但请求参数 t 的值是第一个单选按钮的 value 属性值
“text/plain”。所以响应报头域 ContentType 的值被设置为"text/plain",表示响应数据
是普通文本文件。浏览器在收到响应数据后就会直接在浏览器窗口中以普通文本的形式
显示。程序运行结果如图 4.12 所示。

同理,当在“选项”中选择“Office Excel 文件”或“Office Word 文件”单选按钮时,浏览

图 4.11   responseDemo1.jsp 运行结果

```
<html>
        <head>
                <title>responseDemo</title>
        </head>
        <body>
        <table border="1">
                        <tr bgcolor="#E6E6E6">
                                <th width="364" height="27">图书名称</th>
                                <th width="150">出版社</th>
                                <th width="140">定价</th>
                        </tr>
                        <tr align="center" height="25">
                                <td>ASP.NET网络编程</td>
                                <td>清华大学出版社</td>
                                <td>￥128元</td>
                        </tr>
                        <tr align="center" height="25">
                                <td>JavaWeb应用开发</td>
                                <td>清华大学出版社</td>
                                <td>￥142元</td>
                        </tr>
                        <tr align="center" height="25">
```

图 4.12   选择"文本文件"保存类型时的运行结果

器会分别以 Excel 文件或 Word 文档的形式来显示收到的响应数据,实际运行结果请读者进行验证。

2. 设置其他响应报头域

setHeader()方法提供了一个更加通用的方法,可以设置任意指定的响应报头域。

【程序 4.11】 在 demo04 文件夹下编写页面文件 responseDemo2.jsp,设置 refresh 报头域的值,实现页面自动刷新功能。

```
<%@page language="java" contentType="text/html;charset=UTF-8"%>
<%@page import="java.util.*" %>
```

```
<html>
    <head>
        <title>responseDemo</title>
    </head>
    <body>
        <h1>5 秒后自动跳转到 responseDemo1 页面</h1>
        <%response.setHeader("refresh","5;url=responseDemo1.jsp");%>
    </body>
</html>
```

responseDemo2.jsp 中使用 setHeader()方法将响应报头域 refresh 的值为设置"5；url＝responseDemo1.jsp"，表示在当前页面停留 5s 后自动跳转到 responseDemo1.jsp 页面。实际运行结果请读者进行验证。

3．实现页面重定向

sendRedirect()方法实现对页面请求的重定向，也是 Java Web 应用开发中实现流程控制的一种重要手段。页面重定向的具体处理过程如图 4.13 所示。

图 4.13 页面重定向的处理过程

客户端发送对页面 a.jsp 的请求，Tomcat 按照 JSP 运行机制对 a.jsp 进行转译、编译和运行。当执行到 response.sendRedirect("b.jsp")方法时，会将响应状态行中的状态码设置为 302，并将 b.jsp 放入响应报头域中作为重定向的目标地址。浏览器收到此响应后会自动发送对 b.jsp 页面的请求，Tomcat 按照 JSP 运行机制再对 b.jsp 进行处理，最后把 b.jsp 的运行结果作为响应信息返给浏览器。

在页面重定向的过程中，客户端是知情的。因为对 b.jsp 页面的请求也是由浏览器在收到状态码为 302 的响应之后自动发出的。所以，对于用户而言虽然最初请求的是 a.jsp，最后收到的却是 b.jsp 的运行结果。在客户端浏览器的地址栏可以看到，最终显示的是 b.jsp 的 URL。在整个处理过程中有两次请求响应处理。

在程序 4.4 中，登录判断之后使用页面重定向 response.sendRedirect()方法实现了页面流程的控制；而程序 3.14 中则使用了请求转发＜jsp：forward＞标记来实现页面流程控制。

表 4.4 列出了页面重定向与请求转发的区别。

表 4.4　页面重定向与请求转发的区别

对　比　项	请 求 转 发	页 面 重 定 向
URL 地址的限制	只能在同一个应用中转发	可以跳转到任意的 URL
地址栏 URL 是否有变化	不变	有变化
客户端请求的次数	一次	两次
行为的主体	服务端的行为	客户端的行为
请求的信息是否可以共用	共用相同的 request,所以请求的信息不会丢失	两次请求使用不同的 request,所以请求的信息会丢失

4.3.3　session 对象

HTTP 的一个优势是对客户端的应答速度比较快,这得益于它最初被设计为一种无连接无状态的协议。所谓无连接无状态,是指执行 HTTP 的 Web 服务器在处理完客户端的请求后会立即关闭连接,同时也不保存客户端的访问状态。这样能减少服务器对内存的消耗和网络带宽的占用,相应地提高了服务器的工作效率。所以依靠 HTTP 本身无法知道本次连接和上次连接是否属于同一客户。为了实现 Web 应用中常见的用户身份识别、网上购物车等功能,需要保存会话信息。

1. Cookie 机制

Cookie 是 Web 服务器产生并嵌入在 HTTP 响应报头中的一小段文本。浏览器在收到一个 Cookie 后会把它保存到特定的文件夹下,并在接下来再次访问同一个 Web 服务器时,自动在请求报头中携带该 Cookie,供服务器读取使用,从而弥补 HTTP 无状态的不足。基于这一工作机制,可以实现用户识别、应用定制等功能。

一个 Cookie 包含一个名称和值,以及一些可选的属性,如路径、最长存活时间等。Java 提供了 javax. servlet. http. Cookie 类来支持 Cookie 机制的实现。可以使用 response 对象的 addCookie()方法向浏览器发送 Cookie,使用 request 对象的 getCookie()方法获取请求中的所有 Cookie。Cookie 类的主要方法见表 4.5。

表 4.5　Cookie 类的主要方法

方 法 声 明	功 能 简 介
getName()	获取 Cookie 的名称
getValue()	获取 Cookie 的值
setValue(String Value)	创建 Cookie 后,为其设置新的值
getMaxage()	获取 Cookie 的最大生存周期(以秒为单位),默认情况下,−1 表示 Cookie 将持续下去,直到浏览器关闭
setMaxage(int expiry)	法设置 Cookie 过期的时间(以秒为单位)
getPath()	返回 Cookie 适用的路径
setPath(String uri)	设置 Cookie 适用的路径。如果不指定路径,与当前页面相同目录(包括子目录)下的所有 RRL 都会返回 Cookie

下面用一个示例程序来演示 Cookie 的使用。

【程序 4.12】　在 demo04 文件夹下创建文件夹 cookieDemo，然后在其中编写页面文件 bgset.jsp，设置 Cookie 信息。

```
<%@page language="java"  contentType="text/html;charset=UTF-8"%>
<html>
<head>
  <title>cookieDemo</title>
</head>
<body><h3>
<form action="bgset.jsp" method="post" >
  背景色<input type="text" name="bgcolor" >
  <input type="submit" value="提交">
</form>
<%
    String str=request.getParameter("bgcolor");
    if(!"".equals(str))
    {
        Cookie c=new Cookie("bg",str);
        response.addCookie(c);
    }
%>
<a href="bgshow.jsp">cookieshow.jsp</a>
</body>
</html>
```

bgset.jsp 通过表单将 bgcolor 参数提交到服务器端，服务器端使用获取到的值创建 Cookie 对象，并使用 response.addCookie()方法将该 Cookie 发送给客户端浏览器进行保存。

【程序 4.13】　在 demo04\cookieDemo 文件夹下编写页面文件 bgshow.jsp，读取和使用 Cookie 信息。

```
<%@page language="java"  contentType="text/html;charset=UTF-8"%>
<html>
<head>
  <title>cookieDemo</title>
</head>
<body><h3>
<%
    String bgcolor="";
    StringBuffer str =new StringBuffer();
    Cookie[] cookies=request.getCookies();
```

```
    for(int i=0;i<cookies.length;i++)
    {
        str.append("<br>cookie"+i+" name:"+cookies[i].getName()
            +",value:" +cookies[i].getValue());
        if("bg".equals(cookies[i].getName()))
        {
            bgcolor=cookies[i].getValue();
        }
    }
%>
<body bgcolor="<%=bgcolor%>">
    <%=str%>
</body>
</html>
```

在 bgset.jsp 页面中单击 cookieshow.jsp 超链接进入 bgshow.jsp 页面。浏览器在发送此请求时会自动携带之前收到的所有 Cookie。bgshow.jsp 使用 request.getCookies() 方法获取到所有 Cookie,依次取出名称和值进行显示,并将名称为 bg 的 Cookie 值设置为 body 标记的背景颜色属性。

启动 Tomcat,打开浏览器,在地址栏输入地址 http://localhost:8080/demo04/cookieDemo/bgset.jsp,在文本框中输入 yellow,单击"提交"按钮提交表单,然后单击 cookieshow.jsp 超链接跳转到 Cookie 显示页面。可以看到,页面背景被设置为黄色,并且显示了两个 Cookie 的名称和值。运行结果如图 4.14 和图 4.15 所示。

图 4.14   bgset.jsp 设置 Cookie

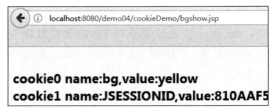

图 4.15   bgshow.jsp 显示 Cookie

可以使用 Cookie 机制,在客户端保存会话信息,实现用户身份识别等功能。

2. session 对象介绍

session 对象代表一个 HTTP 会话,用于在服务器端保存会话信息。服务器为每个用户都生成一个 session 对象,用于保存该用户的信息,跟踪用户的操作状态。session 对象内部使用 Map 类来保存数据,因此保存数据的格式为 Key/value。

当一个客户第一次请求 JSP 页面时,JSP 引擎会为该用户创建一个 session 对象,并分配一个 String 类型的 sessionID,然后以 Cookie 的形式将此 sessionID 值发送到客户端。这样 session 对象和客户端之间就建立起了一一对应的关系。当客户再次访问该应用中的页面时,会在请求信息中自动携带此 sessionID。服务器端根据收到的 sessionID

识别与之相对应的 session 对象。直到本次会话结束，session 对象才被销毁。在此期间，相关的会话信息可以保存在 session 对象中。表4.6列出了 session 对象的常用方法。

表 4.6　session 对象的常用方法

方 法 声 明	功 能 简 介
getAttribute(String name)	获取 session 对象中名为 name 的属性值，不存在则为 null
removeAttribute(String name)	删除 session 对象中名称为 name 的属性
setAttribute(String name, Object value)	设置 session 对象的属性，属性名为 name，属性值为 value
getCreationTime()	获取 session 对象的创建时间，返回 1970 年 1 月 1 日至今的毫秒数
getLastAccessedTime()	获取 session 对象对应客户端的最近发送请求的时间，返回 1970 年 1 月 1 日至今的毫秒数
invalidate()	销毁 session 对象里的信息，但 session 对象本身不会被销毁
getMaxInactiveInterval()	获取会话的超时时间，单位为秒
setMaxInactiveInterval(int interval)	设置会话的超时时间，单位为秒

虽然用户在最后一次访问后一次会话就已经结束，但此时浏览器并不会向服务器发出会话结束的通知，所以服务器无法确定会话结束的确切时间。一般 Tomcat 把会话时间默认设置为 120min，也可以通过 setMaxInactiveInterval() 方法进行设置，或者通过 invalidate() 方法强制结束当前会话。

下面用一个猜数游戏示例程序来说明 session 对象的使用。

【程序 4.14】　在 demo04 文件夹下创建 sessionDemo 文件夹，然后在其中编写页面文件 guess.jsp，开始猜数游戏。

```
<%@page contentType="text/html;charset=UTF-8" %>
<HTML>
<BODY bgcolor=cyan><FONT Size=4>
<P>随机分给了你一个 1~100 的数,请猜!
  <%
     int number=(int)(Math.random() * 100)+1;
     session.setAttribute("count",new Integer(0));
     session.setAttribute("save",new Integer(number));
  %>
<BR>
<P>输入你所猜的数
   <FORM action="result.jsp" method="post">
      <INPUT type="text" name="boy" >
      <INPUT TYPE="submit" value="送出" name="submit">
   </FORM>
</FONT>
```

```
</BODY>
</HTML>
```

guess.jsp 页面中首先生成一个 1～100 的随机数，再使用 session 内置对象的 setAttribute()方法，将生成的随机数保存到 save 属性，并将猜的次数保存到 count 属性。

【程序 4.15】 在 demo04\sessionDemo 文件夹下编写页面文件 result.jsp，判断猜数结果。

```jsp
<%@page contentType="text/html;charset=UTF-8" %>
<HTML>
<BODY bgcolor=cyan><FONT Size=4>
<BR>
<%
    String str=request.getParameter("boy");
    if(str==null){
        str="0";
    }
    int guessNumber=Integer.parseInt(str);
    Integer integer=(Integer)session.getAttribute("save");
    int realnumber=integer.intValue();

    int n=((Integer)session.getAttribute("count")).intValue();
    n=n+1;
    session.setAttribute("count",new Integer(n));
    if(guessNumber==realnumber){
        response.sendRedirect("success.jsp");
    }
    else if(guessNumber>realnumber){
        response.sendRedirect("large.jsp");
    }
    else if(guessNumber<realnumber){
        response.sendRedirect("small.jsp");
    }
%>
</FONT>
</BODY>
</HTML>
```

result.jsp 中首先使用 request 对象的 getParameter()方法获取表单提交的数字，然后再使用 session 对象的 getAttribute()方法取出 save 属性的值，将两者进行比较，如果相同则重定向到 success.jsp 页面，否则根据比较情况重定向到 small.jsp 或 large.jsp 页面。另外，还要从 session 对象中取出 count 属性的值，加 1 后再存回。

【**程序 4.16**】　在 demo04\sessionDemo 文件夹下编写页面文件 success.jsp，显示猜中的信息。

```
<%@page contentType="text/html;charset=UTF-8" %>
<HTML>
<BODY bqcolor=cyan><FONT Size=4>
<%
    int count=((Integer)session.getAttribute("count")).intValue();
    int num=((Integer)session.getAttribute("save")).intValue();
    long startTime=session.getCreationTime();
    long endTime=session.getLastAccessedTime();
%>
<P>恭喜你,猜对了<BR>
<P>您共猜了<%=count%>次
<P>用时<%= (endTime-startTime)/1000%>秒。
<P>这个数字就是<%=num%>
<P>您必须关掉浏览器才能获得新的数。
</FONT>
</BODY>
</HTML>
```

success.jsp 中取出 session 中保存的 count、save 属性值，并使用 getCreationTime()方法和 getLastAccessedTime()方法分别获取 session 对象的创建时间和最后访问时间，计算出所用的总时间，最后显示相关信息。

【**程序 4.17**】　在 demo04\sessionDemo 文件夹下编写页面文件 large.jsp，显示猜大时的信息。

```
<%@page contentType="text/html;charset=UTF-8" %>
<HTML>
<BODY>
<FONT Size=4>
<BR>
<P>所猜的数比实际的数大,请再猜:
    <FORM action="result.jsp" method="get">
        <INPUT type="text" name="boy" >
        <INPUT TYPE="submit" value="送出" name="submit">
    </FORM>
</FONT>
</BODY>
</HTML>
```

large.jsp 中提示所猜的数比正确的数大，并重新提供猜数表单。

【程序 4.18】 在 demo04\sessionDemo 文件夹下编写文件 small.jsp，显示猜小时的信息。

```
<%@page contentType="text/html;charset=UTF-8" %>
<HTML>
<BODY>
<FONT Size=4>
<BR>
<P>所猜的数比实际的数小,请再猜:
  <FORM action="result.jsp" method="post">
      <INPUT type="text" name="boy" >
      <INPUT TYPE="submit" value="送出" name="submit">
  </FORM>
</FONT>
</BODY>
</HTML>
```

small.jsp 中提示所猜的数比正确的数小，并重新提供猜数表单。

启动 Tomcat，打开浏览器，在地址栏输入 http://localhost:8080/demo04/sessionDemo/guess.jsp，在猜数表单中输入所猜的数字。程序运行结果如图 4.16 和图 4.17 所示。

图 4.16　guess.jsp 运行结果

图 4.17　success.jsp 运行结果

虽然 Cookie 和 session 对象都可以用来保存会话信息，但两者的实现机制完全不同。表 4.7 列出了 session 对象与 Cookie 的主要区别。

表 4.7　session 对象与 Cookie 的主要区别

对比项	session 对象	Cookie
存储位置	数据在服务器端保存	数据在客户端保存
数量限制	不限制大小及数量,但是一般数量越多时服务器效率越低	单个 Cookie 大小不超过 4KB,浏览器一般对每个站点最多支持 20 个 Cookie
有效期	会话期间	浏览器关闭之前或者设定时间内
安全性	高,不容易伪造	低,容易伪造

4.3.4   其他内置对象

1. out 对象

out 对象是一个向客户端发送数据的输出流对象,同时管理服务器上的输出缓冲区。常用的方法是 print() 和 println()。前面的示例程序中已经多次使用这两个方法。表 4.8 列出了 out 对象的主要方法。

表 4.8   out 对象的主要方法

方法声明	功 能 简 介
println(String x)	向客户端输出字符串后换行,注意是对输出到客户端的 HTML 代码换行,而不是界面换行
print(String s)	向客户端输出字符串
newLine()	向客户端输出换行,同 println() 类似,也是对输出到客户端的 HTML 代码换行,而不是界面换行
isAutoFlush()	判断是否是自动向客户端输出缓冲区的数据,由 page 指令的 autoFlush 属性来确定
getBufferSize()	获取缓冲区的大小
getRemaining()	获取缓冲区未使用的字节大小
flush()	向客户端强制输出缓冲区的数据
close()	向客户端输出缓冲区的数据后关闭对客户端的输出流
clearBuffer()	向客户端输出缓冲区的数据后清空缓冲区的数据
clear()	清空缓冲区的数据,并不会把缓冲区的数据输出到客户端

2. application 对象

JSP 引擎启动时会产生一个 application 对象,之后该对象会一直保持到 JSP 引擎关闭。当不同用户请求 Web 应用中的不同页面时,对应于同一个 application 对象。application 对象可将用户信息保存在服务器端,直到服务器关闭,并且 application 对象中保存的信息在整个应用中都有效。

与 session 对象相比,application 对象生命周期更长,可以理解为整个 Web 应用的全局变量。application 对象内部也是使用 Map 类来保存数据。表 4.9 列出了 application 对象的常用方法。

表 4.9   application 对象的常用方法

方 法 声 明	功 能 简 介
getAttribute(String name)	获取 application 内置对象中名称为 name 的属性值,不存在则返回 null
removeAttribute(String name)	删除 application 内置对象中名称为 name 的属性
setAttribute(String name, Object object)	设置 application 内置对象中属性,名称为 name,属性值为 object

方 法 声 明	功 能 简 介
getRealPath(String path)	获得虚拟路径 path 对应的实际路径
getContextPath()	获取当前 Web 应用程序的根目录

3. page 对象

page 对象代表当前 JSP 页面对应的类本身,类似于 Java 中的 this 关键字。

4. config 对象

config 对象用于获取 Web 应用的配置信息。开发者可以在 Web 应用配置文件 web.xml 中为当前应用中的 Servlet 程序和 JSP 页面提供初始化参数。

5. exception 对象

exception 对象用于在 JSP 页面中显示异常信息。如果在 JSP 页面中出现了没有被捕获的异常,就会生成 exception 对象,并把它传送到在 page 指令中设定的错误页面中进行相应处理。

6. pageContext 对象

pageContext 对象由 JSP 引擎创建和初始化,通过它可以取得任何范围的参数,以及其他的 JSP 内置对象。

以上几个对象现在已经很少使用,此处不再详述。

4.4 控制流和数据流的实现

Java Web 应用程序的基本构成就是 JSP 页面文件。这些 JSP 页面通过关联协作共同来完成客户端请求的具体功能。在程序开发过程中,需要在不同的 JSP 页面之间实现流程控制和数据传递。在前面的章节中已经用到了在 JSP 页面之间实现控制流和数据流的各种方式,本节对这些实现方式进行总结。

4.4.1 JSP 页面间的流程控制

1. 超链接方法

因为 Web 应用的用户界面是以网页形式来实现的,所以 JSP 页面之间的流程控制可以直接用 HTML 标记中的超链接来实现。

例如,在程序 4.1 中,使用下面的代码,用超链接实现了用户登录页面到用户注册页面之间的流程控制。

```
<a href="userRegister.jsp">用户注册</a><br>
```

这是一种简单直观的流程控制方式。

2. 表单提交方法

HTML 表单在提交时,会向 action 属性设置的目标页面发送请求。程序的控制流接下来会转到目标页面去执行。因此,也可以用来实现 JSP 页面之间的流程控制。

例如,在程序 4.2 中,使用下面的代码,用表单提交方法实现了用户注册页面到注册确认页面之间的流程控制。

```
<form action="userVeriRegister.jsp" method="post">
```

3. 页面重定向方法

除了在客户端浏览器中由用户操作触发流程控制之外,还可以在服务器端程序中实现 JSP 页面之间的流程控制。

response 对象的 sendRedirect()方法实现对页面请求的重定向,也是一种流程控制方法。

例如,在程序 4.4 中,使用下面的代码,用页面重定向的方法实现了登录判断页面到系统主页和用户登录页面之间的流程控制。

```
response.sendRedirect("index.jsp");
...
response.sendRedirect("userLogin.jsp");
```

4. 请求转发方法

另一种在服务器端实现流程控制的方法是使用<jsp:forward>标记或 request 对象的 getRequestDispatcher()方法实现请求转发。

例如,在程序 3.14 中,用请求转发的方法实现了登录判断页面到系统主页和用户登录页面之间的流程控制。关键代码如下:

```
<jsp:forward page="index.jsp">
...
<jsp:forward page="login.jsp"/>
```

下面的代码也可以实现相同的功能。

```
request.getRequestDispatcher("index.jsp").forward(request,response);
...
request.getRequestDispatcher("login.jsp").forward(request,response);
```

可以看到,在服务器端代码中实现流程控制有页面重定向和请求转发两种实现方法。通常情况下请求转发的运行速度更快,而且能够保持 request 作用域内的对象,所以首选使用它。但是在有些情况下,程序流程的下一步必须通过客户端发送新请求来实现,这时可以使用页面重定向来实现流程控制。

4.4.2 JSP 页面间的数据传递

1. 表单传参

HTML 的<form>标记用于实现供用户输入的 HTML 表单,可以将这些表单中的输入内容提交给服务器端,实现用户和服务器端程序之间的交互。所以,可以用表单来实现页面之间的数据传递。

例如在程序 4.2 中,使用表单中的<input>标记定义了用户名和密码信息,当提交表单时用户在表单中输入的内容被发送给服务器端的目标页面,实现了用户注册页面到注册确认页面之间的数据传递。

在目标页面中,使用 request 对象的 getParameter()方法可以取出请求中的表单数据。

例如,在程序 4.3 中,使用下面的代码取到用户在注册表单中输入的用户名、密码等数据。

```
String uName = request.getParameter("username");
String uPwd = request.getParameter("password");
…
```

另外,在表单中还有一种特殊的输入元素,称为隐藏表单域。语法格式如下:

```
<input type="hidden" name="隐藏域名称" value="默认值"/>
```

隐藏表单域在表单提交时会与其他表单输入元素一起被传递给目标页面。但是它在浏览器中的网页中是不显示的,可以用来在一些特殊情况下传递数据。

例如在后面实现用户修改功能时,需要将用户 ID 传递给下一个页面,但没有必要在页面上显示,就可以使用隐藏表单域来实现传参。相关内容见程序 5.5 中的 modiUser.jsp 实现的用户修改页面。

2. URL 传参

当使用 GET 方法提交表单时,表单中的输入元素会以 name=value 的形式被附加在目标页面的 URL 后面。其实,也可以直接把超链接的目标 URL 写成这种形式,实现 URL 传参。

URL 传参,是指以 URL? name1=value1& name2=value2 的形式直接在 URL 后面加参数。在 URL 所指向的目标页面中,可以用获取表单数据的方法取得 URL 中附加的参数值。

例如,在后面实现用户修改功能时,需要将用户 ID 传递给下一个页面,但无须用户输入,就可以使用 URL 传参方式直接把参数值写在 URL 中。相关内容见程序 5.7 中的 manageUser.jsp 实现的用户管理页面。

当使用页面重定向方式实现流程控制时,也可以将附加了数据的 URL 作为 sendRedirect()方法的参数,在实现重定向的同时实现数据传递。

3. <jsp:param>标记传参

<jsp:param>标记用于配合<jsp:forward>标记,在请求转发的同时实现参数传递。

例如,在程序 3.14 中,在用请求转发实现流程控制时,还使用<jsp:param>标记将

用户名进行同步的数据传递。关键代码如下:

```
<jsp:forward page="index.jsp">
    <jsp:param name="username" value="<%=name%>"/>
</jsp:forward>
```

4. 作用域传参

Web 交互的最基本单位是 HTTP 请求。每个用户从进入网站到离开网站的这段过程称为一个 HTTP 会话,一个服务器的运行过程中会有多个用户访问,就是多个 HTTP 会话。前面已经介绍了 JSP 的内置对象,其中的 application、session、request 也可以用来在 JSP 页面之间实现数据传递。

这三个 JSP 内置对象都实现了 setAttribute()方法和 getAttribute()方法,分别用于存入和取出参数,但是其作用域不同。作用域是指信息共享的范围,表示信息能够在多大的范围内有效。

JSP 中定义了以下四种作用域。

- application 作用域:放在 application 中的变量,其有效范围是整个应用,即从应用启动到应用结束。application 作用域的变量,可以在一个应用的所有请求中使用。
- session 作用域:放在 session 中的变量,其有效范围是当前会话,从用户打开浏览器发出第一个 HTTP 请求开始到会话结束。session 作用域的变量,可以在当前会话的所有请求中使用。
- request 作用域:放在 request 中的变量,其有效范围是当前请求,从用户发出 HTTP 请求开始,到服务器完成处理返回 HTTP 响应结束。在这个过程中,可能会发生请求转发跳转了多个 JSP 页面,在这些 JSP 页面中都可以使用当前 request 作用域中的变量。
- page 作用域:放在 pageContext 中的变量,其有效范围是当前页面,从把变量放到 pageContext 开始,到当前 JSP 页面运行完成结束。

在这四个作用域中,除 page 作用域外,其他三个都可以存放能够跨 JSP 页面使用的变量,实现不同形式的数据传递。

例如在程序 4.4 中,判断用户登录成功后,向 session 作用域中存入了名称为 username 的用户名信息,后面在其他页面中可以再从 session 中取出该数据使用。如在程序 4.5 中就从 session 中取出 username 的值用于显示当前用户和选择功能菜单,从而实现了登录判断页面到动态菜单页面之间的数据传递。

另外,在程序 4.14~程序 4.16 中也使用 session 对象实现了 JSP 页面之间的数据传递。

4.4.3 自动登录功能开发

1. 自动登录开发任务

4.2 节中开发的用户登录功能,只是在对用户身份进行判断之后,将当前用户名显示

在系统主页中,但用户登录的主要目的是根据用户身份对系统功能进行权限控制。本节对用户登录功能进行完善,主要实现以下功能:

- 支持普通用户和管理员用户登录。
- 注册用户可以使用用户修改功能。
- 管理员用户可以使用用户管理功能。
- 支持在设定时间内可以免输入密码自动登录。

2. 自动登录功能设计

为了同时支持注册用户和管理员用户登录,需要在登录判断页面中增加管理员用户的判断条件。

增加用户修改功能页面和用户管理功能页面,并为它们增加权限控制功能,避免未登录页面访问。

自动登录功能基于 Cookie 实现,在登录成功后将用户的登录信息保存到 Cookie 中。之后用户再次访问时即可利用 Cookie 中保存的登录信息实现自动登录。

作为一个示例程序,这里只是提供了一个系统功能权限控制的实现思路。程序中仍然有需要进一步完善的地方,读者可以分析其中存在的不足并进行改进。

3. 自动登录功能实现

【程序 4.19】 修改程序 4.1 中的 userLogin.jsp,在登录表单中增加自动登录的选项。

```
...
<!--main begin -->
    <div class="inputform">
        <form action="doLogin.jsp" mehtod="post" >
            用户名:<input type="text" name="username"/><br/><br/>
            密    码:<input type="password" name="password"/><br/>
<br/>
        自动登录:
        <input type="radio" name="nopwd" value="<%=60 * 60 * 24 * 7%>">一周
        <input type="radio" name="nopwd" value="<%=60 * 60 * 24 * 15%>">半个月
        <input type="radio" name="nopwd" value="<%=60 * 60 * 24 * 31%>">一个月
        <input type="radio" name="nopwd" value="<%=0%>">不启用 <br/><br/>
                       &
            nbsp  
            <input type="submit" value="登录"/>
                <a href="userRegister.jsp" style="text-decoration:
                    underline;">用户注册</a>
                <br>
        </form>
    </div>
<!--main end -->
...
```

userLogin.jsp 中增加了一组单选输入,用于设定免密码自动登录的有效时间。

【**程序 4.20**】　修改程序 4.4 中的 doLogin.jsp,增加管理员用户判断条件和对自动登录的处理。

```jsp
<%@page language="java" contentType="text/html;charset=UTF-8"%>
<%
    request.setCharacterEncoding("UTF-8");
    String name = request.getParameter("username");
    String pwd = request.getParameter("password");

    if(("tom".equals(name) && "123".equals(pwd))
        || ("admin".equals(name) && "456".equals(pwd))) {
        session.setAttribute("username",name);
        //免密码自动登录
        String nopwd = request.getParameter("nopwd");
        if (nopwd!=null){
            Cookie cookie = new Cookie("autologin",name+"-"+pwd);
            cookie.setMaxAge(Integer.parseInt(nopwd));
            cookie.setPath(request.getContextPath());
            response.addCookie(cookie);
        }
        response.sendRedirect("index.jsp");
    } else {
        response.sendRedirect("userLogin.jsp");
    }
%>
```

doLogin.jsp 页面中增加了管理员用户的登录判断(管理员使用用户名 admin,密码456)。并在登录成功时判断用户是否选择使用自动登录功能,如果是就将用户名和密码的值保存到名为 autologin 的 Cookie 中,然后将 Cookie 返回给客户端浏览器。

需要说明的是,这里为了实现自动登录功能,只是简单地把用户名和密码保存到Cookie 中。这种做法存在泄漏密码的风险,在实际应用中,通常会将用户名和密码进行加密处理之后再进行保存,读者可以查阅相关资料了解相关内容。

【**程序 4.21**】　修改程序 4.5 中的 top.jsp,增加动态功能菜单显示处理逻辑。

```jsp
<%@page language="java" contentType="text/html;charset=utf-8"%>
<div id="logo">
    <div id="logo_main"></div>
</div>
<div id="menu">
    <div id="user">
        <%  String username = (String) session.getAttribute("username");
```

```
        boolean logined = false;
        boolean autologin = false;
        Cookie[] cookies = request.getCookies();
        for(int i=0;(cookies! =null) && (i<cookies.length);i++){
            if("autologin".equals(cookies[i].getName())){
                autologin =true;
                username =cookies[i].getValue().split("-")[0];
                break;
            }
        }
        if (username ! =null) {
            logined =true;
        }else if (autologin){
            logined =true;
        }
        if (! logined){
%>
            <a href="userLogin.jsp">用户登录</a>
    <%} else {%>
            当前用户:<%=username%>|
            <%  if (autologin){
            %>
                <a href="removeAutologin.jsp">取消自动登录</a>
            <%}else{%>
                <a href="doLogout.jsp">退出登录</a>
            <%}
        }%>
    </div>
    <div id="menu_list">
        <ul>
            <%if (username ! =null && username.equals("admin")) { //管理员功能%>
            <li><a href="# ">新闻管理</a></li>|
            <li><a href="# ">评论管理</a></li>|
             <li><a href="manageUser.jsp">用户管理</a></li>|
            <%  } else if (username ! =null) {//普通用户功能
            %>
                <li><a href="# ">评论管理</a></li>|
                <li><a href="modiUser.jsp">用户管理</a></li>|
            <%}%>
                <li><a href="index.jsp">首 页</a></li>
        </ul>
    </div>
</div>
```

top. jsp 中首先根据 Cookie 中是否存有自动登录信息,显示退出登录或取消自动登录功能链接;然后再根据用户名是否为 admin,显示管理员用户的功能菜单或注册用户的功能菜单。

为了接下来演示两类用户的自动登录功能,这里分别为管理员用户和注册用户的"用户管理"功能设定了不同的链接目标页面。

【程序 4.22】 在 newsPub 文件夹下编写移除自动登录页面文件 removeAutologin. jsp,取消自动登录功能。

```
<%@page language="java" contentType="text/html;charset=UTF-8"%>
<%
    Cookie cookie =new Cookie("autologin","msg");
    cookie.setMaxAge(0);
    cookie.setPath(request.getContextPath());
    response.addCookie(cookie);
    response.sendRedirect("index.jsp");
%>
```

removeAutologin. jsp 页面中使用 Cookie 对象的 setMaxAge()方法设置 Cookie 失效,取消免密码自动登录功能。

【程序 4.23】 在 newsPub 文件夹下编写授权页面文件 checkvalid. jsp,根据用户身份确定是否允许使用相应功能。

```
<%@page contentType="text/html;charset=UTF-8" %>
<%
    String username= (String)session.getAttribute("username");
    if(username ==null)
    {
        Cookie[] cookies=request.getCookies();
        String autologin =null;
        if (cookies !=null){
            for(int i=0;i<cookies.length;i++){
                if("autologin".equals(cookies[i].getName())){
                    autologin =cookies[i].getValue();
                    break;
                }
            }
        }
        if (autologin ==null){
            response.sendRedirect("userLogin.jsp");
        }else{
            String[] parts =autologin.split("-");
```

```
                    String name =parts[0];
                    String pwd =parts[1];
                    if (!(("tom".equals(name) && "123".equals(pwd))
                            || ("admin".equals(name) && "456".equals(pwd)))){
                        response.sendRedirect("userLogin.jsp");
                    }else{//自动登录
                        session.setAttribute("username",name);
                    }
                }
            }
        %>
```

checkvalid.jsp 页面中实现用户授权功能。首先读取 session 作用域中的 username 属性值，如果存在说明用户已经登录，则通过授权；如果不存在说明用户未登录，则判断该用户是否使用了自动登录功能。读取本次请求携带的所有 Cookie，并查找其中是否存在名为"autologin"的 Cookie，如果不存在说明本次请求没有得到授权，将请求重定向到用户登录页面；如果存在则使用存放在 Cookie 中的用户名和密码进行自动登录判断。如果自动登录判断失败将请求重定向到用户登录页面；如果成功就将用户名存入 session，实现自动登录，并通过授权。

【程序 4.24】　在 newsPub 文件夹下编写用户修改页面文件 modiUser.jsp，作为注册用户的权限验证页面。

```
    <%@include file="checkvalid.jsp"%>
    ...
    <!--main begin -->
        <div class="inputform">
            <div class="top-bar">
                <h1>用户管理</h1>
            </div>
            <br />
            用户修改页面
        </div>
    <!--main end -->
    ...
```

modiUser.jsp 中没有实现任何功能，只是在文件的最开始把授权页面包含进来，实现系统功能权限控制。

【程序 4.25】　在 newsPub 文件夹下编写用户管理页面文件 manageUser.jsp，作为管理员用户的权限验证页面。

```
<%@include file="checkvalid.jsp"%>
...
<!--main begin -->
    <div class="inputform">
        <div class="top-bar">
            <h1>用户管理</h1>
        </div>
        <br />
        <div class="table">
            <table class="listing" cellpadding="0" cellspacing="0">
                <tr>
                    <th>序号</th>
                    <th>用户名</th>
                    <th>删除</th>
                </tr>
                <tr>
                    <td>1</td>
                    <td>admin</td>
                    <td><a href="#">
                        <img src="image/hr.gif" alt="删除"/></a></td>
                </tr>
                <tr>
                    <td>2</td>
                    <td>user1</td>
                    <td><a href="#">
                        <img src="image/hr.gif" alt="删除"/></a></td>
                </tr>
                <tr>
                    <td>3</td>
                    <td>user2</td>
                    <td><a href="#">
                        <img src="image/hr.gif" alt="删除"/></a></td>
                </tr>
            </table>
        </div>
    </div>
<!--main end -->
...
```

manageUser.jsp 页面中也在文件的最开始把授权页面包含进来,实现系统功能权限控制。

4. 自动登录功能运行过程

启动 Tomcat,打开浏览器,在地址栏中输入 http://localhost:8080/newsPub/

manageUser.jsp,试图进入用户管理页面。但是因为没有登录,所以不能通过授权,请求会被重定向到用户登录页面,如图 4.18 所示。

图 4.18   用户登录页面

输入用户名 admin 和密码 456 并选中"自动登录"功能中的"一周"单选按钮,单击"登录"按钮进入系统首页,如图 4.19 所示。可以单击"用户管理"功能链接进入用户管理页面。

图 4.19   系统首页

关闭浏览器后,在一周内若再次使用用户管理功能时则无须登录。在地址栏中输入 http://localhost:8080/newsPub/manageUser.jsp,可以直接进入用户管理页面。这是因为客户端 Cookie 中存有用户名和密码信息,每次请求都会将此信息传递给服务器,用于实现自动登录功能。单击"取消自动登录"会设置该 Cookie 失效,在退出登录后再使用用户管理功能时就需要重新登录。

还可以使用用户名 tom 和密码 123 验证注册用户的自动登录功能,运行过程与此类似。

4.5   本 章 小 结

本章通过简单的用户注册和用户登录功能的开发说明 Web 应用中的流程控制和数据传递的实现,并对 Web 通信的基本原理和 Web 会话机制进行介绍;接下来详细介绍

JSP 的常用内置对象,如 request、response、session 等,使用这些内置对象可以方便地实现一些常用功能;最后对 Web 应用中控制流和数据流的实现机制进行总结。通过本章内容的学习,读者可以完成一些简单的 Web 应用开发。

4.6 习　　题

1. 单选题

(1) 获取客户端提交的请求参数值使用 request 对象的(　　)方法。

    A. getParameter()　　　　　　　　　　B. getParameterNames()

    C. getAttribute()　　　　　　　　　　　D. getCookies()

(2) 实现页面请求的重定向使用 response 对象的(　　)方法。

    A. setContentype()　　　　　　　　　　B. setHeader()

    C. sendRedirect()　　　　　　　　　　　D. setAttribute()

(3) 向 session 对象中存入属性使用它的(　　)方法。

    A. setValue()　　　　　　　　　　　　　B. setAttribute()

    C. setContenttype()　　　　　　　　　　D. setName()

2. 简答题

(1) JSP 中实现页面间的跳转有哪几种方式?

(2) 简述 JSP 中的各种作用域及相关的内置对象。

(3) 简述 session 对象和 Cookie 的区别与联系。

3. 上机练习

(1) 实现新闻发布系统中的用户登录和用户注册功能。

(2) 为新闻发布系统增加免密码自动登录功能。

第 5 章

数据库访问

学习目标

- 理解 JDBC 数据库连接的基本概念和原理；
- 掌握应用 JDBC 实现数据库增、删、查、改功能的编程方法；
- 了解数据库访问代码的优化方法。

5.1 用户注册功能完善

5.1.1 注册提交设计与实现

1. 注册提交功能设计

前面在第 4 章已经描述过用户注册功能的开发任务，并且完成了第一个子任务注册确认功能的开发，这里对第二个子任务注册提交功能进行设计和实现。

注册提交功能的流程控制和数据传递都与用户登录功能类似，共涉及三个页面。

首先在图 4.2 所示的注册确认页面中核对注册信息无误后，单击"注册"按钮进入到注册提交页面，同时需要将注册信息也传递过来。在注册提交页面中将注册信息存入数据库的用户数据表中并显示处理结果，最后将执行流程转到用户登录页面。从注册确认页面到注册提交页面的流程控制还需要同步传递数据，因此选择使用 HTML 中的表单来实现比较合适。注册提交页面到用户登录页面的流程控制可以使用 HTML 中的超链接来实现。

这里存在两个问题需要解决。第一个问题是之前在第 4 章实现注册确认功能时，只是简单地把用户输入的注册信息以普通文本的形式显示在了确认页面上。现在要实现注册提交功能，需要在注册确认页面中再次以表单的形式来存放用户注册信息，以便于实现基于表单的数据传递，但是这些表单内容无须在页面中再次显示。这个问题可以通过在注册确认页面中增加一个表单用于传递注册信息，并使用 CSS 中隐藏显示的效果来满足需要。第二个问题则是注册提交功能的核心任务，即将用户注册信息保存到数据库中。这需要用到本章的新知识来实现。

2. 注册提交功能实现

【程序 5.1】 修改程序 4.3 得到新的注册确认页面文件 userVeriRegister.jsp，在文件中增加表单用于传递注册信息（加粗部分为新增代码）。

```
...
<!--main begin -->
<div class="verifyform">
    <div class="top-bar">
        <h1>注册确认</h1>
    </div><br/>


<%request.setCharacterEncoding("UTF-8");
    String uName = request.getParameter("username");
    String uPwd = request.getParameter("password");
    String uGender = request.getParameter("gender");
    String uResume = request.getParameter("resume");
%>
<table>
    <tr>
        <td>用户名：</td><td><%=uName %></td>
    </tr>
    <tr>
        <td>密码：</td><td><%=uPwd %></td>
    </tr>
    <tr>
        <td>性别：</td><td><%=uGender %></td>
    </tr>
    <tr>
        <td>个人简介:</td><td><%=uResume %></td>
    </tr>
</table>


<form action="doRegister.jsp" method="post">
    <div style="display:none">
        用户名：<input type="text" name="username" value="<%=uName%>"/><br/>
        密    码：
        <input type="text" name="password" value="<%=uPwd %>"/><br/>
        性    别：
        <input type="text" name="gender" value="<%=uGender%>"/><br/>
        个人简介<br>
        <textarea name="resume" cols="20" rows="6"><%=uResume%></textarea>
        <br><br>         &nbs
        p 
    </div>
    <input class="btn" type="submit" value="注册"></input>
    <a href="javascript:history.go(-1)" >返回</a><br/>
    </form>
```

```
        </div>
        <!--main end -->
    ...
```

第 4 章中的 userVeriRegister.jsp 已经实现了获取表单数据并在页面中显示的功能，这里增加了一个表单用于继续向下一个页面传递用户的注册信息，使用 HTML 中的 form 标记和 input 标记实现来实现。

form 标记中的 action 属性取值为 doRegister.jsp，实现到注册提交页面的流程控制。表单中的内容用 input 标记和 textarea 标记分别来定义用户名、密码、性别和个人简介。因为在用户注册页面中已经输入了这些信息，这里直接使用之前已经获取到的相应值设置为各个 input 标记的 value 属性值及 textarea 标记的内容。

另外，用 input 标记实现了"注册"提交按钮，用 a 标记实现了"返回"超链接。当单击"注册"按钮时程序流程转向注册提交页面并同步传递表单中的数据，单击"返回"超链接则回到用户注册页面，可以修改注册信息之后再重新提交。

因为在页面中已经用表格形式显示了用户注册信息供核对，所以表单中要提交的注册信息不需要再显示，所以将这部分内容放置在一个 div 中，并设置其 CSS 样式的 display 属性值为 none。这样程序在运行时会将相关内容隐藏起来，避免相同内容在页面上重复出现。

【程序 5.2】　在 newsPub 文件夹下编写注册提交页面文件 doRegister.jsp，将用户注册信息写入数据库。

```jsp
<%@page language="java" contentType="text/html;charset=UTF-8"
pageEncoding="UTF-8"%>
<!--1. 导入 JDBC API -->
<%@page import="java.sql.* " %>

<%request.setCharacterEncoding("UTF-8");
    String uname =request.getParameter("username");
    String pwd =request.getParameter("password");
    String gender =request.getParameter("gender");
    String resume =request.getParameter("resume");

    Connection conn =null;
    Statement stmt =null;
    String sDBDriver ="com.mysql.jdbc.Driver";
    String sConnStr ="jdbc:mysql://localhost:3306/newsdb";
    String username ="root";
    String password ="mysql";

    //2. 装载驱动程序
    try {
```

```
            Class.forName(sDBDriver);
        }
    catch(ClassNotFoundException ex) {
        System.err.println(ex.getMessage());
    }


    try {
        //3. 建立数据库连接
        conn =DriverManager.getConnection(sConnStr,username,password);

        //4. 创建 Statement 对象
        stmt =conn.createStatement();

        //5. 执行 SQL 语句
        String sql="INSERT INTO user VALUES(null,'"+uname+"','"+
            pwd+"','"+gender+"','"+resume+"')";
        int result =stmt.executeUpdate(sql);

        //6. 处理结果
        if(result==1){
            out.println("用户注册成功,请登录使用。");
        }else{
            out.println("用户注册失败,请联系管理员!");
        }
        out.println("<a href='userLogin.jsp'>登录</a>");
    }
    catch(SQLException e1) { out.println(e1);}
    finally
    {
        //7. 关闭连接
        conn.close();
    }
%>
```

　　doRegister.jsp 负责获取表单数据并写入数据库。获取表单数据的处理方法与注册确认页面中完全相同,这里不再赘述。下面解释一下将数据写入到数据库所用的代码。

　　首先用 page 指令导入 java.sql 包。在这个包里是访问数据库必需的一些类。

　　然后定义数据库操作需要用到的参数,包括驱动程序类名 sDBDriver、数据库连接字符串 sConnStr、数据库访问用户名 username 以及数据库访问密码 password。

　　接下来使用 Class 的 forName()方法注册数据库驱动程序,再使用 DriverManager 的 getConnection()方法建立一个数据库连接,然后用 Connection 对象的 createStatement()

方法创建一个 Statement 对象。

之后使用获取的用户注册信息拼接成一条 INSERT 语句,并调用 Statement 对象的 executeUpdate()方法来执行它。这条 SQL 语句会通过 JDBC 发送给数据库系统执行,并返回执行的结果。当 INSERT 语句执行成功后,会在数据表中新增一条记录,并返回影响的记录条数,这里应该为整数 1。

再根据返回值输出注册结果提示信息,并给出一个转到用户登录页面的超链接以实现到下一步的流程控制。

最后关闭数据库连接,释放所占用的资源。

由于上面使用的一些方法在执行过程中有可能抛出异常,因此需要将这些代码分别放置在不同的 try 语句块中。

使用程序 4.1 作为用户登录页面文件 userLogin.jsp,使用程序 4.2 作为用户注册页面文件 userRegister.jsp。然后再参考附录 B 安装配置 MySQL 数据库,并创建实例数据库 newsdb 和数据表 user。最后将 MySQL 数据库的 JDBC 驱动 mysql-connector-java-5.1.39-bin.jar 复制到 newsPub\WEB-INF\lib 下,完成注册提交功能的开发。

5.1.2 注册提交运行过程

用户注册功能的程序运行过程详述如下。

启动 Tomcat,打开浏览器,在地址栏输入地址 http://localhost:8080/newsPub/userLogin.jsp,出现用户登录页面,单击"用户注册"超链接,进入用户注册页面。

在注册表单中输入用户注册信息后,单击"提交"按钮,注册表单被提交给注册确认页面,显示结果如图 5.1 所示。

注册确认页面中的注册信息核对如果有问题,可以单击"返回"超链接回到用户注册页面重新输入。如果核对无误可以单击"注册"按钮,注册确认页面中隐藏的确认表单被提交给注册提交页面。

注册提交页面中的代码运行将用户注册信息写入数据库,实现用户注册功能。完成后显示注册成功提示,如图 5.2 所示。

最后可以单击"登录"超链接回到用户登录页面。

注册确认
用户名:user1
密码: 111
性别: male
个人简介:用户注册功能的测试用户
注册 返回

图 5.1 注册确认页面

用户注册成功,请登录使用。 登录

图 5.2 注册成功提示页面

5.1.3 数据库访问代码模板

Java 程序中对数据库的访问可以基于 JDBC 实现。编写数据库访问代码遵循相对固定的模式。这里以操作 MySQL 数据库为例,给出实现数据库访问的典型代码模板,主要包括以下步骤。

（1）导入 JDBC API：首先用 page 指令导入 java.sql 包。

```
<%@page import="java.sql.*" %>
```

（2）加载驱动程序：然后使用 Class 类的 forName()方法加载驱动程序类,加载成功后即可使用该驱动程序与数据库建立连接。

```
Class.forName("com.mysql.jdbc.Driver");
```

（3）建立数据库连接：接下来提供数据库连接字符串、数据库用户名和数据库密码,使用 DriverManager 类的 getConnection()方法建立数据库连接。

```
String sConnStr ="jdbc:mysql://localhost:3306/newsdb";
String username ="root";
String password ="mysql";
Connection conn =DriverManager.getConnection(sConnStr,username,
    password);
```

（4）创建 Statement 对象：使用数据库连接对象的 createStatement()方法创建 Statement 对象。

```
stmt=conn.createStatement();
```

（5）执行 SQL 语句：使用 Statement 对象的 executeUpdate()方法执行 INSERT 语句。

```
String sql="INSERT INTO user VALUES(null,'"+uname+"','"+
                pwd+"','"+gender+"','"+resume+"')";
    int result =stmt.executeUpdate(sql);
```

（6）处理执行结果：根据需要对执行结果 result 进行处理。

```
if(result ==1){
        out.println("用户注册成功,请登录使用。");
    }else{
        out.println("用户注册失败,请联系管理员!");
    }
```

（7）关闭连接：最后使用 close()方法关闭数据库连接，释放所占用的资源。

```
conn.close();
```

在注册提交页面中就是按照这个步骤实现了向数据库中写入用户注册信息的功能。

需要说明的是，由于调用的这些方法在执行过程中有可能抛出异常，因此需要将这些代码放置在 try 语句块中。程序最后必须关闭连接以释放资源，所以要把相关代码放在 finally 语句块中，以确保在程序运行出现异常时数据库连接也能够得到关闭。

另外，还需要事先配置相应的数据库驱动程序。

掌握了这个代码模板之后，再需要实现对数据库进行其他类型的操作，都可以参考它编写程序来实现。

5.2　用户登录功能完善

5.2.1　登录判断设计与实现

1. 登录判断功能设计

在第 4 章已经描述过用户登录功能的开发任务，并基本完成了它的设计和实现。但是在实现登录判断功能时，是用固定的用户账号来模拟实现的。实际的用户身份判断应当根据数据库中保存的用户名和密码等信息来实现。

如果用户登录时输入的用户名和密码在数据库中存有相应的记录，就证明该用户是合法用户，可以允许登录，否则登录失败。这里利用 JDBC 来实现完整的登录判断功能。

2. 登录判断功能实现

【程序 5.3】　修改程序 4.4 得到新的登录判断页面文件 doLogin.jsp，把文件中原来使用固定的用户账号信息模拟实现用户身份判断改为根据数据库中的真实用户信息来判断。

```jsp
<%@page language="java" contentType="text/html;charset=UTF-8"%>
<!--1. 导入 JDBC API -->
<%@page language="java" import="java.sql.*" %>

    <%request.setCharacterEncoding("UTF-8");
    String uname = request.getParameter("username");
    String pwd = request.getParameter("password");

    Connection conn = null;
    ResultSet rs = null;
    Statement stmt = null;

    String sDBDriver = "com.mysql.jdbc.Driver";
```

```
String sConnStr ="jdbc:mysql://localhost:3306/newsdb";
String username ="root";
String password ="mysql";

//2.装载驱动程序
try {
        Class.forName(sDBDriver);
    }
    catch(ClassNotFoundException ex) {
        System.err.println(ex.getMessage());
    }

try {
    //3.建立数据库连接
    conn =DriverManager.getConnection(sConnStr,username,password);

    //4.创建 Statement 对象
    stmt =conn.createStatement();

    //5.执行 SQL 语句
    String sql="SELECT  * FROM user WHERE username='"+uname+"' and
            password='"+pwd+"'";
    rs =stmt.executeQuery(sql);

    //6.处理结果
    if(rs!=null && rs.next()) {
        session.setAttribute("username",uname);
        response.sendRedirect("index.jsp");
    } else {
        response.sendRedirect("userLogin.jsp");
    }
    }catch(SQLException e1) {
        out.println(e1);
    }finally{
    //7.关闭连接
    conn.close();
    }
%>
```

doLogin.jsp 负责实现登录判断功能。

根据第 4 章的设计,用户登录功能共包括四个环节:

(1) 获取用户输入。

(2) 判断用户身份。

（3）实现流程控制。

（4）用户身份识别。

这里只对（2）进行分析，其他环节已在第 4 章做过介绍。

判断用户身份可以通过查询数据库中的 user 数据表，然后根据是否存在与用户输入的用户名和密码一致的记录来判断用户身份是否合法。这个处理过程本质上是一次数据库查询。参考 5.1.3 节的数据库访问代码模板，可以写出与注册提交页面结构类似的程序。

首先使用 page 指令导入 java.sql 包。

然后定义数据库操作需要用到的参数，包括驱动程序类名 sDBDriver、数据库连接字符串 sConnStr、数据库访问用户名 username 以及数据库访问密码 password。

接下来使用 Class 的 forName()方法注册数据库驱动程序，再使用 DriverManager 的 getConnection()方法建立一个数据库连接。然后用 Connection 对象的 createStatement()方法创建一个 Statement 对象。

之后使用获取的用户登录信息拼接一条 SELECT 语句，并调用 Statement 对象的 executeQuery()方法来执行它。此时，该条 SQL 语句会通过 JDBC 发送给数据库系统执行，并返回查询结果集。如果查询结果集对象 rs 不是空指针，并且其中包含至少一条记录，说明该用户身份合法，则登录通过，否则登录失败。这里调用 rs 对象的 next()方法，若返回值为 true 则表示至少包含一条记录。

最后关闭数据库连接。

使用程序 4.5 作为登录成功后进入的系统首页文件 index.jsp，使用程序 4.7 作为退出登录功能页面文件 doLogout.jsp，使用程序 4.21 中的 top.jsp 实现动态功能菜单，完成登录判断功能的开发。

5.2.2　登录判断运行过程

用户登录功能的程序运行过程详述如下。

启动 Tomcat，打开浏览器，在地址栏输入地址 http://localhost:8080/newsPub/userLogin.jsp，出现用户登录页面，在登录表单中输入注册过的用户名和密码，单击"登录"按钮，登录表单被提交给登录判断页面。

登录判断页面中的代码运行将查询数据库的 user 表，判断用户身份。如果查询结果不为空，说明用户名密码正确，登录成功，即可进入系统首页。

如果用户名或密码输入有误，会重新进入用户登录页面。

这里所编写的程序虽然能够实现登录判断的功能，但是这种实现方法存在一个安全方面的漏洞。非法用户可以使用 SQL 注入攻击的方法来绕过用户身份判断，从而实现非法登录。

所谓 SQL 注入攻击，是指通过把恶意的 SQL 命令填写到 Web 表单中提交，达到欺骗服务器执行恶意 SQL 命令的目的。这里的登录判断程序验证用户身份是否合法使用了下面的 SQL 语句：

```
String sql="SELECT * FROM user WHERE username='"+uname+"' and
    password='"+pwd+"'";
```

把用户在登录表单中输入的用户名和密码值拼接得到一条查询语句,然后执行该语句来实现用户身份的判断。

现在假定有一个恶意的非法用户,在登录表单中输入用户名 admin 和密码 1' or '1'='1,那么拼接得到的查询语句如下:

```
SELECT * FROM user WHERE username='admin' and password='1' or '1'='1
```

分析一下这条查询语句,可以发现执行它的结果将会查询出 user 数据表中的所有记录。而前面的程序处理逻辑是,只要查询结果集中包含至少一条记录,则认为该用户身份合法。因此,这个非法用户就会以 admin 用户的身份成功登录。

要避免受到这种攻击,可以改用 Statement 类的子类 PreparedStatement 来执行查询语句。将登录判断页面中的代码:

```
String sql="SELECT * FROM user WHERE username='"+uname+"' and
password='"+pwd+"'";
    rs =stmt.executeQuery(sql);
```

改为下面的实现方式:

```
String sql ="SELECT * FROM user WHERE username=? and password=? ";
PreparedStatement   ps =conn.prepareStatement(sql);
ps.setString(1, uname);
ps.setString(2, pwd);
rs =ps.executeQuery();
```

这样就可以达到防范 SQL 注入攻击、提高程序安全性的效果。

5.3 JDBC 技术

5.3.1 JDBC API

1. JDBC 基础概念

为了简化在程序中的数据库存取操作,Java 提供了一套专门用于执行 SQL 语句的 API,称作 JDBC(Java DataBase Connectivity)。JDBC 由一组接口和类组成,可以向各种关系数据库发送 SQL 语句,实现对数据库中数据的增、删、查、改操作。基于 JDBC 编写访问数据库的 Java 程序,屏蔽了不同数据库平台的区别,使得程序员可以无差别地操作不同的数据库,极大地简化了数据库编程。JDBC 原理如图 5.3 所示。

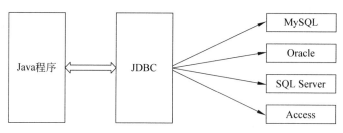

图 5.3　JDBC 原理

2．相关接口和类

JDBC API 包括一组支持数据库访问和操作的类与接口，位于 java.sql 包中。

（1）Driver 接口：Driver 接口提供用来注册和连接基于 JDBC 技术的驱动程序，每个 JDBC 驱动程序都应该提供一个实现 Driver 接口的类，并且在程序运行时能够加载指定的数据库驱动程序或类库。对于 Java Web 应用程序，需要把对应的 jar 包文件放到 Web 应用程序的 lib 目录下。例如在 5.1.1 节中，为了操作 MySQL 数据库，需要将数据库厂商提供的实现了 Driver 接口的驱动程序 com.mysql.jdbc.Driver 所在的 jar 包文件 mysql-connector-java-5.1.39-bin.jar 复制到应用目录 newsPub 下的 WEB-INF\lib 中，然后在程序中加载该数据库驱动程序。

在加载某一个 Driver 类时，它应该创建自己的实例并向 DriverManager 注册该实例。一般使用语句 Class.forName("com.mysql.jdbc.Driver")来加载和注册 MySQL 数据库的驱动程序。不同的数据库其驱动程序类名各不相同。

（2）DriverManager 类：Java 程序通过 DriverManager 建立与驱动程序的连接。常用方法为：

```
static Connection getConnection(String url, String user, String password)
```

该方法试图建立到给定数据库 URL 的连接。DriverManager 会尝试从已经注册的 JDBC 驱动程序集中选择一个适当的驱动程序。三个参数分别为：

- url 是以"jdbc:subprotocol:subname"形式提供的数据库连接字符串，各种数据库系统使用不同形式的连接字符串；
- user 是数据库用户名；
- password 是数据库用户的密码。

此方法返回一个到指定 url 的数据库连接对象。

表 5.1 是常见数据库的 JDBC 连接参数，包括驱动程序类名 driver 和连接字符串 url，假定连接到数据库 mydb。

表 5.1　常见数据库的 JDBC 连接参数

数据库	JDBC 连接
MySQL	driver：com.mysql.jdbc.Driver url：jdbc:mysql://localhost:3306/mydb

续表

数据库	JDBC 连接
Oracle	driver：oracle.jdbc.driver.OracleDriver url：jdbc:oracle:thin:@127.0.0.1:1521:mydb
SQL Server 2008	driver：com.microsoft.jdbc.sqlserver.SQLServerDriver url：jdbc:microsoft:sqlserver://localhost:1433;DatabaseName=mydb
ODBC 桥接	driver：sun.jdbc.odbc.JdbcOdbcDriver url：jdbc:odbc:mydb（需配置 ODBC 数据源）

（3）Connection 接口：代表了 Java 程序与数据库之间的连接，用于提供创建语句以及管理连接及其属性的方法。常用方法见表 5.2。

表 5.2　Connection 接口的常用方法

方 法 声 明	功 能 简 介
Statement createStatement()	创建一个 Statement 对象，用于将 SQL 语句发送到数据库
PreparedStatement prepareStatement (String sql)	创建一个 PreparedStatement 对象，用于将参数化的 SQL 语句发送到数据库
void close()	释放此 Connection 对象的数据库和 JDBC 资源

不带参数的 SQL 语句通常使用 Statement 对象执行。如果多次执行相同的 SQL 语句，使用 PreparedStatement 对象会更有效。

带有 IN 参数或不带有 IN 参数的 SQL 语句都可以被预编译并存储在 PreparedStatement 对象中。然后可以有效地使用此对象来多次执行该语句。prepareStatement()方法的参数 sql 是一个可能包含一个或多个?作为 IN 参数占位符的 SQL 语句。

（4）Statement 接口：用于执行静态 SQL 语句并返回它所生成结果的对象。其常用方法见表 5.3。

表 5.3　Statement 接口的常用方法

方 法 声 明	功 能 简 介
ResultSet executeQuery(String sql)	执行给定的静态 SQL SELECT 语句，返回包含给定查询所生成数据的 ResultSet 对象
int executeUpdate(String sql)	执行给定 SQL 语句

executeUpdate()方法的参数 sql 可能为 INSERT、UPDATE 或 DELETE 语句，或者不返回任何内容的 SQL 语句（如 SQL DDL 语句）。其返回值分为两种情况：对于 SQL 数据操作语言(DML)语句，返回行计数；对于不返回任何内容的 SQL 语句，返回 0。

（5）PreparedStatement 接口：继承自 Statement 接口，用于向数据库发送准备好的语句或基本 SQL 语句。SQL 语句被预编译并存储在 PreparedStatement 对象中。然后可以使用此对象多次高效地执行该语句。其常用方法见表 5.4。

表 5.4 PreparedStatement 接口的常用方法

方 法 声 明	功 能 简 介
void setString(int parameterIndex, String x)	将指定参数设置为给定 Java String 值
void setDate(int parameterIndex, Date x)	使用运行应用程序的虚拟机的默认时区将指定参数设置为给定 java.sql.Date 值
void setDouble(int parameterIndex, double x)	将指定参数设置为给定 Java double 值
void setFloat(int parameterIndex, float x)	将指定参数设置为给定 Java float 值
void setInt(int parameterIndex, int x)	将指定参数设置为给定 Java int 值
void setLong(int parameterIndex, long x)	将指定参数设置为给定 Java long 值
ResultSet executeQuery()	在此 PreparedStatement 对象中执行 SQL 查询,返回包含给定查询所生成数据的 ResultSet 对象
int executeUpdate()	在此 PreparedStatement 对象中执行 SQL 语句

如果预编译的 SQL 语句中包括 IN 参数,那么需要首先调用相应的 set×××()方法为这些参数赋值,然后再执行 SQL 语句。用于设置 IN 参数值的 set×××()方法必须指定与输入参数的已定义 SQL 类型兼容的类型,参数 parameterIndex 表示 IN 参数的序号,从 1 开始。

前面使用 PreparedStatement 来防止 SQL 注入,原因是 set×××()方法在为参数赋值时会把单引号转义成\'。例如对于下面的代码:

```
String sql ="SELECT * FROM user WHERE username=? and password=? ";
PreparedStatement ps =conn.prepareStatement(sql);
ps.setString(1, uname);
ps.setString(2, pwd);
```

如果 uname 的值是 admin,pwd 的值是 1' or '1'='1。那么拼接出来的查询语句如下:

```
SELECT * FROM user WHERE username='admin' and password='1\' or \'1\'=\'1'
```

这样就无法截断 SQL 语句,仍然按照程序预定的处理逻辑来判断,所以能够防范 SQL 注入攻击。

executeUpdate()方法中的语句必须是一个 SQL 数据操作语言(Data Manipulation Language,DML)语句,例如 INSERT、UPDATE 或 DELETE 语句;或者是无返回内容的 SQL 语句,例如 DDL 语句。返回值分为两种情况:对于 SQL 数据操作语言(DML)语句,返回行计数;对于不返回任何内容的 SQL 语句,返回 0。

(6) ResultSet 接口:用于表示数据库结果集的数据表,通常通过执行查询数据库的语句生成,其中存放了查询结果。

在 ResultSet 对象中具有指向当前数据行的游标,可以在 while 循环中使用 next() 方法来迭代处理结果集。

```
boolean next()  throws SQLException
```

该方法将游标从当前位置向下移动一行。ResultSet 游标最初位于第一行之前；第一次调用 next()方法使第一行成为当前行；第二次调用使第二行成为当前行，以此类推。如果新的当前行有效，则返回 true；如果不存在下一行，则返回 false。

ResultSet 接口同时提供了用于从当前行获取列值的方法。可以使用列的索引编号或列的名称获取值。应该按从左到右的顺序读取每行中的结果集列，每列只能读取一次。常用的获取列值方法见表 5.5。

表 5.5　ResultSet 接口常用的获取列值方法

返回类型	方 法 名 称	返回类型	方 法 名 称
byte	getByte(int columnIndex)	byte	getByte(String columnLabel)
Date	getDate(int columnIndex)	Date	getDate(String columnLabel)
double	getDouble(int columnIndex)	double	getDouble(String columnLabel)
float	getFloat(int columnIndex)	float	getFloat(String columnLabel)
int	getInt(int columnIndex)	int	getInt(String columnLabel)
long	getLong(int columnIndex)	long	get Long(String columnLabel)
String	getString(int columnIndex)	String	getString(String columnILabel)

参数 columnIndex 是列索引，从 1 开始编号。参数 columnLabel 是使用 SQL AS 子句指定的列标签，如果未指定 SQL AS 子句，则标签是列名称。一般情况下，使用列索引较为高效。

5.3.2　JDBC 的使用

使用 JDBC 编写程序对数据库进行各种操作遵循相对固定的模式，5.1.3 节已经给出了数据库访问代码的编写模板。经过上面的介绍，读者对如何使用 JDBC 连接和访问数据库已经有一定的了解，这里再通过编程实现查看所有用户的功能演示 JDBC 的使用方法。

1. 查看所有用户功能实现

【程序 5.4】　在 newsPub 文件夹下编写查看所有用户页面文件 allUser.jsp，显示所有用户的用户名和密码。

```
<%@page language="java" contentType="text/html;charset=UTF-8"%>
<!--1.导入 JDBC API -->
<%@page language="java" import="java.sql.*"%>
<html>
    <head>
        <title>新闻发布系统</title>
```

```
</head>

<body>
    <h3>所有用户</h3>
    <table border="1">
        <tr>
            <th>序号</th>
            <th>用户名</th>
            <th>密码</th>
        </tr>
        <%
            Connection conn =null;
            ResultSet rs =null;
            Statement stmt =null;

            String sDBDriver ="com.mysql.jdbc.Driver";
            String sConnStr ="jdbc:mysql://localhost:3306/newsdb";
            String username ="root";
            String password ="mysql";

            //2.装载驱动程序
            try {
                Class.forName(sDBDriver);
            } catch (ClassNotFoundException ex) {
                System.err.println(ex.getMessage());
            }

            try {
                //3.建立数据库连接
                conn =DriverManager.getConnection(sConnStr, username,
                    password);

                //4.创建 Statement 对象
                stmt =conn.createStatement();

                //5.执行 SQL 语句
                String sql="select * from user";
                rs =stmt.executeQuery(sql);

                //6.处理结果
                if (rs !=null) {
                    int count =0;
                    while (rs.next()) {
```

```
                                    count++;
                                    String uname = rs.getString("username");
                                    String pwd = rs.getString("password");
                        %>
                                    <tr>
                                        <td><%=count%></td>
                                        <td><%=uname%></td>
                                        <td><%=pwd%></td>
                                    </tr>
                        <%
                                }
                            }
                        } catch (SQLException e1) {
                            out.println(e1);
                        } finally {
                            //7. 关闭连接
                            conn.close();
                        }
                    %>
                </table>
        </body>
    </html>
```

这个程序的整体结构与注册提交页面和登录判断页面中的代码结构基本相同。只是在步骤 5 所执行的 SQL 语句以及步骤 6 的处理结果方式有区别。

因为要查询所有用户,即查询 user 数据表中的全部记录,所以执行下面的 SQL 语句并返回查询结果集:

```
String sql = "select * from user";
rs = stmt.executeQuery(sql);
```

如果查询结果集对象 rs 不是空指针,则利用 while 循环从结果集中依次取出每条记录,并以表格的形式显示在页面中,关键代码如下:

```
<table border="1">
        <tr>
            <th>序号</th>
            <th>用户名</th>
            <th>密码</th>
        </tr>
<%    …
while (rs.next()) {
```

```
            count++;
            String uname = rs.getString("username");
            String pwd = rs.getString("password");
        %>
        <tr>
            <td><%=count%></td>
            <td><%=uname%></td>
            <td><%=pwd%></td>
        </tr>
    <%}
        ...
    %>
    </table>
```

先用 HTML 的 table 标记和 tr、th 标记构造一行表头,然后循环处理每条记录。

第一次判断循环条件时调用 ResultSet 对象 rs 的 next()方法,移动游标使第一行成为当前行。若当前行有效则返回 true 进入循环体执行。

在循环体中首先给计数器加 1,作为序号值。然后调用 rs 的 getString()方法,用列名作为参数,取出当前行的指定列值。这里依次取出用户名和密码。接下来用 tr 和 td 标记构造一行三个单元格,内容分别是用 JSP 表达式输出的序号、用户名和密码。一次循环执行完毕。

之后再次判断循环条件,调用 rs 的 next()方法,移动游标使第二行成为当前行。若当前行有效返回 true 则继续执行循环体,再产生一行用户数据。

直到所有记录处理完成,最后一次调用 rs 的 next()方法,因为不存在下一行,所以返回 false,循环结束。

最后是 table 的结束标记,完成表格的构造。

2. 查看所有用户运行过程

查看所有用户功能的程序执行过程详述如下。

启动 Tomcat,打开浏览器并在地址栏输入地址 http://localhost:8080/newsPub/allUser.jsp,出现如图 5.4 所示的查看所有用户页面。

查询所有用户功能是通过查询数据库中 user 数据表的所有记录,然后依次输出每条记录来实现的。这个功能本质上就是多次数据库查询操作,程序结构与 5.1.3 节的数据库访问代码模板完全相同。

3. 数据库查询代码优化

上面这段程序中的核心代码是用 Statement 对象实现 SQL 查询。前面已经讲过,也可以用 PreparedStatement 对象来实现相同的功能。

事实上,作为 Statement 的子接口,用 PreparedStatement 实现数据库访问有以下三个优点。

(1) 代码可读性好:这里是一条执行 INSERT 语句的代码,stmt 是一个 Statement 对象。

图 5.4　查看所有用户页面

```
stmt.executeUpdate("insert into tb_name (col1,col2,col2,col4) values
('"+var1+"','"+var2+"',"+var3+",'"+var4+"')");
```

下面的代码实现相同的功能，ps 是一个 PreparedStatement 对象。

```
ps=conn.prepareStatement("insert into tb_name (col1,col2,col2,col4)
    values (?,?,?,?)");
ps.setString(1,var1);
ps.setString(2,var2);
ps.setString(3,var3);
ps.setString(4,var4);
ps.executeUpdate();
```

可以看到，虽然第二段代码多出了几行，但无论是从可读性还是可维护性方面，后者都比前者要好得多。

（2）运行效率高：每种数据库都会尽其所能对预编译语句提供最大的性能优化，以备重复调用。数据库的编译器编译后的执行代码会被缓存，当再次调用相同的预编译语句时不需要再次编译，而只要像函数调用一样，将参数传入已经编译过的执行代码中即可直接执行。PreparedStatement 对象会对 SQL 语句进行预编译，因此它的运行效率更高。

以 Oracle 为例，Statement 会为每条 SQL 语句生成一个执行计划。例如执行下面两条 SQL 语句，就会生成两个执行计划：

```
select column from tb_name where column=1;
select column from tb_name where column=2;
```

如果要运行一千个查询，相应地就会生成一千个执行计划。而 PreparedStatement会通过绑定变量来重用执行计划。语句形式如下：

```
select column from tb_name where column=:x;
```

然后通过 set×××()方法设置不同的数据就可以实现不同的查询,只需生成一次执行计划,之后重用即可。因为生成执行计划极为消耗资源,所以这两种实现方式的实际运行效率可能会相差成百上千倍。

(3) 安全性能强:前面已经分析过,对于 SQL 注入攻击,Statement 是无法直接防范的,除非在程序中自行对用户输入进行特定符号的过滤。而使用 PreparedStatement 则可以利用其 set×××()方法在为参数赋值时会把单引号自动做转义来避免受到这种攻击。

当然,如果程序中只是对数据库执行一次性操作,并且不涉及注入攻击的安全问题,仍然可以使用 Statement 对象来处理。因为 PreparedStatement 对象的第一次执行开销要比 Statement 大得多,它的运行效率优势体现在后续的重复执行上。

读者可以参考 5.2.2 节中的代码,试着把查看所有用户的代码改成用 PreparedStatement 对象来实现。

5.4 用户管理功能开发

5.4.1 用户管理开发任务

本节完成用户管理功能的开发任务。

根据第 1 章的功能介绍,对于注册用户和管理员用户,用户管理的具体功能有所不同。

注册用户登录成功后,单击页面功能菜单中的“用户管理”超链接进入用户修改页面。在这里可以修改自己的用户名、密码、性别和个人简介等信息。完成所需改动后,单击“修改”按钮进入用户修改提交页面,显示修改结果提示。然后单击“回到首页”超链接返回系统首页。注册用户的用户管理页面如图 5.5 所示,用户修改提交页面显示的操作提示如图 5.6 所示。

图 5.5　注册用户的用户管理页面　　　　图 5.6　用户修改成功页面

管理员用户登录成功后,单击页面功能菜单中的“用户管理”超链接进入用户管理页面。在这里列出了所有的用户名,可以单击“删除”超链接来删除指定用户。删除成功后返回到用户管理页面。管理员用户的用户管理页面如图 5.7 所示。

图 5.7　管理员用户的用户管理页面

5.4.2　用户管理设计与实现

1. 用户管理功能设计

根据用户管理开发任务的描述,需要分别设计注册用户和管理员用户的用户管理功能。

首先设计注册用户的用户管理功能。

流程控制涉及三个页面。第一步是通过单击系统首页功能菜单中的"用户管理"超链接进入用户修改页面,接下来单击用户修改页面中的"修改"按钮进入用户修改提交页面,最后单击"回到首页"超链接返回系统首页。流程控制的三次跳转分别用 HTML 中的超链接标记和提交表单方式来实现。

这里涉及两次数据传递。第一次是进入用户修改页面时,需要将用户名同步传入并据此查询数据库 user 数据表,取出该用户的全部注册信息并显示在用户修改表单中。因为在用户登录功能中,登录成功后已经把用户名保存在 session 内置对象中,所以这里的用户名不需要输入,直接从 session 中取出当前用户名,再做一次数据库查询即可。第二次是在用户修改页面的表单中修改注册信息之后,单击"修改"按钮进入用户修改提交页面时,这些修改后的注册信息需要同步传递给用户修改提交页面并更新数据库中的数据。这里的数据传递用 HTML 中的提交表单方式来实现。

再来设计管理员用户的用户管理功能。

流程控制同样涉及三个页面。第一步是通过单击系统首页功能菜单中的"用户管理"超链接进入用户管理页面,接下来单击用户管理页面中的"删除"超链接进入用户删除页面,并在删除成功后回到用户管理页面。流程控制的前两次跳转用 HTML 中的超链接标记实现。最后一次跳转是完成删除功能后自动完成,用页面重定向技术实现。

这里也涉及两次数据传递。第一次是进入用户管理页面时,需要查询数据库中的 user 数据表,取出所有用户名并显示在用户列表中。这个功能就是 5.3.2 节中实现的查看所有用户功能,这里不需要输入,直接查询数据库即可。第二次是在用户管理页面中单击"删除"超链接进入删除用户页面时,需要将被删除用户的 id 值同步传递以实现删除指定用户的功能。这里的数据传递可以用 URL 传参的方式来实现。

2. 用户管理功能实现

【程序 5.5】 在 newsPub 文件夹下编写用户修改页面文件 modiUser.jsp,提供用户修改表单用于修改用户信息。

```
...
<!--1. 导入 JDBC API -->
<%@page language="java" import="java.sql.*" %>
<!--main begin -->
<%
    Connection conn =null;
    ResultSet rs =null;
    Statement stmt =null;
    String sql =null;

    String sDBDriver ="com.mysql.jdbc.Driver";
    String sConnStr ="jdbc:mysql://localhost:3306/newsdb";
    String username ="root";
    String password ="mysql";

    int id=0;
    String uname=null,upwd=null,gender=null, resume=null;
        uname = (String)session.getAttribute("username");

    //2. 装载驱动程序
    try {
            Class.forName(sDBDriver);
        }
        catch(ClassNotFoundException ex) {
            System.err.println(ex.getMessage());
        }

    try {
            //3. 建立数据库连接
            conn =DriverManager.getConnection(sConnStr,username,
                password);

            //4. 创建 Statement 对象
            stmt =conn.createStatement();

            //5. 执行 SQL 语句
            sql="SELECT * from user where username='"+uname+"'";
            rs =stmt.executeQuery(sql);

            //6. 处理结果
            if(rs!=null&&rs.next())
```

```
                {
                    id = rs.getInt(1)  ;
                    upwd = rs.getString("password");
                    gender = rs.getString("gender");
                    resume = rs.getString("resume");
                }
        }
    catch(SQLException e1) { out.println(e1);}
    finally
    {
        //7. 关闭连接
        conn.close();
    }
%>
    <div class="inputform">
    <div class="top-bar">
            <h1>用户管理</h1>
        </div><br/>
    <form action="doModiUser.jsp" method="post">
            <input type="hidden" name="id" value="<%=id %>"/>
            用户名: <input type="text" name="username" value="<%=
                uname %>"/><br>
            密     码: <input type="password" name="password"
                                value="<%=upwd %>"/><br/><br/>
            性     别:
            <%if ("male".equals(gender)){%>
                男<input type="radio" value="male" name="gender" checked/>
                女<input type="radio" value="female" name="gender"/><br>
            <%}else{%>
                男<input type="radio" value="male" name="gender"/>
                女<input type="radio" value="female" name="gender"
                  checked/><br>
            <%} %>
            个人简介<textarea name="resume" cols="12" rows="6"><%=resume %>
                </textarea><br/><br/>
            input type="submit" value="修改"/><br/>
    </form>
  </div>
    <!--main end -->
  ...
```

modiUser.jsp 负责在用户修改表单中显示当前用户的注册信息,用户可以在修改后提交。页面包括获取当前用户注册信息和显示用户修改表单两部分。

首先按照 JDBC 代码模板编写查询当前用户信息的数据库访问程序。代码结构与前面已经实现的数据库访问程序类似,只是在步骤 5 所执行的 SQL 语句以及步骤 6 的处理结果方式有所区别。

查询用户注册信息需要用当前用户名作为查询条件。第 4 章已经在登录成功后把用户名保存在 session 对象中,所以这里直接从 session 中取出当前用户名,然后执行下面的 SQL 语句并返回查询结果集:

```
    uname = (String)session.getAttribute("username");
...
sql="SELECT * from user where username='"+uname+"'";
    rs = stmt.executeQuery(sql);
```

如果查询结果集对象 rs 不是空指针且至少包含一条记录,则取出第一条记录的各个字段值即为当前用户的注册信息,关键代码如下:

```
if(rs!=null&&rs.next()){
    id = rs.getInt(1);
    upwd = rs.getString("password");
    gender = rs.getString("gender");
    resume = rs.getString("resume");
}
```

接下来需要把当前用户的注册信息显示在修改表单的 input 元素中。这里需要说明的是,id 字段的值需要作为表单内容提交给用户修改提交页面作为修改用户记录的条件,但是它不需要显示在页面中,所以使用了 hidden 类型的 input 标记,代码如下:

```
<input type="hidden" name="id" value="<%=id%>"/>
```

另外,表单中的性别是用单选按钮形式显示,不能像文本框一样直接设置为其 value 属性值,需要判断其取值给出不同的 radio 显示形式,关键代码如下:

```
性别:<%if ("male".equals(gender)){%>
        男<input type="radio" value="male" name="gender" checked/>
        女<input type="radio" value="female" name="gender"/><br>
    <%}else{%>
        男<input type="radio" value="male" name="gender"/>
        女<input type="radio" value="female" name="gender" checked/>
    <%} %>
```

【程序 5.6】 在 newsPub 文件夹下编写用户修改提交页面文件 doModiUser.jsp,使用提交的用户修改信息更新数据库中的用户信息,并显示修改结果提示。

```
...
<!--1. 导入 JDBC API -->
<%@page import="java.sql.*" %>

<!--main begin -->
<div class="inputform">
    <div class="top-bar">
        <h1>操作提示</h1>
    </div>
    <%    Connection conn =null;
        Statement stmt =null;

        String sDBDriver ="com.mysql.jdbc.Driver";
        String sConnStr ="jdbc:mysql://localhost:3306/newsdb";
        String username ="root";
        String password ="mysql";

        String id =null, uname =null, upwd =null, gender =null, resume =null;
        request.setCharacterEncoding("UTF-8");
        id =request.getParameter("id");
        uname =request.getParameter("username");
        upwd =request.getParameter("password");
        gender =request.getParameter("gender");
        resume =request.getParameter("resume");

        //2. 装载驱动程序
        try {
            Class.forName(sDBDriver);
        } catch (ClassNotFoundException ex) {
            System.err.println(ex.getMessage());
        }

        try {
            //3. 建立数据库连接
            conn =DriverManager.getConnection(sConnStr, username, password);

            //4. 创建 Statement 对象
            stmt =conn.createStatement();

            //5. 执行 SQL 语句
            String sql ="UPDATE user SET username='" +uname
                    +"', password='" +upwd +"',gender='" +gender
                    +"',resume='" +resume +"' where id=" +id;
```

```
                    int result =stmt.executeUpdate(sql);

                    //6.处理结果
                    if (result ==1) {
                        out.println("用户修改成功,请继续使用。");
                    } else {
                        out.println("用户修改失败,请联系管理员!");
                    }
                    out.println("单击<a href='index.jsp'>回到首页</a>");
                } catch (SQLException e1) {
                    out.println(e1);
                } finally {
                    //7.关闭连接
                    conn.close();
                }
        %>
    </div>
    <!--main end -->
    ...
```

doModiUser.jsp 负责更新数据库中的用户信息,并显示修改结果提示。页面包括获取表单提交数据和更新数据库记录两部分。

获取表单数据的处理方法与之前的代码完全相同,更新数据库记录的代码也是完全按照 JDBC 代码模板的格式编写,只是注意在步骤 5 所执行的 SQL 代码是如下 UPDATE 语句:

```
String sql ="UPDATE user SET username='" +uname    +"', password='" +upwd +"',
gender='" +gender +"',resume='" +resume +"' where id=" +id;
```

【程序 5.7】 在 newsPub 文件夹下编写用户管理页面文件 manageUser.jsp,列表显示所有用户名和删除链接。

```
    ...
    <!--1.导入 JDBC API -->
    <%@page import="java.sql.* " %>

    <!--main begin -->
    <div class="news_list">
        <div class="top-bar">
            <h1>用户管理</h1>
        </div><br />
        <div class="table">
```

```
<table class="listing" cellpadding="0" cellspacing="0">
    <tr>
        <th class="first" width="40">序号</th>
        <th>用户名</th>
        <th>删除</th>
    </tr>
    <%
        Connection conn = null;
        ResultSet rs = null;
        Statement stmt = null;

        String sDBDriver = "com.mysql.jdbc.Driver";
        String sConnStr = "jdbc:mysql://localhost:3306/newsdb";
        String username = "root";
        String password = "mysql";

        //2. 装载驱动程序
        try {
            Class.forName(sDBDriver);
        } catch (ClassNotFoundException ex) {
            System.err.println(ex.getMessage());
        }

        try {
            //3. 建立数据库连接
            conn = DriverManager.getConnection(sConnStr, username,
             password);

            //4. 创建 Statement 对象
            stmt = conn.createStatement();

            //5. 执行 SQL 语句
            String sql = "select * from user";
            rs = stmt.executeQuery(sql);

            //6. 处理结果
            if (rs != null) {
                int count = 0;
                while (rs.next()) {
                    count++;
                    int id = rs.getInt("id");
                    String uname = rs.getString("username");
    %>
```

```
                        <tr>
                          <td><%=count%></td>
                          <td><%=uname%></td>
                          <td>
                            <a href="deleteUser.jsp?id=<%=id%>"
                              onclick="return confirm('确定删除吗?')">
                               <img src="image/hr.gif" width="16"
                                 height="16" alt="删除" />
                            </a>
                          </td>
                        </tr>
            <%          }
                  }
              } catch (SQLException e1) {
                  out.println(e1);
              } finally {
                  //7. 关闭连接
                  conn.close();
              }%>
          </table>
       </div>
     </div>
     <!--main end -->
     ...
```

manageUser.jsp 负责以表格的形式显示所有的用户名及其删除链接。

只需把程序 5.4 中实现的查看所有用户功能稍加改动就可用于实现显示所有用户名。

对于用户删除的超链接,一方面需要把链接目标页面设置为用户删除页面 deleteUser.jsp 以实现流程控制;另一方面,还要为删除功能提供被删除用户的 id 值作为删除条件以实现数据传递,这里使用 URL 传参的方法来实现。相关代码如下:

```
<a href="deleteUser.jsp?id=<%=id%>" onclick="return confirm('确定删除吗?')">
<img src="image/hr.gif" width="16" height="16" alt="删除" /></a>
```

【程序 5.8】 在 newsPub 文件夹下编写用户删除页面文件 deleteUser.jsp,从数据库中删除指定用户并返回用户管理页面。

```
    ...
    <!--1. 导入 JDBC API -->
    <%@page import="java.sql.* " %>


    <!--main begin -->
```

```
<div class="inputform">
<div class="top-bar">
      <h1>操作提示</h1>
   </div><br/>
   <%
   Connection conn =null;
   Statement stmt =null;

    String sDBDriver ="com.mysql.jdbc.Driver";
   String sConnStr ="jdbc:mysql://localhost:3306/newsdb";
   String username ="root";
   String password ="mysql";
   String id=null;

   id =request.getParameter("id");
   //2.装载驱动程序
   try {
           Class.forName(sDBDriver);
      }
      catch(ClassNotFoundException ex) {
          System.err.println(ex.getMessage());
      }

   try {
           //3.建立数据库连接
           conn =DriverManager.getConnection(sConnStr,username,password);

           //4.创建 Statement 对象
           stmt =conn.createStatement();

           //5.执行 SQL 语句
           String sql=" DELETE FROM user WHERE id="+id;
           int result =stmt.executeUpdate(sql);

           //6.处理结果
           if(result==1){
               response.sendRedirect("manageUser.jsp");
           }else{
               out.println("用户删除***失败***,请联系管理员!");
           }
           out.println("单击<a href='index.jsp'>回到首页</a>");
      }
   catch(SQLException e1) { out.println(e1);}
```

```
        finally
        {
            //7. 关闭连接
          conn.close();
        }
    %>
    </div>
    <!--main end -->
    ...
```

deleteUser.jsp 负责删除数据库中的指定用户记录,并返回用户管理页面。

这里获取 URL 中传递的用户 id 值方法与之前获取表单数据完全相同,代码如下:

```
    id=request.getParameter("id");
```

删除数据库记录的代码完全按照 JDBC 代码模板的格式编写,只需注意在步骤 5 所执行的 SQL 代码是如下 DELETE 语句:

```
    String sql="DELETE FROM user WHERE id="+id;
```

删除成功后,使用页面重定向技术返回到用户管理页面,代码如下:

```
    response.sendRedirect("manageUser.jsp");
```

至此,完成了用户管理功能的开发。

5.4.3 用户管理运行过程

用户管理功能的程序运行过程详述如下。

启动 Tomcat,打开浏览器,在地址栏输入地址 http://localhost:8080/newsPub/userLogin.jsp,进入用户登录页面,分别使用注册用户和管理员用户身份登录,即可使用开发任务中所描述的用户管理功能。

如果以注册用户身份登录,单击"用户管理"功能菜单,即可进入用户修改页面。

在用户修改页面中首先查询数据库取出当前用户的注册信息并显示在修改表单中,可以在修改表单中对用户注册信息进行修改,然后单击"修改"按钮,进入用户修改提交页面。

在用户修改提交页面获取表单数据,执行数据库更新操作,实现用户修改功能。完成后显示用户修改成功提示,可以单击"回到首页"超链接回到系统首页。

如果以管理员身份登录,单击"用户管理"功能菜单,即可进入用户管理页面。

在用户管理页面中首先查询数据库取出所有注册用户的信息并显示在表格中,同时为每个用户显示一个"删除"超链接。单击"删除"超链接即可进入用户删除页面,同时会将该用户 id 同步传递。

在用户删除页面中获取用户 id,执行数据库删除操作,实现用户删除功能。如果删除成功程序会转到用户管理页面,如果删除失败则显示用户删除失败提示,可以单击"回到首页"超链接回到系统首页。

至此,用户模块的主要功能已经开发完成。读者可以参考所学到的开发方法,对新闻模块的各个功能进行开发。

可以看到,在简单的 Web 应用程序中,常见功能基本上都可以归结为对数据库的增、删、查、改这些基本操作,有些功能可能还需要再加上一些简单的处理逻辑。总之,基于前面几章所学到的开发技能,现在已经可以完成小型 Java Web 应用的开发工作。

5.5 本 章 小 结

本章介绍 Web 应用中实现数据库访问功能的编程方法,基于 JDBC 完成了用户注册功能、用户登录功能和用户管理功能的开发。

基于 JDBC 编写数据库访问代码遵循相对固定的模式,一般包括导入 java.sql 包、加载 JDBC 驱动程序、建立数据库连接、创建 Statement 对象或 PreparedStatement 对象、执行 SQL 语句、处理执行结果和关闭连接等步骤。

使用 PreparedStatement 对象实现数据库访问具有以下几个优点:一是代码可读性和可维护性方面更好;二是因为会对 SQL 语句进行预编译,所以它的运行效率更高;三是能够防范 SQL 注入攻击,安全性能更好。

5.6 习   题

1. 简答题

(1)简述 JDBC 数据库连接的基本概念和主要功能。

(2)基于 JDBC 编写数据库访问代码主要有哪些步骤?

(3)什么是 SQL 注入攻击? 在 Java Web 应用开发中如何防范?

2. 上机练习

(1)完成新闻发布系统的用户登录和用户注册功能。

(2)编写 JSP 页面,实现新闻列表、新闻阅读和新闻删除功能。

第6章

重构程序功能

学习目标

- 掌握 JavaBean 的编写和使用方法；
- 理解实体 Bean 和业务 Bean 的概念和用法；
- 掌握应用 JavaBean 分离数据处理与显示逻辑的开发方法。

6.1 重构用户登录功能

6.1.1 登录功能重构设计与实现

1. 登录功能重构设计

在第 5 章已经实现了完整的用户登录功能，但是在判断用户身份时需要访问数据库，相关的代码被直接写在了 JSP 页面中。这种实现方式把程序脚本和 HTML 大量混杂在一起，导致后期维护比较困难，所实现的功能也无法实现重用。现在采用一种新的实现方式对用户登录功能进行重构。先用 Java 类实现数据库操作，然后在 JSP 页面中通过对类中的相应方法进行调用来完成用户身份判断。

用户登录功能的流程控制和数据传递在前面章节已经详细设计过，本节不再赘述。这里只对登录功能中需要重构的部分进行设计。

因为在所实现新闻发布系统功能中，对数据库的连接操作使用很频繁，所以编写一个数据库访问公共类，封装创建数据库连接和关闭连接的代码。

然后把实现数据库操作的代码也封装在一个 Java 类中，为每一种操作定义一个专门的方法。在用户登录功能中，主要是对用户数据表进行查询操作。根据用户名和密码来查找数据库中是否存在指定的用户，如果存在说明登录成功，否则登录失败。因此编写一个用户数据表访问类，封装对用户数据表的查询操作。

最后在登录判断页面中直接调用用户数据表访问类中的查询方法即可实现用户身份判断，这样简化了 JSP 页面中的程序脚本。

2. 登录功能重构实现

在 newsPub\WEB-INF\src 文件夹下创建如图 6.1 所示的目录结构，用于存放 Java 类源文件。

【程序 6.1】 在 beans 文件夹下编写数据库访问公共类文件 DBGet.java，实现创建数据库连接的 getConnection()方法

图 6.1 src 中的目录结构

和断开数据库连接的 closeConnection()方法。

```java
package news.beans;
import java.sql.*;
public class DBGet {
    static String sDBDriver ="com.mysql.jdbc.Driver";
    static String sConnStr ="jdbc:mysql://localhost:3306/newsdb";
    static String username ="root";
    static String password ="mysql";

    //返回 Connection 对象
    public static Connection getConnection() {
        Connection conn =null;
        try {
            Class.forName(sDBDriver);
            conn =DriverManager.getConnection(sConnStr, username,
                password);
        } catch (ClassNotFoundException ex) {
            System.out.println(ex.getMessage());
        } catch (SQLException ex) {
            System.out.println(ex.getMessage() +"dbget");
        }
        return conn;
    }

    //关闭 Connection 对象
    public static void closeConnection(Connection conn) {
        try {
            if (conn !=null) {
                conn.close();
            }
        } catch (SQLException ex) {
            System.out.println(ex.getMessage());
        }
    }
}
```

　　DBGet 类是一个数据库访问公共类,封装了创建和关闭数据库连接的相关代码。

　　类中首先定义了四个静态变量,分别存放创建数据库连接需要用到的 JDBC 驱动程序类名、JDBC 连接字符串以及数据库用户名和密码。

　　getConnection()方法中实现了 JDBC 代码模板中的第 2 步和第 3 步,创建指定的数据库连接并返回代表该连接的 Connection 对象。

　　closeConnection()方法中实现了 JDBC 代码模板中的第 7 步,关闭所创建的数据库连接。

这两个方法都定义为类方法,之后当程序中需要实现数据库相关操作时,可以随时通过调用 getConnection ( ) 方法得到一个可用的数据库连接,使用完毕再调用 closeConnection()方法关闭该连接。这样减少了冗余代码,降低了编程难度,也使代码更易于维护。

编写完成后打开命令行窗口,进入 newsPub 文件夹中的 src 文件夹,使用下面的命令进行编译:

```
javac -d ..\classes news\beans\DBGet.java
```

编译成功后可以看到在 newsPub 文件夹中的 classes 文件夹下自动创建了 news\beans\文件夹,其中有刚刚编译得到的 DBGet. class 文件。

【**程序 6.2**】　在 beans 文件夹下编写用户数据表访问类文件 UserDAO. java,实现 queryByNamePwd( )方法。

```java
package news.beans;
import java.sql.*;
public class UserDAO {
    public boolean queryByNamePwd(String uName, String up) {
        boolean result = false;
        Connection conn = null;
        ResultSet rs = null;
        Statement stmt = null;
        try {
            conn = DBGet.getConnection();
            stmt = conn.createStatement();
            String sql = "select * from user where username='" + uName
                    + "' and password = '" + up + "'";
            rs = stmt.executeQuery(sql);
            if (rs != null && rs.next())
                result = true;
        } catch (SQLException e1) {
            System.out.println(e1 + "dao");
        } finally {
            DBGet.closeConnection(conn);
        }
        return result;
    }
}
```

UserDAO 类中实现了针对用户数据表的数据库访问功能。

queryByNamePwd()方法根据用户名和密码查询用户数据表中是否存在指定用户,

根据查询结果是否存在返回 boolean 值。

　　首先调用 DBGet 类的 getConnection()方法得到数据库连接对象,然后依次创建 Statement 对象、处理 SQL 语句、处理执行结果,实现了 JDBC 代码模板中的第 4 步、第 5 步和第 6 步。

　　所执行的 SQL 语句为:

```
String sql="select * from user where username='" +uName
           +"' and password ='" +up +"'";
```

其中的 uName 和 up 是方法参数。

　　处理查询结果的方法与程序 5.3 中相同,判断结果集对象 rs 中是否包含至少一条记录。如果用户数据表 user 中存在用户名为 uName 值、密码为 up 值的记录,那么结果集对象 rs 应该非空,说明当前用户登录成功,把 result 变量赋值为 true。否则用户登录失败,result 变量仍为初值 false。最后把 result 值返回。

　　还要在 finally 语句块中调用 DBGet 类的 closeConnection()方法关闭连接对象。

　　编写完成后打开命令行窗口,进入 newsPub 文件夹中的 src 文件夹,使用下面的命令进行编译:

```
javac -d ..\classes news\beans\UserDAO.java
```

　　编译成功后可以看到在 newsPub 文件夹中的 classes\news\beans\ 文件夹中,增加了刚刚编译得到的 UserDAO.class 文件。

　　【程序 6.3】　在 newsPub 文件夹中编写新的登录判断页面文件 doLogin.jsp,实现用户身份判断和登录流程控制。

```jsp
<%@page contentType="text/html;charset=UTF-8"%>
<jsp:useBean id="userDAO" class="news.beans.UserDAO" scope="page" />
<%
    String uName =request.getParameter("username");
    String pwd =request.getParameter("password");
    out.print(userName);
    if (userDAO.queryByNamePwd(uName, pwd)) {
        session.setAttribute("username", uName);
        response.sendRedirect("index.jsp");
    } else {
        response.sendRedirect("userLogin.jsp");
    }
%>
```

　　在新编写的 doLogin.jsp 中,通过调用 UserDAO 类的 queryByNamePwd()方法来判断用户身份。

首先使用<jsp:useBean>标记创建一个 JavaBean 实例,关键代码为:

```
<jsp:useBean id="userDAO" class="news.beans.UserDAO" scope="page" />
```

这个标记会创建一个 beans.UserDAO 类的实例,实例名为 userDAO。该实例的作用范围为 page。useBean 标记的具体用法在 6.3 节再做详细介绍。

然后从 request 对象中取得用户名和密码,再调用 JavaBean 实例的方法,实现用户身份判断。关键代码为:

```
if (userDAO.queryByNamePwd(userName,pwd)){
    ...
}
```

判断之后的流程控制逻辑与之前的实现相同,此处不再赘述。

使用程序 4.1 作为用户登录页面文件 userLogin.jsp,使用程序 4.5 作为登录成功后进入的系统首页文件 index.jsp,使用程序 4.21 中的 top.jsp 实现动态功能菜单,完成用户登录功能的重构。

6.1.2　重构登录功能后的运行过程

重构登录功能后的程序运行过程详述如下。

启动 Tomcat,打开浏览器并在地址栏输入地址 http://localhost:8080/newsPub/userLogin.jsp,出现用户登录页面,在登录表单中输入注册过的用户名和密码,单击"登录"按钮,登录表单被提交给登录判断页面。

登录判断页面中会调用 UserDAO 类的 queryByNamePwd()方法并传递所输入的用户名和密码作为参数。queryByNamePwd()方法调用 DBGet 类的 getConnection()方法创建数据库连接,然后执行查询语句,并根据查询结果返回 true 或 false。最后在登录判断页面中根据返回值进入登录成功页面或返回用户登录页面。

6.2　重构用户注册功能

6.2.1　注册功能重构设计与实现

1. 注册提交功能重构设计

本节使用与 6.1 节同样的思路对注册提交功能进行重构。下面对注册提交功能中需要重构的部分进行设计。

数据库访问公共类无须重新编写,直接使用 6.1 节中已有的类。

在注册提交功能中,主要是对用户数据表进行插入操作。把用户输入的注册信息作为一条新的记录插入到用户数据表中,插入成功则表示用户注册成功,否则注册失败。因此在用户数据表访问类中增加一个新的方法,实现对用户数据表的插入操作即可。

最后在注册提交页面中直接调用用户数据表访问类中的插入方法即可实现用户注册,这样简化了 JSP 页面中的程序脚本。

　　另外,由于注册提交功能中需要传递的用户注册参数较多,这里采用 Java 对象对这些参数进行封装,然后再把对象作为参数进行传递。

2. 注册提交功能重构实现

【**程序 6.4**】　在 beans 文件夹中编写用户实体类文件 User.java,用于传递参数。

```java
package news.beans;
public class User implements java.io.Serializable {
    private Integer id;
    private String username;
    private String password;
    private String gender;
    private String resume;
    public User() {
    }
     public User (String username, String password, String gender, String
resume){
        this.username =username;
        this.password =password;
        this.gender =gender;
        this.resume =resume;
    }
    public Integer getId() {
        return this.id;
    }
    public String getUsername() {
        return this.username;
    }
    public void setUsername(String username) {
        this.username =username;
    }
    public String getPassword() {
        return this.password;
    }
    public void setPassword(String password) {
        this.password =password;
    }
    public String getGender() {
        return gender;
    }
    public void setGender(String gender) {
```

```
        this.gender =gender;
    }
    public String getResume() {
        return resume;
    }
    public void setResume(String resume) {
        this.resume =resume;
    }
}
```

　　User 类是一个用来封装用户注册信息的类,实现了 Serializable 接口。

　　首先定义了 id、username、password、gender、resume 等私有属性,这些属性是与数据库中的用户数据表结构所定义的字段,以及用户注册页面中注册表单里的用户注册信息相一致。

　　然后定义了一个公共的无参构造方法和一个带参数的构造方法。

　　接下来为每个属性定义了公共的 setter 方法和 getter 方法,分别用于对相应的属性进行赋值和读取操作。这样做的目的是保护私有属性,不允许在类外直接调用属性,只能通过 setter 方法和 getter 方法来对属性进行访问。

　　编写完成后打开命令行窗口,进入 newsPub 文件夹中的 src 文件夹,使用下面的命令进行编译:

```
    javac -d ..\classes news\beans\User.java
```

　　编译成功后可以看到在 newsPub 文件夹中的 classes\news\beans\ 文件夹下,增加了刚刚编译得到的 User.class 文件。

　　【程序 6.5】　修改程序 6.2,在 UserDAO.java 中增加 addUser()方法。

```
    ...
    public class UserDAO {
        ...
        public boolean addUser(User user) {
            boolean result =false;
            int n =0;
            Connection conn =null;
            Statement stmt =null;
            try {
                conn =DBGet.getConnection();
                stmt =conn.createStatement();
                String sql ="INSERT INTO user VALUES (null,'" +user.getUsername()
                        +"','" +user.getPassword() +"','" +user.getGender()
                        +"','" +user.getResume() +"')";
                n =stmt.executeUpdate(sql);
```

```
            } catch (SQLException e1) {
                System.out.println(e1 +"dao");
            } finally {
                DBGet.closeConnection(conn);
            }
            if (n >0)
                result =true;
            return result;
        }
    }
```

UserDAO 类中增加了实现插入用户功能的方法。

addUser()方法中的代码结构与程序 6.2 中的 queryByNamePwd()方法基本相同。区别在于这里执行的是一条 INSERT 语句。另外,方法参数是一个 User 对象。

在拼接实现数据库插入操作的 INSERT 语句时,使用 User 类的 getter 方法取出封装在 User 对象中的用户注册信息。如果插入成功,则返回 true,表示注册成功,否则返回 false,表示注册失败。

需要注意的是,addUser()方法的参数不是表示用户注册信息的四个变量,而是一个封装了所有注册信息的实体类 User 对象。这种实现更符合面向对象的编程思想,方法的头部也更简洁。

编写完成后打开命令行窗口,重新编译 UserDAO.java。

【程序 6.6】　在 newsPub 文件夹中编写新的注册提交页面文件 doRegister.jsp,将用户注册信息写入数据库。

```
<%@page contentType="text/html;charset=UTF-8"%>
<jsp:useBean id="userDAO" class="news.beans.UserDAO" scope="page" />
<jsp:useBean id="user" class="news.beans.User" scope="page" />
<%
    request.setCharacterEncoding("UTF-8");
%>
<jsp:setProperty name="user" property="*" />
<%
    if (userDAO.addUser(user)) {
        out.println("用户注册成功,请登录使用。");
    } else {
        out.println("用户注册失败,请联系管理员!");
    }
    out.println("<a href='userLogin.jsp'>登录</a>");
%>
```

在新编写的 doRegister.jsp 中,通过调用 UserDAO 类的 addUser()方法来实现注册提交功能。

首先使用<jsp:useBean>标记创建 JavaBean 实例,关键代码为:

```
<jsp:useBean id="userDAO" class="news.beans.UserDAO" scope="page" />
<jsp:useBean id="user" class="news.beans.User" scope="page" />
```

这里创建了 UserDAO 类的实例 userDAO 和 User 类的实例 user。

然后使用<jsp:setProperty>标记设置 User 对象的属性,关键代码为:

```
<jsp:setProperty name="user" property="*"/>
```

这个标记的功能是获取 request 对象中的参数值,并将参数值进行必要的数据类型转换后,设置为 User 对象中名字一致的属性值。

最后调用 JavaBean 实例的方法,实现注册提交功能,关键代码为:

```
if (userDAO.addUser(user)){
    ...
}
```

若 addUser()方法返回值为 true,表示注册成功;否则注册失败。

判断之后的流程控制逻辑与之前的实现相同,此处不再赘述。

使用程序 4.2 作为用户注册页面文件 userRegister.jsp,使用程序 5.1 作为注册确认页面文件 userVeriRegister.jsp,完成用户注册功能的重构。

6.2.2 重构注册功能后的运行过程

重构注册提交功能后的程序运行过程详述如下。

启动 Tomcat,打开浏览器并在地址栏输入地址 http://localhost:8080/newsPub/userLogin.jsp,出现用户登录页面,单击"用户注册"超链接,进入用户注册页面。输入注册信息后,单击"提交"按钮,进入注册确认页面,核对无误后单击"注册"按钮,用户注册信息被提交给注册提交页面。

注册提交页面中会调用 UserDAO 类的 addUser()方法并传递 User 对象作为参数。addUser()方法调用 DBGet 类的 getConnection()方法创建数据库连接,然后执行插入语句,并根据执行结果返回 true 或 false,最后在注册提交页面中根据返回值显示"注册成功"或"注册失败"的提示信息,完成用户注册。

6.3 JavaBean 技术

6.3.1 JavaBean 的编写和使用

1. JavaBean 概述

JavaBean 是使用 Java 语言开发的一种可重用的组件,在 JSP 页面中使用 JavaBean

可以减少重复代码,使 JSP 代码更简洁。通常可以将 JSP 页面中的实体信息和数据处理过程抽取出来,封装到 JavaBean 中。在 JSP 页面中使用 JavaBean 来传递参数和实现数据处理,可以达到简化 JSP 页面代码、分离数据表示和处理以及实现代码复用的目的。

根据 JavaBean 的用途不同,可以分为实体 Bean 和业务 Bean 两种。实体 Bean 用于封装数据,例如程序 6.4 实现的 User 类;业务 Bean 用于封装业务逻辑,实现一组功能,如实现各种数据库操作,例如程序 6.5 实现的 UserDAO 类。实体 Bean 方便在各个程序模块之间一次传递多个参数;业务 Bean 则实现了业务逻辑与前台显示页面的分离,提高了代码的可读性和易维护性。

2. 编写 JavaBean

可以把 JavaBean 理解为一个符合特定规范的 Java 类。编写 JavaBean 就是创建一个 Java 类,但是需要满足一定的规范,具体包括以下要求:

- 是一个公共类。
- 具有无参数的公共构造方法。
- 具有公共的 setter 方法和 getter 方法来供外部存取其私有属性。

setter 方法和 getter 方法的命名规则是将相应属性名的第一个字母大写后,与 set 和 get 连写。例如,属性 username 的 setter 方法和 getter 方法应当是 setUsername() 和 getUsername()。

另外,JavaBean 需要放在命名包里,不能放在默认包中。

【程序 6.7】　编写一个 JavaBean 类文件 Counter.java。

```
package bean;
public class Counter {
    private int counter=0;
    public String getCounter() {
        counter++;
        return ""+counter;
    }
}
```

Counter 类被放在 bean 包中,是公共类,而且有一个默认的无参构造方法。对于私有属性 counter,提供了公共的 getter 方法,因为不需要为 counter 属性赋值,所以没有提供 setter 方法。

按照 JavaBean 规范的要求,Counter 类是一个标准的 JavaBean。

3. 使用 JavaBean

JSP 中提供了三个使用 JavaBean 的标记。<jsp:useBean>标记用于初始化一个 JavaBean,使其在一定 scope 范围内有效,或者将本地变量与已有的 Bean 绑定;<jsp:setProperty>标记用于为 JavaBean 的一个或多个属性赋值;<jsp:getProperty>标记用于从某个 scope 范围内获取指定属性的值。

（1）＜jsp:useBean＞标记：＜jsp:useBean＞标记的基本语法如下。

```
<jsp:useBean  id="id"  class="package.class"  scope="page|request|
    session| application"/>
```

功能：在指定 scope 范围内查找该 JavaBean 的对象，如果存在则返回给 id 变量，否则实例化该对象并将引用赋给 id 变量。

说明：id 属性表示创建的对象的名字，class 属性指定 JavaBean 的完整类名，scope 属性指定所创建的对象的作用范围，默认值是 page。

（2）JavaBean 的作用范围：JavaBean 的作用范围也称为 JavaBean 的生命周期，由 ＜jsp:useBean＞标记中的 scope 属性值设定，有 page、request、session 和 application 四个取值，分别对应了从小到大的四种不同生命周期。

- page 范围：page 表示当前页面，实际上是当前 JSP 文件对应的 Java 类的对象范围。如果客户请求的 JSP 页面执行完毕并向客户端返回了响应或者当前页面通过＜jsp:forward＞标记转向另一个页面，page 范围结束，相应的 JavaBean 生命周期结束。

- request 范围：request 表示一次请求，从客户端发送请求开始到收到服务器端的响应，这之间就是一次请求。如果一次请求只涉及一个 JSP 页面，那么 page 和 request 的范围相同。如果一次请求的页面中使用了＜jsp:include＞标记或＜jsp:forward＞标记，则其作用范围会延伸到被 include 进来的页面或 forward 出去的页面。当 request 范围结束时，相应的 JavaBean 生命周期结束。

- session 范围：session 表示一次会话，从客户端发送请求开始，可以访问 Web 应用的不同页面，直到关闭浏览器结束本次会话，这之间就是一次会话。如果 JavaBean 对象的作用范围设置为 session，实际上相当于把这个 JavaBean 对象保存在了 session 对象中，只有当前会话结束时，session 范围才结束，相应的 JavaBean 生命周期结束。

- application 范围：application 表示一个应用。从服务器启动当前 Web 应用，直到 Web 应用被停止运行，这之前就是一个应用。若 JavaBean 对象的作用范围设置为 application，实际上相当于把 JavaBean 对象保存在了 application 对象中，只有当前 Web 应用停止运行，例如关闭服务器，application 范围才结束，相应的 JavaBean 生命周期结束。

下面实现一个示例应用，模拟统计网页的被访问次数，说明 JavaBean 的四种不同作用范围。

在 Tomcat 安装目录\webapps 文件夹中创建文件夹 demo06，并按照如图 6.2 所示创建相应的目录结构。把程序 6.7 中的 Counter.java 保存到 bean 文件夹下。在使用 JavaBean 之前，需要先把 Java 源文件编译成 class 字节码文件才能在 JSP 页面中使用。

图 6.2　demo06 应用的目录结构

可以使用 JDK 自带的编译工具 javac 手动编译。打开命令行窗口,进入 demo06 文件夹中的 src 文件夹,使用下面的命令进行编译:

```
javac -d ..\classes bean\Counter.java
```

javac 的-d 参数用于设定编译生成的字节码文件输出到哪个文件夹下。..\classes 表示编译结果输出到当前文件夹的父目录下的 classes 文件夹中。同时,-d 参数会自动在指定的输出文件夹中创建与包层次相对应的目录结构。

编译成功后可以看到在 demo06\WEB-INF\classes 文件夹下创建了 beans 文件夹,其中有刚刚编译得到的 Counter.class 文件。

根据 Java Web 应用目录结构规范的要求,只有放在当前应用所在文件夹下 WEB-INF\classes 中的字节码文件,才能被该应用使用。使用上面的编译命令正好把编译得到的字节码文件输出到了所需要的位置。本书中其他的 Java 类都使用这种编译方法。

【程序 6.8】 在 demo06 文件夹中编写一个使用 Counter 类的 JSP 页面文件 pageDemo.jsp,代码如下:

```
<%@page contentType="text/html;charset=UTF-8"%>
<html>
<head>
<title>page</title>
</head>
<body>
    <jsp:useBean id="obj" class="bean.Counter" scope="page" />
    page 中的当前计数是:<jsp:getProperty name="obj" property="counter" />
<br>
</body>
</html>
```

pageDemo.jsp 中使用了一个 id 为 obj 的 JavaBean,class 是程序 6.7 实现的 Counter 类,scope 属性设置为 page。

然后获取并显示 obj 对象的 counter 属性值。

启动 Tomcat,打开浏览器,在地址栏输入地址 http://localhost:8080/demo06/pageDemo.jsp,出现如图 6.3 所示的运行结果。刷新当前页面,页面中的计数值一直保持为 1,不会增加。

【程序 6.9】 在 demo06 文件夹中再编写一个使用 Counter 类的 JSP 页面文件 requestDemo.jsp,代码如下:

图 6.3 page 作用范围示例运行结果

```
<%@page contentType="text/html;charset=UTF-8"%>
<html>
<head>
<title>request</title>
</head>
<body>
    <jsp:useBean id="obj" class="bean.Counter" scope="request" />
    页面 1: request 中的当前计数是:<jsp:getProperty name="obj" property=
        "counter" /><br>
    <jsp:forward page="requestDemo1.jsp" />
</body>
</html>
```

requestDemo.jsp 中的代码与程序 6.8 基本相同,但 JavaBean 的 scope 属性设置为 request。而且,最后使用<jsp:forward>标记将请求转向 requestDemo1.jsp。

【程序 6.10】　在 demo06 文件夹中编写页面文件 requestDemo1.jsp,代码如下:

```
<%@page contentType="text/html;charset=UTF-8"%>
<html>
<head>
<title>request</title>
</head>
<body>
    <jsp:useBean id="obj" class="bean.Counter" scope="request" />
    页面 2: request 中的当前计数是:<jsp:getProperty name="obj" property=
        "counter" /><br>
</body>
</html>
```

requestDemo1.jsp 中的代码与程序 6.8 完全相同。

打开浏览器,在地址栏输入地址 http://localhost:8080/demo06/requestDemo.jsp,出现如图 6.4 所示的运行结果。刷新当前页面,页面中的计数值一直保持为 2,同样不会增加。

图 6.4　request 作用范围示例运行结果

这里简单分析一下程序的运行过程。

程序 6.8 中的 JavaBean 设定的作用范围是 page,所以第一次访问 pageDemo.jsp 页面时,会创建一个 Counter 对象 obj。之后的<jsp:getProperty>标记会使用 Counter 类中的 getCounter()方法读取 counter 属性的值并显示在页面中。因为 counter 属性初始值为 0,当调用其 getter 方法时会加为 1 并返回供显示。然后 page 范围结束,obj 对象被销毁。第二次再访问 pageDemo.jsp 页面时,会重复刚才的处理过程,重新创建一个新的

obj 对象,所以页面中的计数值仍然是 1。

　　而程序 6.9 和程序 6.10 中的 JavaBean 设定的作用范围是 request,所以第一次访问 requestDemo.jsp 页面时,会创建一个 Counter 对象 obj。之后的<jsp:getProperty>标记会使用 Counter 类中的 getCounter()方法读取 counter 属性的值并显示在页面中。因为 counter 属性初始值为 0,当调用其 getter 方法时会加为 1 并返回供显示。但是接下来的<jsp:forward>标记将请求转向了 requestDemo1.jsp。

　　requestDemo1.jsp 页面中的<jsp:useBean>标记会在 request 作用范围内找到对象 obj,因此这里的<jsp:getProperty>标记会使用 getCounter()方法读取同一个 obj 对象的 counter 属性值并显示在页面中。因为刚才 counter 值已经是 1,所以调用其 getter 方法时会再次加 1 变成 2 并返回供显示。然后 request 范围结束,obj 对象被销毁。第二次再访问 requestDemo.jsp 页面时,会重复刚才的处理过程,所以页面中的计数值仍然是 2。

　　【程序 6.11】　在 demo06 文件夹中编写页面文件 sessionDemo.jsp,代码如下:

```
<%@page contentType="text/html;charset=UTF-8"%>
<html>
<head>
<title>session</title>
</head>
<body>
    <jsp:useBean id="obj" class="bean.Counter" scope="session" />
    session 中的当前计数是:<jsp:getProperty name="obj" property="counter" />
        <br>
</body>
</html>
```

　　在浏览器中访问 sessionDemo.jsp,会发现随着不断刷新页面,计数值也会不断地增加。当关闭后重新打开一个新的浏览器窗口再次访问该页面,计数值又会从 1 开始累加计数。

　　【程序 6.12】　在 demo06 文件夹中编写页面文件 applicationDemo.jsp,代码如下:

```
<%@page contentType="text/html;charset=UTF-8"%>
<html>
<head>
<title>session</title>
</head>
<body>
    <jsp:useBean id="obj" class="bean.Counter" scope="application" />
    application 中的当前计数是:<jsp:getProperty name="obj" property=
        "counter" /><br>
</body>
</html>
```

在浏览器中访问 applicationDemo. jsp，会发现随着不断刷新页面，计数值也会不断地增加。当关闭后重新打开一个新的浏览器窗口再次访问该页面，计数值仍然会继续在刚才的计数值基础上累加。

关于程序 6.11 和程序 6.12 的程序运行过程读者可以自己分析，并考虑一下什么情况下程序 6.12 中的计数值才能清零。

在实际使用 JavaBean 时，scope 属性值如何设定需要结合实际需求来确定。

作用范围小，JavaBean 的生命周期短，所占用的内存很快就被释放，所以对内存空间的占用较少，但如果使用频繁，则需要反复地创建销毁，会消耗较多的 CPU 处理时间。反之，作用范围大，不需要反复地创建，节省了 CPU 处理时间，但 JavaBean 的生命周期长，所创建的对象会长期占用内存空间。所以在实际应用中设定 JavaBean 的 scope 属性值需要综合考虑，寻找时间和空间需求之间的折中。

（3）<jsp:setProperty>标记：用于设置 JavaBean 的属性值，实际是调用 JavaBean 对象的 setter 方法来实现赋值。在使用该标记之前，需要先用<jsp:useBean>标记获得一个对象。<jsp:setProperty>标记有四种用法。

- 自动匹配赋值，基本语法如下：

```
<jsp:setProperty  name=" beanName "  property="*" />
```

功能：将 request 对象中的参数名与 JavaBean 类中的属性名做自动匹配，若两者名字相同，则将 request 对象中的参数值赋值给 JavaBean 对象的属性名。

说明：name 指出 JavaBean 对象的名字，其值应与 useBean 标签的 id 值相同。property 指出 JavaBean 对象的属性名，* 表示匹配所有属性。

- 自动匹配指定属性，基本语法如下：

```
<jsp:setProperty  name=" beanName "  property="beanPropertyName"/>
```

功能：获得 request 对象中名称为 property 指定的属性名的那个参数的参数值并赋值，即仅匹配 property 指定的那个属性。

- 手动设置属性，基本语法如下：

```
<jsp:setProperty  name="beanName"  property="beanPropertyName"
value="Value"/>
```

功能：按 value 指定的值对属性名进行赋值，Value 表示要赋的值。

- 手动指定 request 参数名赋值，基本语法如下：

```
<jsp:setProperty  name="beanName"  property="beanPropertyName"
param="requestParamName"/>
```

　　功能：param 指定用哪个 request 对象的参数作为 JavaBean 属性的值，适用于 JavaBean 属性名和 request 参数名不同的情况。

　　例如，程序 6.6 中的代码：

```
<jsp:setProperty name="user" property=" * "/>
```

表示将与表单中提交的参数名相同的 user 对象属性全部赋值，它与下面的代码功能是等效的：

```
String uname = request.getParameter("username");
user.setUsername(username);
String pwd = request.getParameter("password");
user.setPassword (password);
String gender = request.getParameter("gender");
user.setGender (gender);
String resume = request.getParameter("resume");
user.setResume (resume);
```

　　（4）<jsp:getProperty>标记：用于获得对象的属性值并显示在 JSP 页面中，实际是调用 JavaBean 对象的 getter 方法来读取属性值。在使用该标记之前，需要先用<jsp:useBean>标记标记获得一个对象。

　　getProperty 基本语法如下：

```
<jsp:getProperty name=" beanName" property="beanPropertyName"/>
```

　　功能：获得对象的属性值并输出到 JSP 页面中。

　　说明：name 指出 JavaBean 对象的名字，其值应与 useBean 标签的 id 值相同。property 指出 JavaBean 对象的属性名。

　　使用 getProperty 标签获得对象的属性值，等效于使用 JSP 表达式。例如，下面代码获得 user 对象的 username，使用 getProperty 标签的写法是：

```
<jsp:getProperty name="user" property="username"/>
```

　　其功能等效于下面的代码：

```
<%=user.getUsername()%>
```

6.3.2　基于 JavaBean 的开发

　　这里使用 JavaBean 来重新实现 4.3.2 节中使用多个 JSP 页面实现过的猜数游戏。

【程序 6.13】 在 demo06\WEB-INF\src\bean 文件夹中编写类文件 GuessGame. java,实现猜数游戏中的处理逻辑和数据封装。

```java
package bean;
import java.util.*;
public class GuessGame{
        private int answer;
        private int guessAnswer;
        private int guessCounter;
        private int guessResult;
        private String guessPrompt;
public GuessGame(){
            answer =Math.abs(new Random().nextInt() %100) +1;
            guessCounter =0;
            guessResult=9;      //大于 1  小于-1  等于 0  初值 9
        }

        //setter 方法、getter 方法略

        public void doGuess(){
            guessCounter++;
            if (guessCounter==0){
                guessPrompt="欢迎参加猜数游戏!<p>随机分给了你一个 1~100 的数!";
            }else if (guessAnswer>answer){
                guessPrompt="所猜的数比实际的数大。";
                guessResult=1;
            }else if (guessAnswer<answer){
                guessPrompt="所猜的数比实际的数小。";
                guessResult=-1;
            }else{
                guessPrompt="恭喜你,答对了!<br>你猜了"+guessCounter+
                    "次。<br>所猜的数是"+answer;
                guessResult=0;
            }
        }
    }
```

构造方法中生成一个随机数,作为本次猜数游戏的答案。并将次数和结果变量进行初始化。

doGuess()方法中实现了对所猜数字的判断,并根据判断结果设置结果变量。

各私有变量的 setter 方法和 getter 方法因为篇幅原因,此处略去,读者可自行补充完整。

【程序 6.14】 在 demo06 文件夹中编写 guessNumber.jsp,实现猜数游戏的界面。

```
<%@page contentType="text/html;charset=UTF-8"%>
<HTML>
<BODY>
<jsp:useBean id="gg" class="bean.GuessGame" scope="session" ></jsp:useBean>
<jsp:setProperty name="gg" property=" * "></jsp:setProperty>
<%gg.doGuess();%>
<jsp:getProperty name="gg" property="guessPrompt"></jsp:getProperty>
<hr>
<%if (gg.getGuessResult()==0)  session.invalidate();%>
<BR>
<P>输入你所猜的数
   <FORM action="guessNumber.jsp" method="post">
       <INPUT type="text" name="guessAnswer" >
       <INPUT TYPE="submit" value="送出" name="submit">
   </FORM>
</BODY>
</HTML>
```

guessNumber.jsp 使用 JavaBean 实现了猜数游戏。与 4.3.2 节的实现方式相比,这里的实现方式显然有更好的代码可读性和易维护性。

在浏览器中访问 guessNumber.jsp 即可使用猜数游戏,程序的运行过程请读者自己进行分析。

6.4 新闻模块功能开发

6.4.1 新闻模块开发任务

根据第 1 章的功能介绍,新闻模块包括以下功能。

- 新闻列表功能:所有用户都可以通过列表形式查看全部新闻,每条新闻显示类别、标题和发布时间。新闻列表页面是新闻发布系统的默认主页。
- 新闻阅读功能:所有用户可以通过单击新闻列表中的新闻标题进入阅读新闻页面,查看新闻的标题、发布时间、单击次数、新闻内容以及相关新闻。
- 新闻管理功能:管理员用户可以查看所有新闻的标题列表,并通过相应链接使用发布新闻、修改新闻和删除新闻等功能。
- 发布新闻功能:管理员用户可以输入新闻标题、关键字和新闻内容,选择新闻类别,发布新闻。
- 修改新闻功能:管理员用户可以修改指定新闻的标题、类别、关键字和新闻内容。
- 删除新闻功能:管理员用户可以删除指定新闻。
- 新闻搜索功能:所有用户可以按关键字搜索相关新闻。

相关的功能界面可以参见第 1 章的示例应用介绍。

本节先实现新闻模块中新闻管理、新闻阅读和发布新闻功能，其他功能的开发留待后续章节完成。

6.4.2 新闻模块设计与实现

1. 新闻模块设计

这里基于本章学习的 JavaBean 技术，设计新闻管理、新闻阅读和发布新闻功能的实现方式。

新闻数据表可以使用附录 B 中的建表语句在 MySQL 数据库中创建。

首先设计新闻模块功能涉及的页面及相关的流程控制和数据传递。

新闻管理功能只涉及一个新闻管理页面，需要以表格形式显示新闻数据表中所有新闻的标题，以及操作功能链接。新闻标题显示可以使用 HTML 表格实现。这里不需要数据输入，只要查询数据库取出所有的新闻标题供显示使用即可。

新闻阅读功能涉及两个页面。在新闻管理页面中，单击新闻标题链接进入新闻阅读页面，然后在新闻阅读页面中显示新闻的具体内容。这里的流程控制使用超链接实现，同时需要将新闻 id 值传递作为输入，可以使用 URL 传参方式来实现。

发布新闻功能涉及三个页面。首先在新闻管理页面中，单击"新闻发布"链接进入新闻发布页面。在新闻发布页面中输入要发布的新闻内容后，单击"发布"按钮发布新闻，并显示发布成功提示。这里的流程控制分别使用超链接和表单提交来实现，并且在提交表单时实现数据传递。

然后设计上述功能需要的使用的 JavaBean。这里需要用到一个封装新闻相关信息的实体 Bean 和一个实现新闻数据表访问功能的业务 Bean。

实体 Bean 按照 news 数据表结构实现相应的私有属性及 setter 方法和 getter 方法。业务 Bean 中需要实现查询全部新闻方法、添加新闻方法和按 id 查询新闻方法，分别用于新闻管理、新闻发布和阅读新闻功能。

2. 新闻模块实现

【程序 6.15】 在 newsPub 文件夹下的 beans 文件夹中编写新闻实体类文件 News.java，用于封装新闻数据。

```
package news.beans;
public class News implements java.io.Serializable {
    private Integer id;
    private String title;
    private String content;
    private String author;
    private String pubtime;
    private String keyword;
    private String note;
    private Integer newstype;
    private Integer acnumber;
```

```
    public News() {
    }
    public News(String title, String content, String author, String pubtime,
            String keyword, String note) {
        this.title =title;
        this.content =content;
        this.author =author;
        this.pubtime =pubtime;
        this.keyword =keyword;
        this.note =note;
    }
    public Integer getId() {
        return this.id;
    }
    public void setId(Integer id) {
        this.id =id;
    }
    public String getTitle() {
        return this.title;
    }
    public void setTitle(String title) {
        this.title =title;
    }
    public String getContent() {
        return this.content;
    }
    public void setContent(String content) {
        this.content =content;
    }
    public String getAuthor() {
        return this.author;
    }
    public void setAuthor(String author) {
        this.author =author;
    }
    public String getPubtime() {
        return this.pubtime;
    }
    public void setPubtime(String pubtime) {
        this.pubtime =pubtime;
    }
    public String getKeyword() {
        return this.keyword;
```

```
        }
        public void setKeyword(String keyword) {
            this.keyword = keyword;
        }
        public String getNote() {
            return this.note;
        }
        public void setNote(String note) {
            this.note = note;
        }
        public Integer getAcnumber() {
            return acnumber;
        }
        public void setAcnumber(Integer acnumber) {
            this.acnumber = acnumber;
        }
        public Integer getNewstype() {
            return newstype;
        }
        public void setNewstype(Integer newstype) {
            this.newstype = newstype;
        }
    }
```

News 类是一个实体 Bean,根据 news 数据表的表结构定义相应的私有属性,并为每个属性实现 setter 方法和 geter 方法。

编写完成后打开命令行窗口,进入 newsPub 文件夹中的 src 文件夹,使用下面的命令进行编译:

```
javac -d ..\classes news\beans\News.java
```

编译成功后可以看到在 newsPub 文件夹中的 classes\news\beans\ 文件夹中,增加了刚刚编译得到的 News.class 文件。

【程序 6.16】 在 newsPub 文件夹下的 beans 文件夹中编写新闻数据表访问类文件 NewsDAO.java,实现新闻模块需要的业务处理逻辑。

```
package news.beans;
import java.util.ArrayList;
import java.sql.*;
import java.text.SimpleDateFormat;
import java.util.Date;
```

```
public class NewsDAO {
/*
    * 查询所有新闻
    */
    public ArrayList<News>getAllNews(){
        News news=null;
        ArrayList<News>newsList =new ArrayList<News>();

        Connection conn =null;
        ResultSet rs =null;
        Statement stmt =null;
        try{
        conn =DBGet.getConnection();
        stmt =conn.createStatement();
        String sql="SELECT * from news";
        rs =stmt.executeQuery(sql);

        while(rs.next()){
            news=new News();
            news.setId(rs.getInt("id"));
            news.setTitle(rs.getString("title"));
            news.setContent(rs.getString("content"));
            news.setAuthor(rs.getString("author"));
            news.setPubtime(rs.getString("pubtime"));
            news.setKeyword(rs.getString("keyword"));
            news.setAcnumber(rs.getInt("acnumber"));

            newsList.add(news);
        }
        }catch(SQLException e1) { System.out.println(e1+"dao");}
        finally
        {
            DBGet.closeConnection(conn);
        }
        return newsList;
    }

/*
    * 插入一条新闻
    */
    public boolean insert(News news) {
        boolean result =false;
        int n =0;
```

```
            news.setPubtime(getNowStr());
        Connection conn =null;
        Statement stmt =null;
        try {
            conn =DBGet.getConnection();
            stmt =conn.createStatement();
            String sql ="insert into news (title, content, author,pubtime,
                    keyword, newstype) "
                +"values ('"
                +news.getTitle()
                +"','"
                +news.getContent()
                +"','"
                +news.getAuthor()
                +"','"
                +news.getPubtime()
                +"','"
                +news.getKeyword()
                +"',"
                +news.getNewstype()
                +")";
            n =stmt.executeUpdate(sql);
        } catch (SQLException e1) {
            System.out.println(e1 +"dao");
        } finally {
            DBGet.closeConnection(conn);
        }
        if (n >0)
            result =true;
        return result;
    }
/*
 * 以 yyyy-MM-dd HH:mm:SS 格式返回当前时间字符串
 */
static public String getNowStr(){
    String resultStr =null;
    String pattern ="yyyy-MM-dd HH:mm:ss";
        Date date =new Date();
    SimpleDateFormat sdf =new SimpleDateFormat(pattern)
     try{
        resultStr =sdf.format(date);
    }catch (Exception e){e.printStackTrace();}
    return resultStr;
```

```
        }

    /*
        * 根据 ID 查询指定新闻
        */
    public News getByID(String id) {
        News news = null;
        Connection conn = null;
        ResultSet rs = null;
        Statement stmt = null;
        try {
            conn = DBGet.getConnection();
            stmt = conn.createStatement();
            String sql = "SELECT * from news where id =" + id;
            rs = stmt.executeQuery(sql);
            if (rs.next()) {
                news = new News();
                news.setId(rs.getInt("id"));
                news.setTitle(rs.getString("title"));
                news.setContent(rs.getString("content"));
                news.setAuthor(rs.getString("author"));
                news.setPubtime(rs.getString("pubtime"));
                news.setKeyword(rs.getString("keyword"));
                news.setAcnumber(rs.getInt("acnumber"));
                news.setNewstype(rs.getInt("newstype"));
            }
        } catch (SQLException e1) {
            System.out.println(e1 + "dao");
        } finally {
            DBGet.closeConnection(conn);
        }
        return news;
    }
}
```

NewsDAO 类是封装新闻数据表的数据库访问操作的业务 Bean。

getAllNews()方法查询新闻数据表中的所有记录,并把查询结果中的每条记录封装为一个实体 Bean 的 News 对象。执行如下 SQL 语句:

```
String sql = "SELECT * from news";
```

处理查询结果的方法是对每一条记录,取出其各字段值,并分别设置为一个 News 对象的属性,最后把所有的 News 对象放入 ArrayList 对象 newsList 中并返回。

insert()方法向新闻数据表中插入一条记录,方法参数是一个 News 对象。所插入的各个字段值是 News 对象的属性值。其中发表时间使用程序执行时的当前系统时间。这里调用下面实现的 getNowStr()方法来获取特定格式的时间字符串。最后返回一个逻辑值代表插入操作成功或失败。

getByID()方法在新闻数据表中查询指定 id 的新闻,方法参数是 id 值。查询到指定 id 的记录后,取出各个字段值,封装到一个实体 Bean 的 News 对象。最后返回该对象。

编写完成后打开命令行窗口,进入 newsPub 文件夹中的 src 文件夹,使用下面的命令进行编译:

```
javac -d ..\classes news\beans\NewsDAO.java
```

编译成功后可以看到在 newsPub 文件夹中的 classes\news\beans\ 文件夹中,增加了刚刚编译得到的 NewsDAO.class 文件。

【程序 6.17】 在 newsPub 文件夹中编写新闻管理页面文件 manageNews.jsp,实现新闻标题列表和其他功能链接。

```jsp
<%@page language="java" contentType="text/html;charset=UTF-8"%>
<%@page import="java.util.*"%>
<%@page import="news.beans.News"%>
...
    <!--main begin -->
<jsp:useBean id="newsDAO" class="news.beans.NewsDAO" scope="page" />
    <%
        ArrayList<News>newsList =newsDAO.getAllNews();
    %>
    <div class="news_list">
        <div class="top-bar">
            <h1>新闻管理</h1>
            <span style="margin-left:450px;">
                <a href="addNews.jsp">发布新闻</a></span>
        </div>
        <div class="table">
            <table class="listing" cellpadding="0" cellspacing="0">
                <tr>
                    <th class="first" width="40">序号</th>
                    <th>新闻标题</th>
                    <th>发布时间</th>
                    <th>修改</th>
                    <th>删除</th>
                </tr>
```

```
<%
News news =null;
for (int i =0; i <newsList.size(); i++) {
    news =newsList.get(i);
%>
<tr>
<td><%=i +1%></td>
<td class="title">
    <a href="dispNews.jsp?id=<%=news.getId()%>">
        <%=news.getTitle()%>
</a></td>
<td class="ntime"><%=news.getPubtime()%></td>
<td><a href="modiNews.jsp?id=<%=news.getId()%>">
    <img src="image/edit-icon.gif" width="16"
            height="16" alt="修改" />
</a></td>
<td><a href="deleteNews.jsp?id=<%=news.getId()%>">
        <img src="image/hr.gif"
            width="16" height="16" alt="删除" />
</a></td>
</tr>
<%}%>
        </table>
    </div>
</div>
<!--main end -->
    ...
```

　　manageNews.jsp 负责以表格形式显示所有新闻的标题以及其他功能链接。

　　首先需要查询新闻数据表，取出所有新闻。因为之前已经把新闻数据表相关的查询功能封装在业务 Bean 中，所以这里不需要再按照 JDBC 代码模板去编写访问数据库的代码。使用 useBean 标记创建 UserDAO 对象这个业务 Bean，然后调用其 getAllNews()方法即可取得新闻数据表中的所有记录，而且数据是以 ArrayList 形式给出。接下来只要遍历其中的所有对象，依次取出其中的每个 News 对象的标题和时间，显示在表格中即可。

　　另外，在表格前实现了"发布新闻"超链接，作为新闻发布功能的入口，链接目标是新闻发布页面文件 addNews.jsp。

　　把表格中的每一个新闻标题，都设置为超链接，作新闻阅读功能的入口，链接目标是新闻阅读页面文件 dispNews.jsp。同时，还使用 URL 传参的方式提供了当前新闻的 id 值。同时，还为修改新闻和删除新闻提供了功能链接，这两个功能的实现留给读者自行完成。

【程序 6.18】 在 newsPub 文件夹中编写新闻发布页面文件 addNews.jsp,添加输入新闻信息的表单。

```
...
<div id="main">
<!--main begin -->
    <jsp:useBean id="newstypeDAO" class=" beans.NewstypeDAO" scope=
        "page"/>
    <%
        ArrayList<Newstype>newstypeList =newstypeDAO.getAllNewstype();
    %>
    <div class="inputform">
        <div class="top-bar">
            <h1>新闻发布</h1>
        </div>
        <form action="doAddNews.jsp" method="post">
            <input type="hidden" name="author"
                value="<%=session.getAttribute("username")%>"></input>
                    <br/>标题: <input type="text" name="title" id="title">
                    </input><br/><br/>
            类别:
            <select name="newstype">
                <%
                    for (Newstype newstype : newstypeList) {
                %>
                    <option value="<%=newstype.getId()%>">
                        <%=newstype.getNewstype()%>
                    </option>
                <%}%>
            </select>       
            关键字: <input type="text"
                name="keyword" id="keyword"></input><br/><br/>
            内容:
            <textarea name="content" cols="25" rows="5"></textarea>
                <br/><br/>
            <input type="submit" value="发布"></input>
        </form>
    </div>
    <!--main end -->
</div>
...
```

addNews.jsp 负责提供发布新闻的输入表单。表单的 action 属性取值为 doAddNews.jsp,

实现到新闻发布提交页面的流程控制。表单中分别提供了用于输入新闻标题、类别、内容和关键字的输入元素以及提交表单的"发布"按钮。

需要说明的是,在数据库中专门建立了新闻类别数据表用于存放新闻类别名称和新闻类别 id,在新闻表中类别字段存放的是新闻类别 id 值。因此,在输入表单中用下拉列表形式显示新闻类别时,需要查询新闻类别数据表,分别取出各个新闻类别的 id 值和名称用于构建下拉选项。对新闻类别数据表的查询功能也是采用了基于实体 Bean 和业务Bean 的实现方式,涉及的两个类分别是 Newstype. java 和 NewstypeDAO. java。

【程序 6.19】 在 newsPub 文件夹下的 beans 文件夹中编写新闻类别实体类文件Newstype. java,用于封装新闻类别数据。

```java
package news.beans;
public class Newstype implements java.io.Serializable {
    private Integer id;
    private String newstype;
    public Newstype() {
    }
    public Integer getId() {
        return this.id;
    }
    public void setId(Integer id) {
        this.id =id;
    }
    public String getNewstype() {
        return newstype;
    }
    public void setNewstype(String newstype) {
        this.newstype =newstype;
    }
}
```

【程序 6.20】 在 newsPub 文件夹下的 beans 文件夹中编写新闻类别数据表访问类文件 NewstypeDAO. java,实现新闻类别数据表访问功能。

```java
package news.beans;
import java.util.ArrayList;
import java.util.List;
import java.sql.*;
public class NewstypeDAO {
    public ArrayList<Newstype>getAllNewstype(){
        Newstype newstype=null;
        ArrayList<Newstype>newstypeList =new ArrayList<Newstype>();
```

```
            Connection conn =null;
            ResultSet rs =null;
            Statement stmt =null;
            try{
                conn =DBGet.getConnection();
                stmt =conn.createStatement();
                String sql="SELECT * from newstype";
                rs =stmt.executeQuery(sql);

                while(rs.next()){
                    newstype=new Newstype();
                    newstype.setId(rs.getInt("id"));
                    newstype.setNewstype(rs.getString("newstype"));
                    newstypeList.add(newstype);
                }
            }catch(SQLException e1) { System.out.println(e1+"dao");}
            finally{
                DBGet.closeConnection(conn);
            }
            return newstypeList;
        }
    }
```

Newstype. java 和 NewstypeDAO. java 的编写方法与之前的实体 Bean 和业务 Bean 完全相同,这里不再详述。编写完成后也要使用前面讲过的方法进行编译。

【程序 6.21】 在 newsPub 文件夹中编写新闻发布提交页面文件 doAddNews. jsp, 将新闻信息写入数据库。

```
    ...
    <div id="main">
    <!--main begin -->
        <div class="top-bar">
            <h1>操作提示</h1>
        </div>
        <br/>
        <%
            request.setCharacterEncoding("UTF-8");
        %>
        <jsp:useBean id="newsDAO" class="beans.NewsDAO" scope="page" />
        <jsp:useBean id="news" class="beans.News" scope="page" />
        <jsp:setProperty name="news" property="*" />
```

```
    <%
        if (newsDAO.insert(news)) {
            out.println("新闻发布成功,单击返回<a href='manageNews.jsp'>新
                    闻管理页面</a>");
        } else {
            out.println("新闻发布失败,请联系管理员!");
        }
    %>
    <!--main end -->
  </div>
  ...
```

doAddNews.jsp 负责获取表单数据并写入数据库。

首先使用<jsp:useBean>标记创建两个 JavaBean 实例,分别是 NewsDAO 类的实例 newsDAO 和 News 类的实例 news。

然后使用<jsp:setProperty>标记取出表单中提交的参数值并赋值给 News 对象中同名的属性。

最后调用 JavaBean 实例的方法,实现新闻发布功能。若 insert()方法返回值为 true,表示发布成功;否则表示发布失败。

【程序 6.22】　在 newsPub 文件夹中编写新闻阅读页面文件 dispNews.jsp,显示新闻详情。

```
...
<!--main begin -->
<jsp:useBean id="newsDAO" class="news.beans.NewsDAO" scope="page"/>
<%
    String id =request.getParameter("id");
    newsDAO.increaseAc(id);
    News news=newsDAO.getByID(id);
%>
<div class="news_disp">
    <h1><%=news.getTitle()%></h1>
    <div class="news_time">
      <span class="left-t"><%=news.getPubtime() %></span>
      <span class="right-t">(单击:<%=news.getAcnumber() %>)
          <img src="image/1.png"/>
        <a href="#">查看评论</a>
      </span>
      <div class="clear"></div>
    </div>
    <!-- 正文 start-->
```

```
    <div class="left_zw" style="position:relative">
        <%=news.getContent() %>
    </div>
    <!--相关新闻-->
    <div class="div624 border-top-darshd">
        <h4 class="padding-left20" style="margin-top:0px;color:
            rgb(30, 80, 162);">
        <img src="image/titlebg2.gif"/>  相关新闻:
        </h4>
        <ul class="padding-left20"  style="margin-top:-20px;">
            <%
              request.setAttribute("relateNews",newsDAO.getRelate(id));
            %>
          <c:forEach items="${requestScope.relateNews}" var="rnews">
            <li>.<a href="dispNews.jsp?id=${rnews.id}">${rnews.title}
                </a></li>
          </c:forEach>
        </ul>
    </div>
    <!--相关新闻结束-->
  </div>
  <!--main end -->
  ...
```

dispNews.jsp 负责显示指定新闻的具体内容。

首先使用<jsp:useBean>标记创建 JavaBean 实例 NewsDAO 对象。

接下来获取 request 对象中的新闻 id 值,然后调用 newsDAO 对象的 getByID()方法,得到要查看的新闻对象 news。

最后得到 news 对象后,调用该对象的方法取得各个属性值,并显示在页面上的相应位置。

另外,在新闻阅读页面中还有一个显示相关新闻的功能,是在新闻内容底部列表显示与当前新闻关键字相同的新闻标题。这里的实现方式是通过调用 newsDAO 对象的 getRelate()方法取得与当前新闻的相关新闻,读者可以考虑这个方法如何实现。而相关新闻标题的列表显示中则使用了 JSTL 和 EL 的知识,具体用法可以查看第 7 章的相关内容。

至此就完成了新闻模块中新闻管理、新闻发布和新闻阅读等功能的开发。

6.4.3　新闻模块的运行过程

新闻模块部分功能的运行过程详述如下。

启动 Tomcat,打开浏览器,在地址栏输入地址 http://localhost:8080/newsPub/manageNews.jsp,出现新闻管理主页面,单击"发布新闻"超链接,进入新闻发布页面。输入新闻信息后,单击"发布"按钮,进入新闻发布提交页面。在新闻发布提交页面单击"新闻管理页面"超链接返回新闻管理主页面。

在新闻管理页面中单击新闻标题,进入新闻阅读页面,可以查看新闻内容。

6.5　本 章 小 结

本章主要介绍 JavaBean 的作用、如何编写 JavaBean 以及如何使用<jsp:useBean>、<jsp:setProperty>、<jsp:getProperty>三个标记在 JSP 页面中创建 JavaBean 的实例、设置 JavaBean 的属性值和获取 JavaBean 的属性值;围绕对 JavaBean 的应用,重构了新闻发布系统的用户登录功能和用户注册功能,设计和开发了新闻发布系统的新闻管理、新闻阅读和发布新闻功能。

6.6　习　　　题

1. 单选题

(1) 在 JSP 页面中使用 JavaBean 需要先取得相应的对象,可以用(　　)标记来实现。

  A. <jsp:forward>   B. <jsp:getProperty>

  C. <jsp:setProperty>   D. <jsp:useBean>

(2) 在 Java Web 应用中使用 JavaBean,需要先编译相应的 Java 类,然后把得到的 class 文件放到当前 Web 应用的(　　)文件夹中。

  A. classes   B. lib   C. src   D. WEB-INF

2. 简答题

(1) 编写 JavaBean 需要遵循哪些规范?

(2) 简述创建 JavaBean 实例的四种作用范围及其含义。

3. 上机练习

(1) 使用 JavaBean 完成新闻发布系统中用户登录和用户注册功能的重构。

(2) 编程实现程序 6.22 中使用的 NewsDAO 类的 getRelate()方法。

(3) 基于 JavaBean 实现新闻发布系统的新闻列表、新闻删除和新闻修改功能。

第7章

重构程序界面

学习目标

- 理解和掌握 EL 表达式的语法及使用;
- 掌握常用 JSTL 标记的用法。

第 6 章通过对程序功能的重构,将实现具体业务逻辑的脚本代码从 JSP 页面中提取出来,封装到了 Java 类中。通过重构,JSP 页面中的脚本代码大大减少,页面中不同类型的代码相互混杂的状况得到了改善。但是,页面中仍然留有一些与显示控制相关的代码。本章引入新的技术对实现程序界面的 JSP 页面进行重构,彻底消除页面中的脚本代码。

7.1 重构 JSP 页面

7.1.1 重构循环控制

在第 6 章实现的新闻管理页面中,以列表形式显示所有新闻标题时,通过在脚本代码中编写循环处理语句逐条处理每条新闻记录,并使用 JSP 表达式进行输出。这里使用一种新的实现方式来重构这个页面。

【程序 7.1】 修改程序 6.17,实现新的新闻管理页面文件 manageNews.jsp。

```
<%@page language="java" contentType="text/html;charset=UTF-8"%>
<%@page import="java.util.*"%>
<%@page import="news.beans.News"%>
<%@taglib uri="http://java.sun.com/jsp/jstl/core" prefix="c"%>
...
    <!--main begin -->
    <jsp:useBean id="newsDAO" class="news.beans.NewsDAO" scope="page" />
        <%
            ArrayList<News>newsList =newsDAO.getAllNews();
            request.setAttribute("newsList",newsList);
        %>
    <div class="news_list">
        <div class="top-bar">
            <h1>新闻管理</h1>
```

```
                    <span style="margin-left:450px;">
    <a href="addNews.jsp">发布新闻</a>
    </span>
            </div>
            <div class="table">
                <table class="listing" cellpadding="0" cellspacing="0">
                    <tr>
                        <th class="first" width="40">序号</th>
                        <th>新闻标题</th>
                        <th>发布时间</th>
                        <th>修改</th>
                        <th>删除</th>
                    </tr>
                    <tr>
                        <c:forEach var="news" items="${newsList}"varStatus=
                                "status">
                        <td>${status.count}</td>
                        <td class="title">
                            <a href="dispNews.jsp?id=${news.id}">
                            ${news.title}
                        </a></td>
                        <td class="ntime">${news.pubtime}</td>
                        <td><a href="modiNews.jsp?id=${news.id}">
                            <img src="image/edit-icon.gif" width="16"
                                    height="16" alt="修改" />
                        </a></td>
                        <td><a href="deleteNews.jsp?id=${news.id}">
                                <img src="image/hr.gif"
                                    width="16" height="16" alt="删除" />
                        </a></td>
                        </c:forEach>
                    </tr>
                </table>
            </div>
    </div>
</div>
<!--main end -->
...
```

新的 manageNews.jsp 使用 EL 表达式语言和 JSTL 标记库进行了重构。
首先需要使用<taglib>指令引入 JSTL 核心标记库，代码如下：

```
<%@taglib uri="http://java.sun.com/jsp/jstl/core" prefix="c"%>
```

其中: uri 用于表示标记库的位置,是标记库的唯一标识;prefix 用于表示标记库的前缀,以区分不同标记库中的同名标记。

然后将查询得到的 newsList 存放到 request 请求域中,代码如下:

```
request.setAttribute("newsList",newsList);
```

这是因为后面使用 JSTL 实现循环处理时,需要事先将数据放到 session 或 request 中才能取到。

最后用 JSTL 中的<c:forEach>标记结合 EL 表达式取代了原来需要使用脚本代码来实现的循环处理,关键代码如下:

```
<c:forEach var="news" items="${newsList}"  varStatus="status">
...
</c:forEach>
```

使用<c:forEach>标记对 newsList 进行循环处理,其中 var 用于定义一个变量,接收集合对象中每个元素的值,这里定义的变量名为 news,即由 news 接收 newsList 集合中每个元素的值;items 用于表示要循环的集合对象,这里是用一个 EL 表达式 ${newsList} 表示要对 newsList 进行循环处理;varStatus 用于定义一个状态对象 status,可以通过调用该对象的属性和方法得到循环过程中的一些状态信息,如使用 EL 表达式 ${status.count} 获得当前迭代的元素个数。

另外,在循环体中,还用 ${news.title}、${news.id} 和 ${news.pubtime} 等 EL 表达式取代了之前使用的 JSP 表达式,使页面中的代码形式更加统一。关于 JSTL 和 EL 的具体内容,会在后续章节中详细介绍。

把修改后得到的新闻管理页面文件 manageNews.jsp 代替之前实现的文件,并部署到运行环境中,启动 Tomcat,然后通过浏览器访问,可以看到所实现的显示结果与之前的结果完全相同。

7.1.2 重构功能菜单

前面实现动态功能菜单时,因为需要根据用户身份来显示不同的功能菜单,所以使用了脚本代码中的分支语句来实现。这里也使用 JSTL 和 EL 对该页面进行重构。

【程序 7.2】 修改程序 4.21,实现新的动态功能菜单实现页面文件 top.jsp。

```
<%@page language="java" contentType="text/html;charset=UTF-8"%>
<%@taglib uri="http://java.sun.com/jstl/core_rt" prefix="c"%>
<div id="logo">
    <div id="logo_main"></div>
</div>
<div id="menu">
```

```
        <div id="user">
            <c:choose>
                <c:when test="${empty sessionScope.username}">
                    <a href="userLogin.jsp">用户登录</a>
                </c:when>
                <c:otherwise>
                    当前用户: <c:out value="${sessionScope.username}"></c:out>
                    |<a href="doLogout.jsp">退出登录</a>
                </c:otherwise>
            </c:choose>
        </div>
        <div id="menu-list" style="float: right; height: 30px; margin: 0 20px;">
            <ul style="float: left; margin: 0;">
                <c:if test="${!empty sessionScope.username}">
                    <c:choose>
                        <c:when test="${sessionScope.username == 'admin'}">
                            <li><a href="#">新闻管理</a></li>|
                            <li><a href="#">评论管理</a></li>|
                            <li><a href="manageUser.jsp">用户管理</a></li>|
                        </c:when>
                        <c:otherwise>
                            <li><a href="#">评论管理</a></li>|
                            <li><a href="modiUser.jsp">用户管理</a></li>|
                        </c:otherwise>
                    </c:choose>
                </c:if>
                    <li><a href="index.jsp">首 页</a></li>
            </ul>
        </div>
    </div>
```

新的 top.jsp 使用 EL 表达式语言和 JSTL 标记库进行了重构。

首先也需要使用<taglib>指明引入了 JSTL 核心标记库,用法与程序 7.1 相同。

然后使用<c:choose>、<c:when>、<c:otherwise>、<c:out>和<c:if>等标记代替原来的 if-else 语句等脚本代码。

<c:choose>标记用于实现多分支的条件判断,相当于 Java 中的 switch 语句。<c:when>和<c:otherwise>标记是<c:choose>标记的子标记。<c:when>标记相当于switch 语句中的 case 关键字。<c:otherwise>标记相当于 switch 语句中的 default 关键字。

<c:when>标记中的 test 属性用于指明分支的条件,下面的语句设定条件是判断session 作用域中的 username 属性是否为空值,如果条件成立,则执行标记体中的内容。

```
    <c:when test="${empty sessionScope.username}">
```

<c:otherwise>标记表示当前面的所有<c:when>标记条件都不成立时,会执行该标记体中的内容。

<c:out>标记用于输出 value 属性中的数据,与 out.println()功能等效。

<c:if>标记用于实现单分支的条件判断。利用<c:if>标记和<c:choose>标记嵌套,可以实现更复杂的多重判断。

```
<c:if test="${!empty sessionScope.username}">
    <c:choose>
        <c:when test="${sessionScope.username =='admin'}">
            内容 1
        </c:when>
        <c:otherwise>
            内容 2
        </c:otherwise>
    </c:choose>
</c:if>
```

上述语句实现的处理逻辑是:若 username 不为空而且 username 的值是 admin,则执行内容 1;若 username 不为空且 username 的值不是 admin,则执行内容 2;若 username 为空则内容 1 与内容 2 均不执行。

启动 Tomcat,然后通过浏览器访问相关页面,可以看到所实现的显示结果与之前的结果完全相同。

7.2 EL 和 JSTL

7.2.1 EL

EL(Expression Language,表达式语言)是 JSP2.0 规范中增加的用于简化 JSP 页面开发的一种技术。

EL 主要用于查找作用域中的数据,并能对这些数据执行简单操作。它不是一种独立的编程语言,通常与 JSTL 标记一起使用,能够以简单方便的符号来表示比较复杂的行为。通过使用 EL 可以减少 JSP 页面中的 Java 脚本代码,进一步实现页面显示和处理逻辑的分离,为不熟悉 Java 语言的页面开发人员提供了便利,也更加有利于页面开发人员与后台开发人员的合作。

1. EL 语法

EL 的语法结构非常简单,格式如下:

```
${ EL 表达式 }
```

所有的 EL 元素都是以 ${开始,以}结束,表示获取或显示{}中表达式的值。这里的表达式可以是合法的普通 Java 表达式,也可以是某个作用域中的属性。

【程序 7.3】　在 Tomcat 安装目录\webapps 文件夹下创建 demo07 文件夹,在其中编写示例页面文件 ELDemo1.jsp。

```
<%@page language="java" contentType="text/html;charset=UTF-8"%>
<html>
  <body>
    ${ 5+6 }          <!--表示得到表达式 5+6 的值 11。-->
    ${ "Hello" }      <!--表示得到字符串"Hello"。-->

    <%session.setAttribute("username","tom");%>
    ${sessionScope.username}      <!--表示得到 session 作用域中的 username 属
                                       性值 -->
  </body>
</html>
```

程序运行结果如图 7.1 所示。

从上面的例子可以看到,使用 EL 的写法要比写成 Java 脚本代码形式上更简洁。

需要说明的是,在上述语法中,${符号是 EL 表达式的起点。如果要在 JSP 页面中显示 ${字符串,则需要在前面加上"\"转义符,即写成"\${",或者也可以使用 EL 表达式输出 ${,写成 ${ '${' }。读者可以自行编写程序验证。

图 7.1　ELDem01.jsp 运行结果

2. EL 的组成

EL 表达式包括常量、运算符、变量和内置对象等组成。

(1) 常量:EL 表达式中的常量可以是 true、false 的逻辑值,可以是整数或浮点数的数值,也可以是用单引号或双引号限定的字符串,还可以是 null 值。

(2) 运算符:EL 提供了存取数据运算符、算术运算符、关系运算符、逻辑运算符、条件运算符和 empty 运算符。各运算符及相关说明见表 7.1。

表 7.1　EL 运算符

运算符类型	运　算　符	说　　　明
存取运算符	.	存取对象的属性或调用对象的方法
	[]	存取数组、列表或其他集合对象的元素
算术运算符	＋	加法运算
	－	减法运算
	*	乘法运算
	/或 div	除法运算
	%或 mod	求余运算

续表

运算符类型	运 算 符	说 明
关系运算符	＝＝或 eq	相等运算
	！＝或 ne	不等运算
	＜或 lt	小于运算
	＞或 gt	大于运算
	＜＝或 le	小于或等于运算
	＞＝或 ge	大于或等于运算
逻辑运算符	＆＆或 and	与运算
	||或 or	或运算
	！或 not	非运算
条件运算符	a?b:c	若 a 成立,则执行 b,否则执行 c
empty	empty	空值判断

说明：

- 存取运算符.和[]是通用的,如 $\{user. username\}$ 和 $\{user["username"]\}$ 都是表示取出对象 user 中的 username 属性值。
- 算术运算符只能用在整数和浮点数上。
- empty 用来判断指定的值是否为 null 或是空值,格式为 $\{empty A\}$,A 是要判断的值。若 A 为 null 或是为空的字符串、数组、集合对象,都会返回 true,否则返回 false。

（3）变量和内置对象：EL 中的变量并不只是普通的 Java 变量,还可以是存储于 JSP 作用域中的属性名。

例如 $\{username\}$ 表示取出某一作用域中名为 username 的属性值。因为没有指定是哪一个作用域,所以会默认先从 page 范围中找,若找不到,再依次按照 request、session、application 的次序去找。如果在某个作用域中找到了 username 属性,就返回它的值,不再继续查找。如果所有的作用域中都没有找到,就会返回 null,但在页面上是显示空白而非 null。

所以在程序 7.1 中,得到 newsList 对象后,需要把它设置到 request 作用域中,然后才能通过 EL 表达式取到其中的数据。

如果在不同的作用域中存在同名的属性,为了避免混淆,需要指定是要使用哪个作用域中的变量。例如在程序 7.2 中,为了取出 session 作用域中的 username 属性值,EL 表达式的写法是 $\{ sessionScope. username \}$。

EL 中提供了四个内置对象分别代表四种不同的作用域,还有两个内置对象用于代表请求参数,具体见表 7.2。

表 7.2　EL 常用内置对象

内 置 对 象	描　　　述
pageScope	对应于 JSP 内置对象 pageContext，可以用 ${pageScope. username} 取出 page 作用域中的 username 属性值
requestScope	对应于 JSP 内置对象 request，可以用 ${requestScope. username} 取出 request 作用域中的 username 属性值
sessionScope	对应于 JSP 内置对象 session，可以用 ${sessionScope. username} 取出 session 作用域中的 username 属性值
applicationScope	对应于 JSP 内置对象 application，可以用 ${applicationScope. username} 取出 application 作用域中的 username 属性值
param	对应于 request 对象的 getParameter() 方法，可以用 ${ param . username} 取出名为 username 的请求参数值
paramValues	对应于 request 对象的 getParameterValues() 方法，可以用 ${ paramValues. hobby} 取出名为 hobby 的请求参数值数组

【程序 7.4】　在 demo07 文件夹中编写示例页面文件 ELDemo2. jsp。

```jsp
<%@page language="java" contentType="text/html;charset=UTF-8"%>
<html>
  <body>
    <h3>加法计算器</h3>
    <form action="">
        <input type="text" name="num1" value="${param.num1}"/>+
        <input type="text" name="num2" value="${param.num2}"/>=
        <input type="text" name="num3" value="${param.num1 +param.num2}"/>
        <input type="submit" value="计算"/>
    </form>
  </body>
</html>
```

ELDemo2. jsp 实现了一个简单的加法计算器，不但要对输入的数字进行加法运算和结果显示，而且要保留参加运算的两个加数。这里使用 EL 表达式来实现这个功能，可以完全不用任何脚本代码。程序的运行结果如图 7.2 所示。

图 7.2　ELDemo2. jsp 运行结果

从上面的两个示例程序可以看到，EL 表达式的形式非常简单，也非常实用，但它的功能相对单一。在实际使用时,常常与特定的标记相结合,例如接下来要介绍的 JSTL 标记。

7.2.2　JSTL 标记库

1. JSTL 概述

JSTL(JSP Standard Tag Library)是一个开源的 JSP 标准标记库。JSTL 是形如 HTML 的标签,使得 Java Web 页面开发人员即使不熟悉 Java 语言,也可以编写动态 Web 页。JSTL 标记具有良好的可读性,简化了 JSP 页面的开发,进一步实现页面和代码分离,特别适用于 Java 脚本代码和 HTML 标记混用的情况。

在 JSP 中使用 JSTL 的步骤如下。

(1) 首先需要到 http://tomcat.apache.org/taglibs/standard/下载 JSTL 标记库的 jar 包。

(2) 然后将获取到的 JSTL 标记库的 jar 包,复制到 Web 应用中的 WEB-INF\lib 文件夹下。

(3) 最后在 JSP 页面中用 taglib 指令设置标记前缀,即可使用 JSTL 标记。

JSTL 标记包括五个实现不同功能的标记库。JSTL 规范为这五个标记库分别指定了不同的 URI,并对标记库的前缀做出了约定,具体见表 7.3。

表 7.3　JSTL 标记库

标记库	URI	前缀
核心标记库	http://java.sun.com/jsp/jstl/core	c
II8N 标记库	http://java.sun.com/jsp/jstl/fmt	fmt
XML 标记库	http://java.sun.com/jsp/jstl/xml	x
SQL 标记库	http://java.sun.com/jsp/jstl/sql	sql
函数标记库	http://java.sun.com/jsp/jstl/functions	fn

本书只对 JSTL 中最常用的核心标记库进行介绍,其他标记库的用法读者可自行查阅相关资料。

在 JSP 页面中使用核心标记库,需要先用<taglib>指令导入,语法格式如下:

```
<%@taglib uri="http://java.sun.com/jsp/jstl/core" prefix="前缀名"%>
```

uri 属性用于指定核心标记库的 URI,从而定位标记库描述文件(TLD 文件)。prefix 属性用于定义标记库的前缀,可以为任意字符串。核心标记库的前缀通常设置为 c,需要注意避免使用保留的关键字作为前缀,如 jsp、jspx、java、servlet、sun 等。

按照功能可以把核心标记库中的标记分为以下四类,分别是用于操作变量的通用标记、用于流程控制的条件标记、用于遍历集合的迭代标记和针对 URL 相关的操作的 URL 标记。

2. 通用标记

JSTL 的通用标记有四个,分别是＜c:out＞标记、＜c:set＞标记、＜c:remove＞标记和＜c:catch＞标记,负责 JSP 页面中变量的输出、赋值、删除以及异常捕获等操作。

(1) ＜c:out＞标记:＜c:out＞标记用于输出数据,等同于＜%＝表达式%＞,语法格式如下:

```
<c:out value="value" [default="defaultVaule"][escapeXml="true|false"]/>
```

说明:

- value 属性表示输出到页面的数据,可以是 EL 表达式或常量,该属性不能省略。
- default 属性表示当 value 属性为 null 时显示的数据,该属性可选。
- escapeXml 属性表示是否对特殊字符进行转换,例如将"＜"转换为"＆lt;"。默认值为 true,该属性可选。

图 7.3 outDemo.jsp 运行结果

【程序 7.5】 在 demo07 文件夹下编写示例页面文件 outDemo.jsp,程序运行结果如图 7.3 所示。

```
<%@page language="java" import="java.util.*" pageEncoding="UTF-8"%>
<%@taglib uri="http://java.sun.com/jsp/jstl/core" prefix="c"%>
<jsp:useBean id="news" class="news.beans.News" scope="page"/>
<html>
  <body>
    <c:out value="example"/><br/>
    <c:out value="${1+2}"/><br/>
    <c:out value="${news.id}" default ="no data"/><br/>
    <c:out value="<b>加粗文字<b>"/><br/>
    <c:out value="<b>加粗文字<b>" escapeXml="false"/><br/>
  </body>
</html>
```

在 demo07 文件夹下创建 WEB-INF\classes 目录结构,使用程序 6.15 中的 News.java 作为实体 Bean,把编译得到的 news\beans\News 复制到此处。

(2) ＜c:set＞标记:＜c:set＞标记用于将变量存储到 JSP 范围中或为 JavaBean 属性赋值。

将变量存储到 JSP 范围中的语法格式如下:

```
<c:set var="varName" value="value"
[scope="page|request|session|application"]/>
```

说明：

- var 属性指定被赋值的变量名。
- value 属性指定 var 属性的属性值，可以是 EL 表达式或常量。
- scope 属性指定变量的作用范围，若没有指定，默认为 page。

为 JavaBean 属性赋值的语法格式如下：

```
<c:set value="value" target="target" property="propertyName"/>
```

说明：

- target 属性表示被赋值的 JavaBean 对象的名称，若存在该属性则必须存在 property 属性。
- property 属性指定 JavaBean 对象的属性名称。

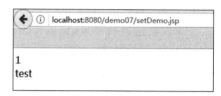

图 7.4　setDemo.jsp 运行结果

【程序 7.6】　在 demo07 文件夹下编写示例页面文件 setDemo.jsp，程序运行结果如图 7.4 所示。

```
<%@page language="java" import="java.util. * " pageEncoding="UTF-8"%>
<%@taglib uri="http://java.sun.com/jsp/jstl/core" prefix="c"%>
<jsp:useBean id="news" class="news.beans.News" scope="page"/>
<html>
  <body>
    <c:set var="i" value="1" scope="page"/>
    <c:set target="${news}" property="title" value="test" />
    <c:out value="${i}"/><br/>
    <c:out value="${news.title}" default ="no data"/><br/>
  </body>
</html>
```

需要注意的是，使用 set 为 target 对象的属性赋值时，不能写成 target＝"news"。

（3）＜c:remove＞标记：＜c:remove＞标记用于从指定的 JSP 作用域中删除指定的变量，语法格式如下：

```
<c:remove var="varName" [scope="page|request|session|application"]/>
```

说明：

- var 属性指定要删除的变量名。
- scope 属性表示要删除变量的作用范围。如果没有指定，默认为全部查找，所有找到的变量名都删除。

（4）＜c:catch＞标记：＜c:catch＞标记用于捕获嵌套在标记体中的内容抛出的异

常，语法格式如下：

```
<c:catch [var="varName"]>
    存在异常的代码
</c:catch>
```

说明：var 属性用于指定存储异常信息的变量，这是一个可选项。若省略，则表示不需要保存异常信息。

3. 条件标记

JSTL 的条件标记用来支持在 JSP 页面中实现各种条件判断，类似于 Java 语法中的 if 语句或 switch 语句。条件标记共有四个，分别是＜c:if＞标记、＜c:choose＞标记、＜c:when＞标记和＜c:otherwise＞标记。

（1）＜c:if＞标记：＜c:if＞标记用于单分支的条件判断。语法格式如下：

```
<c:if test="condition" [var="varName"]
    [scope="page|request|session|application"]>
    condition 为 true 时执行的代码
</c:if>
```

当 condition 条件为 true 时，则执行标记体中的内容。

说明：

- test 属性用于指定需要判断的条件。
- var 属性用于保存判断结果 true 或 false 的变量名，该变量可供之后的工作使用。
- scope 属性表示变量的作用范围，若没有指定，默认为保存于 page 范围。

（2）＜c:choose＞、＜c:when＞和＜c:otherwise＞标记：这三个标记用于复杂的条件判断，与 Java 中的 switch-case-default 条件语句类似。＜c:choose＞标记相当于 switch，＜c:when＞标记相对于 switch 语句中的 case 关键字，＜c:otherwise＞标记相当于 switch 语句中的 default 关键字。在＜c:choose＞标记中可以有任意多个＜c:when＞标记和一个＜c:otherwise＞标记。

三个标记的语法格式如下：

```
<c:choose>
<c:when test="condition">
        when 标记体
</c:when>
...<!-多个<c:when>标记 -->
<c:otherwise>
        otherwise 标记体
</c:otherwise>
</c:choose>
```

说明：

- 在＜c：choose＞标记中可以没有＜c：otherwise＞子标记，但至少要有一个＜c：when＞子标记。
- ＜c：when＞和＜c：otherwise＞必须是＜c：choose＞的子标记，不能单独使用。
- ＜c：when＞必须在＜c：otherwise＞前出现。
- 如果包含＜c：otherwise＞，＜c：otherwise＞必须是＜c：choose＞的最后一个子标记。

在程序 7.2 中已经使用过这几个条件标记。

4. 迭代标记

JSTL 中的迭代标记可以替代 JSP 页面中用 Java 语句实现的循环处理。迭代标记有＜c：forEach＞和＜c：forTokens＞。

（1）＜c：forEach＞标记：＜c：forEach＞标记用于遍历处理一个集合对象中的元素，或者循环指定的次数。

用于遍历处理集合对象的语法格式如下：

```
<c:forEach [var="varName"] items="collection" [varStatus="varStatusName"]
[begin="begin"] [end="end"] [step="step"]>
        forEach 标记体
</c:forEach>
```

用于循环指定次数的语法格式如下：

```
<c:forEach [var="varName"] [varStatus="varStatusName"] begin="begin"
end="end" [step="step"]>
        forEach 标记体
</c:forEach>
```

说明：

- var 属性用来指定循环的变量名。循环过程中，存放集合对象中每个元素的值或存放 begin 和 end 之间的一个数。
- items 属性表示要遍历的集合对象。若对象为 null，则不进行遍历。
- varStatus 属性用来指定一个状态对象，调用该对象的方法可以得到循环过程中的一些状态信息，如 getIndex()方法获得当前迭代的对象元素的索引，getCount()方法获得当前迭代了多少个元素。
- begin 和 end 属性：如果存在 items 属性，则表示从集合对象的 begin 位置开始遍历，直至 end 位置结束遍历。若不存在 items 属性，begin 表示循环的起始值，end 表示循环的结束值。begin 的取值要大于等于 0。
- step 属性用来指定循环的步长，默认值是 1。

【程序 7.7】 在 demo07 文件夹中编写示例页面文件 forEachDemo.jsp，实现简单的迭代处理。程序运行结果如图 7.5 所示。

```
<%@page language="java" contentType="text/html;charset=UTF-8"%>
<%@taglib uri="http://java.sun.com/jsp/jstl/core" prefix="c"%>
<html>
  <body>
    <%!  String [] numbers ={ "1", "2", "3", "4" }; %>
    输出集合全部：
    <c:forEach var="numbering" items="<%=numbers%>">
        <c:out value="${numbering}" />
    </c:forEach>
    <br/>输出集合部分：
    <c:forEach var="numbering" items="<%=numbers%>" begin="2">
        <c:out value="${numbering}" />
    </c:forEach>
    <br/>输出 begin 和 end 范围：
    <c:forEach var="numbering"  begin="2" end="10" step="2">
        <c:out value="${numbering}" />
    </c:forEach>
  </body>
</html>
```

在 forEachDemo.jsp 中，首先声明了一个字符串数组，然后使用＜c：forEach ＞标记的不同用法分别实现各种形式的迭代输出。

图 7.5　forEachDemo.jsp 运行结果

（2）＜c：forTokens ＞标记：＜c：forTokens ＞标记按照指定的分隔符对字符串进行迭代处理。语法格式如下：

```
<c:forTokens items="stringOfTokens" delims="delimiters" [var="varName"]
[varStatus="varStatusName"] [begin="begin"] [end="end"] [step="step"]>
        forTokens 标记体
</c:forTokens>
```

说明：
- items 属性表示要迭代的字符串。
- delims 属性用来指定一个或多个分隔符，如";,"表示使用分隔符","和";"来分割字符串。

- 其他属性的意义和作用和<c:forEach>标记类似。

【程序 7.8】 在 demo07 文件夹中编写示例页面文件 forTokensDemo. jsp,实现按照指定分隔符迭代处理字符串。程序运行结果如图 7.6 所示。

```
<%@page language="java" contentType="text/html;charset=UTF-8"%>
<%@taglib uri="http://java.sun.com/jsp/jstl/core" prefix="c"%>
<html>
  <body>
    <c:set var="member" value="Tom:Petter;Mary|John" scope="page" />
    <c:forTokens items="${member}" delims=":;|" var="membername">
       <c:out value="${membername}"/><br/>
    </c:forTokens>
  </body>
</html>
```

在 forTokensDemo. jsp 中,首先用<c:set>标记向 page 作用域中保存了一个字符串,然后使用<c:forTokens>标记,迭代输出使用指定分隔符得到的各个子字符串。

5. URL 标记

JSTL 标记有三个 URL 标记,分别是<c:import>、<c:redirect>和<c:url>,用于实现与 URL 操作相关的功能。它们分别实现导入其他页面、重定向和产生 URL 的功能。

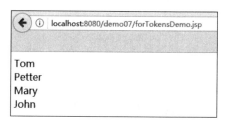

图 7.6 forTokensDemo. jsp 运行结果

(1)<c:import >标记:<c:import >标记可以把本站内或其他网站的静态和动态文件导入到本 JSP 页面。与此相比,<jsp:include>只能导入和自己属于同一个应用的文件,而<c:import>除了可以导入同一个应用中的文件,还可以导入其他 Web 应用下的文件,以及网络上的各种资源。语法格式如下:

```
<c:import url="url" [context="context"] [var="varName"] [scope="page|
request|session|application"] [charEncoding="charEncoding"] >
        import 标记体
</c:import>
```

说明:

- url 表示要导入资源的 URL 路径。
- context 表示上下文路径,用于访问同一服务器的其他 Web 应用。其值必须以/开头,如果指定了该属性,那么 url 属性值也必须以/开头。
- var 指定存储资源的变量名。

- scope 表示变量的作用范围。
- charEncoding 表示被导入文件的编码格式。

下面的示例代码分别演示了使用＜c:import＞实现不同文件的导入。第一种是导入同一个 Web 应用中的文件,第二种是导入同一服务器上不同 Web 应用中的文件,第三种是导入任意 URL。

```
<c:import url="/top.jsp" var="topV" />
<c:import url="/top.jsp" context="/newsPub2" var="topV" />
<c:import url="www.newsPub.com/top.jsp" var="topV" />
```

（2）＜c：redirect＞标记:＜c：redirect＞标记可以将客户端请求从一个页面重定向到其他文件,其功能作用相当于 response.sendRedirect()方法。在重定向时,还可以对 request 请求中的属性进行修改或添加,然后再把所有属性传递到目标路径。语法格式如下:

```
<c:redirect url="url" [context="context"] >
        <c:param name="name" value="value">
</c:redirect>
```

其中 url、context 属性的含义同＜c:import＞标记。标记体中的＜c:param＞表示向目标路径传递的参数信息

（3）＜c：url＞标记:＜c:url＞标记可以生成一个 URL 路径的字符串,该 URL 路径还可以带参数。语法格式如下:

```
< c:url value ="url" [var ="varName"] [scope ="page | request | session |
application"] [context="context"] >
        <c:param>
</c:url>
```

该语法参数的含义同＜c：redirect＞标记。

该语法将输出产生的 URL 字符串信息。如果指定了 var 和 scope 属性,所产生的 URL 字符串信息就不再输出,而是存储在变量中以备后用。

例如下面的代码:

```
<a href="<c:url value="http://www.newsPub.com" >
            <c:param name="username" value="admin"/>
        </c:url>">
        练习使用 URL 标记
</a>
```

所产生的链接目录 URL 是 http://www.newsPub.com?username='admin',读者可以自

行编程验证。

7.3　新闻修改功能的开发

Sun 公司在最初引入 JSP 技术时,定义了两种开发模型来建立基于 JSP 的 Web 应用程序。这两种开发模型分别被称为 JSP Model1 和 JSP Model2。Model1 开发模式的实现比较简单,适用于快速开发小型应用。

Model1 开发模式把 Web 应用定义为三部分,分别是浏览器、服务器和数据库。服务器上运行负责页面显示的 JSP 和实现业务逻辑的 JavaBean,使用 JSP 页面和 JavaBean 共同协作完成应用功能。Model1 开发模式的整体架构如图 7.7 所示。

图 7.7　JSP Model1 的架构

在基于 JSP Model1 的 Web 应用中,一次用户请求的处理过程如下:

(1)浏览器发出请求;

(2)指定的 JSP 页面接收请求,并将请求以适当的方式分发给对应的 JavaBean 来处理;

(3)如果该业务需要与数据库交互,由 JavaBean 来访问数据库;

(4)JavaBean 将处理结果返回给显示结果的 JSP 页面;

(5)应用服务器将 JSP 页面产生的响应信息返回给浏览器。

7.3.1　新闻修改开发任务

本节实现新闻修改功能的开发。

管理员用户登录成功后,进入新闻管理页面。单击新闻列表中的"修改"超链接进入相应新闻的修改页面,可以对该条新闻的标题、类别、内容和关键字等信息等进行修改。完成所需修改后,单击"修改"按钮进入新闻修改提交页面,显示修改操作提示。然后单击"新闻管理页面"超链接返回新闻管理页面。

相关的功能界面可以参见第 1 章的示例应用介绍。接下来按照 JSP Model1 开发模式,完成新闻修改功能的设计和实现。

7.3.2　新闻修改设计与实现

1. 新闻修改功能设计

新闻修改功能是要对指定新闻的标题、类别、内容和关键字等信息进行修改。

首先设计新闻模块功能涉及的页面及相关的流程控制和数据传递。

新闻修改功能的流程控制涉及三个页面。从新闻管理页面到新闻修改页面使用超链接实现，从新闻修改页面到新闻修改提交页面使用 HTML 表单中的"提交"按钮实现，从新闻修改提交页面到新闻管理页面使用超链接实现。

在新闻修改功能中有两次数据传递。第一次是单击"修改"超链接进入新闻修改页面时，需要同步传递要修改的新闻 id 值，可以使用 URL 传参方式实现，然后根据 id 值取出新闻数据表中对应的新闻数据，显示在修改表单中。第二次是单击"修改"按钮进入新闻修改提交页面时，需要同步传递修改之后的新闻内容，可以使用 HTML 表单元素实现。

然后设计上述功能需要的使用的 JavaBean。这里需要用到封装新闻相关信息的实体 Bean 和实现新闻数据表访问功能的业务 Bean。

实体 Bean 已经在第 6 章实现。业务 Bean 中需要实现查询全部新闻方法、按 id 查询新闻方法和修改新闻方法，分别用于新闻管理和新闻修改功能，其中前两个方法也已经在第 6 章实现。

2. 新闻修改功能实现

【程序 7.9】 修改程序 6.16 实现新的新闻数据表访问类文件 NewsDAO. java，增加修改新闻的 modify()方法。

```java
package news.beans;
import java.util.ArrayList;
import java.sql.*;
import news.util.*;

public class NewsDAO {

...

    /*
     * 修改新闻
     */
    public boolean modify(News news) {
        boolean result =false;
        int n =0;
        Connection conn =null;
        Statement stmt =null;
        String sql =null;
        try {
            conn =DBGet.getConnection();
            stmt =conn.createStatement();
            sql ="update news set title='" +news.getTitle() +"',content='"
                    +news.getContent() +"' ,author='" +news.getAuthor()
                    +"',pubtime='" +news.getPubtime() +"',keyword='"
```

```
                        +news.getKeyword() +"',acnumber='" +news.getAcnumber()
                        +"',newstype=" +news.getNewstype() +" where id="
                        +news.getId();
            n =stmt.executeUpdate(sql);
        } catch (SQLException e1) {
            System.out.println(e1 +"dao: " +sql);
        } finally {
            DBGet.closeConnection(conn);
        }
        if (n >0)
            result =true;
        return result;
    }
}
```

modify()方法更新新闻数据表中的一条记录,方法参数是一个 News 对象。所用到的各个字段值是 News 对象的属性值。最后返回一个逻辑值代表插入操作成功或失败。

编写完成后,需要重新编译 NewsDAO 类。

【程序 7.10】 在 newsPub 文件夹下编写新闻修改页面文件 modiNews.jsp。

```
<%@page language="java" contentType="text/html;charset=UTF-8"%>
<%@page import="java.util. * "%>
<%@page import="news.beans.News"%>
<%@page import="news.beans.Newstype"%>
<%@taglib uri="http://java.sun.com/jsp/jstl/core" prefix="c"%>
    ...
    <!--main begin -->
    <jsp:useBean id="newsDAO" class="news.beans.NewsDAO" scope=
        "page" />
    <jsp:useBean id="newstypeDAO" class="news.beans.NewstypeDAO"
        scope="page" />
    <%
    ArrayList<Newstype>newstypeList =newstypeDAO.getAllNewstype();
    String id =request.getParameter("id");
    News news =newsDAO.getByID(id);
    request.setAttribute("newstypeList", newstypeList);
    request.setAttribute("news", news);
    %>
    <div class="inputform">
        <div class="top-bar">
            <h1>新闻修改</h1>
        </div>
```

```
        <br />
<form action="doModiNews.jsp" method="post">
 < input type = " hidden " name = " author " value = " ${sessionScope.
        username}">
</input>
<input type="hidden" name="id" value="${news.id}"></input><br/>
<input type="hidden" name="acnumber" value="${news.acnumber}">
        </input>
<input type="hidden" name="pubtime" value="${news.pubtime}">
        </input>
标题：<input type="text" name="title" id="title" value="${news.
        title}">
</input><br/><br/>
类别：<select name="newstype">
    <c:forEach var="newstype" items="${newstypeList}">
        <c:choose>
            <c:when test="${newstype.id ==news.newstype }">
            <option value="${newstype.id}" selected="selected">
                ${newstype.newstype}
            </option>
            </c:when>
            <c:otherwise>
            <option value="${newstype.id}">${newstype.newstype}
            </option>
            </c:otherwise>
        </c:choose>
    </c:forEach>
    </select>       
关键字：
<input type="text" name="keyword" id="keyword" value=
    "${news.keyword}">
</input><br/><br/>
内容：
<textarea name="content" cols="25" rows="5">${news.content}
    </textarea>
<br/><br/>
               
        
<input type="submit" value="修改"></input>
</form>
</div>
<!--main end -->
...
```

modiNews. jsp 负责提供修改新闻的表单。表单的 action 属性取值为 doModiNews. jsp,实现到新闻修改提交页面的流程控制。表单中分别提供了用于输入新闻标题、类别、内容和关键字的输入元素以及提交表单的"发布"按钮。

因为是对原有新闻内容的修改,所以需要取出要修改的新闻标题、内容、类别和关键字,并显示在修改表单的各个输入元素中。这里使用 JavaBean 和 JSTL 来实现 JSP 页面,尽可能减少脚本代码。

首先用＜taglib＞指令引入了 JSTL 核心标记库,然后使用＜useBean＞标记创建 newsDAO 对象和 newstypeDAO 对象两个业务 Bean。

接下来编写脚本代码,调用 newstypeDAO 对象的 getAllNewstype()方法得到新闻类型集合对象 newstypeList;调用 newsDAO 对象的 getByID()方法得到要修改的新闻对象 news。为了能够通过 EL 来使用这些对象,需要把它们添加到 request 作用域中。

最后使用 EL 取出要修改的新闻内容并设置为 input 标记的 value 属性值,显示在页面上供修改。

另外,需要注意其中显示新闻类别的实现方法,用到了 forEach、choose、when 和 otherwise 标记进行迭代和条件判断。特别要注意在条件判断中 EL 表达式的写法。关键代码如下:

```
<c:forEach var="newstype" items="${newstypeList}">
    <c:choose>
        <c:when test="${newstype.id == news.newstype }">
        <%--注意: test 条件不能写成${newstype.id} ==${news.newstype } --%>
        <option value="${newstype.id}" selected="selected">
            ${newstype.newstype}
        </option>
        </c:when>
        <c:otherwise>
        <option value="${newstype.id}">${newstype.newstype}
        </option>
        </c:otherwise>
    </c:choose>
</c:forEach>
```

还有一个需要注意的地方,即对于新闻 id 值不允许修改,但也要作为表单提交的内容,所以,使用了 hidden 类型的 input 元素。

【程序 7.11】 在 newsPub 文件夹下编写新闻修改提交页面文件 doModiNews. jsp。

```
<%@page language="java" contentType="text/html;charset=UTF-8"%>
<%@page import="news.beans.News"%>
<%@taglib uri="http://java.sun.com/jsp/jstl/core" prefix="c"%>
<%request.setCharacterEncoding("UTF-8");%>
```

```
<jsp:useBean id="newsDAO" class="news.beans.NewsDAO" scope="page"/>
<jsp:useBean id="news" class="news.beans.News" scope="page"/>
<jsp:setProperty name="news" property="*"/>
<%
    boolean success =newsDAO.modify(news);
    request.setAttribute("success", success);
%>
<c:choose>
    <c:when test="${success}">
            新闻修改成功,单击返回<a href='manageNews.jsp'>新闻管理页面</a>
    </c:when>
    <c:otherwise>
            新闻修改失败,请联系管理员!
    </c:otherwise>
</c:choose>
```

doModiNews.jsp 负责获取表单数据并更新数据库。

首先使用<jsp:useBean>标记创建两个 JavaBean 实例,分别是 NewsDAO 类的实例 newsDAO 和 News 类的实例 news。

然后使用<jsp:setProperty>标记取出表单中提交的参数值并赋值给 News 对象中同名的属性。

接下来调用 JavaBean 实例的方法,实现新闻修改功能,并将返回值放入 request 作用域中。

最后使用<c:choose>标记对修改结果进行选择判断,并显示相应的操作提示信息。

至此,完成新闻修改功能的开发。

7.3.3　新闻修改运行过程

新闻修改功能的程序运行过程详述如下。

启动 Tomcat,打开浏览器并在地址栏输入地址 http://localhost:8080/newsPub/manageNews.jsp,进入新闻管理页面,在新闻列表中,单击需要某条新闻后的“修改”超链接,进入新闻修改页面。对新闻内容进行必要的修改之后,单击“修改”按钮,进入新闻修改提交页面。在新闻修改提交页面单击“新闻管理页面”超链接返回新闻管理页面。

7.4　本 章 小 结

本章主要介绍了 EL 和 JSTL 的功能和使用。EL 使用＄{EL 表达式}的简单形式表示常量、变量和对象等元素。JSTL 以类似 HTML 标记的形式取代 JSP 页面中的 Java 脚本,对 JSTL 核心标记库中常用的 JSTL 标记用法进行了介绍。围绕对 EL 和 JSTL 的应用,本章重构了新闻发布系统的新闻管理页面和动态功能菜单页面,并实现新闻修改功能。

7.5 习　　题

1. 单选题

(1) 在 JSP 页面中获取客户端提交的名为 password 的请求参数值可以使用 EL 表达式(　　)。

  A. ${pageScope.passowrd}　　　　　B. ${sessionScope.passowrd}

  C. ${param.passowrd}　　　　　　　D. ${applicationScope.passowrd}

(2) 在 JSP 页面中使用 JSTL 的核心标记库,需要使用(　　)语句导入。

  A. <%@taglib uri="http://java.sun.com/jsp/jstl/core" prefix="c"%>

  B. <%@taglib uri="http://java.sun.com/jsp/jstl/fmt" prefix="fmt"%>

  C. <%@taglib uri="http://java.sun.com/jsp/jstl/x" prefix="x"%>

  D. <%@taglib uri="http://java.sun.com/jsp/jstl/sql" prefix="sql"%>

(3) 能够实现循环功能的 JSTL 标记是(　　)。

  A. <c:set>　　　　B. <c:out>　　　　C. <c:forEach>　　D. <c:if>

2. 简答题

(1) 简述 JSTL 的主要用途及使用步骤。

(2) 简述 JSP Model1 的概念。

3. 上机练习

(1) 使用 EL 和 JSTL 重构新闻发布系统中已经完成的 JSP 页面。

(2) 基于 JSP Model1 开发模式,完成新闻修改功能的开发。

第8章

重构程序结构

学习目标

- 理解 Servlet 的基本概念和编程方法；
- 了解过滤器的基本概念和编程方法；
- 理解 MVC 设计模式和基于 MVC 的开发。

8.1 新闻搜索功能开发

8.1.1 新闻搜索开发任务

新闻搜索功能是所有页面共用的一个功能。在所有页面的侧栏上部都有一个"站内检索"区域，用户在文本框中输入想要查询的关键词后，单击"搜索"按钮，会在页面右侧显示关键词与用户输入一致的所有新闻标题。之后单击新闻即可进入新闻的阅读页面。

新闻搜索页面如图 8.1 所示。

图 8.1　新闻搜索页面

8.1.2 新闻搜索设计与实现

1. 新闻搜索功能设计

新闻搜索功能的处理逻辑比较简单，本质上就是一个简单的数据库查询。使用前面章节中已经学过的相关知识，就可以完成这个开发任务。本章采用一种新的开发模式来实现这个功能。

首先分析新闻搜索功能中的流程控制。这里涉及两个页面。侧边栏中的站内检索会出现在所有页面中，前面已经利用结构化网页设计方法把它单独放在 left.jsp 中，当单击其中的"搜索"按钮时进入到搜索结果页面。显然，这里的流程控制可以用 HTML 中的提交表单方式来实现。

然后再分析新闻搜索功能中的数据传递。这里的数据传递也很简单。用户在 left.jsp 页面的表单中输入搜索关键字，当单击"搜索"按钮时，这个关键字需要同步传递给实现新闻查询功能的程序模块,当进入搜索结果页面时还需要传递查询结果用以显示。前者正好使用 HTML 中的提交表单方式来实现,而后者则采用本章介绍的一种新的数据传递方式来实现。

如果按照之前的开发模式来实现新闻搜索功能,只需要再编写一个搜索结果页面,并把搜索表单的提交对象设置为这个页面。然后在此页面中获取表单输入,再访问数据库中的新闻数据表查询相关新闻。最后在搜索结果页面中显示查询结果即可。但是对比这个搜索结果页面和之前已经实现过的新闻列表页面可以发现,这两个页面的显示逻辑完全相同,都是把从数据库中查询到的一组新闻标题以列表的形式显示在页面上。

第 6 章在介绍 JavaBean 的概念时已经提到,应该让 JSP 页面关注于界面展示,把数据的处理逻辑封装到 JavaBean 里,这样便于实现页面功能的动静分离。既然新闻列表功能的页面显示逻辑与新闻搜索功能相同,那么可以考虑采用一种新的实现方式让这两个功能能够共用同一个结果显示页面。下面给出具体的实现。

2. 新闻搜索功能实现

在 newsPub\WEB-INF\src 文件夹下创建如图 8.2 所示的目录结构,用于存放 Java 类源文件。

图 8.2　src 中的目录结构

【**程序 8.1**】　修改 newsPub\common 文件夹中的新闻搜索表单所在页面文件 left.jsp,设置表单的提交目标地址。

```
...
<div class="sidesec">
    <div class="sidesec_bt"><span>站内检索</span></a></div>
    <hr>
    <div class="sideform">
        <form action="news" method="get" id="formQ">
        <div id="leftdiv">
            <input type="hidden"  value="query" name="action"></input>
            <input type="text" value="请输入关键字" name="keyword"></input>
        </div>
        <div id="rightdiv">
            <img id="submitBtn" style="cursor:pointer;"
            onclick="formQ.submit()" src="image/ss.jpg"></img>
        </div>
        </form>
    </div>
</div>
...
```

left.jsp 是在第 3 章学习结构化网页设计时编写的页面。站内检索区的表单用于输入搜索关键字并向服务器端提交,使用 HTML 中的 form 标记和 input 标记实现。

form 标记中的 action 属性取值为 news。这里的取值不再是一个具体的 JSP 页面,而是一个普通的字符串,它的具体含义后面再做详细解释。表单中有一个 input 标记设置为 hidden 类型,value 属性值为 query,name 属性值为 action。它是用来区分搜索新闻功能和新闻列表功能,具体用法也会在后面说明。另一个实现文本框的 input 标记用于输入关键字,name 属性设置为 keyword。

【程序 8.2】　修改程序 7.9 中的 NewsDAO.java 实现新的新闻数据表访问类,增加按关键字查询的 getByKeyword()方法。

```java
package news.beans;
import java.util.ArrayList;
import java.util.List;
import java.sql.*;

public class NewsDAO {

...

    /*
     * 根据关键字查询相关新闻
     */
    public ArrayList<News>getByKeyword(String keyword){
        News news=null;
        ArrayList<News>newsList =new ArrayList<News>();
        Connection conn =null;
        ResultSet rs =null;
        Statement stmt =null;
        try{
            conn =DBGet.getConnection();
            stmt =conn.createStatement();
            String sql="SELECT * from news where keyword = '"+keyword+"'";
            rs =stmt.executeQuery(sql);

            while(rs.next()){
                news=new News();
                news.setId(rs.getInt("id"));
                news.setTitle(rs.getString("title"));
                news.setContent(rs.getString("content"));
                news.setAuthor(rs.getString("author"));
                news.setPubtime(rs.getString("pubtime"));
                news.setKeyword(rs.getString("keyword"));

                newsList.add(news);
            }
        }catch(SQLException e1) { System.out.println(e1+"dao");}
```

```
        finally{
          DBGet.closeConnection(conn);
        }
        return newsList;
    }
}
```

NewsDAO 类的 getByKeyword()方法根据关键字查询新闻表中的指定记录。执行如下 SQL 语句,其中 keyword 为方法参数:

```
String sql="SELECT * from news where keyword ='"+keyword+"'";
```

处理查询结果的方法是对每一条记录,取出其各字段值,并分别设置为一个 News 对象的属性,最后把所有的 News 对象放入 ArrayList 对象 newsList 并返回。

编写完成后打开命令行窗口,进入 newsPub 文件夹中的 src 文件夹,使用下面的命令进行编译:

```
javac -d ..\classes news\beans\NewsDAO.java
```

编译成功后可以看到在 newsPub 文件夹中的 classes 文件夹下自动创建了 news\beans\文件夹,其中有刚刚编译得到的 NewsDAO. class 文件。

这里用到的 DBGet 类和 News 类是第 6 章实现的程序 6.1 和程序 6.15 中的类。

【程序 8.3】 在 servlet 文件夹下编写新闻请求处理类文件 NewsServlet. java,专门用于处理新闻模块的用户请求。

```
package news.servlet;
import java.io.IOException;
import java.util.ArrayList;
import javax.servlet.ServletException;
import javax.servlet.http.HttpServlet;
import javax.servlet.http.HttpServletRequest;
import javax.servlet.http.HttpServletResponse;
import news.beans.News;
import news.beans.NewsDAO;

public class NewsServlet extends HttpServlet {
    public void doGet(HttpServletRequest request,
        HttpServletResponse response)
        throws ServletException,IOException
        {
```

```
        ArrayList<News>newsList =new ArrayList<News>();
        NewsDAO newsDAO =new NewsDAO();

        String func=request.getParameter("action");
        if (func==null){
            func="";
        }
        if (func.equals("query")){        //按关键字查询
            String keyword=request.getParameter("keyword");
            keyword =new String( keyword.getBytes("iso-8859-1"), "UTF-8");
            newsList =newsDAO.getByKeyword(keyword);
            request.setAttribute("newsList", newsList);
            request.getRequestDispatcher("listNews.jsp").forward
                (request, response);
        }else{                            //所有新闻
            newsList =newsDAO.getAllNews();
            request.setAttribute("newsList", newsList) ;
            request.getRequestDispatcher("listNews.jsp").forward
                (request, response);
        }
    }
    public void doPost(HttpServletRequest request,
            HttpServletResponse response) throws
        ServletException, IOException
    {
      doGet(request, response);
    }
  }
```

NewsServlet. java 负责处理客户端发出的 HTTP 请求。

doGet()方法用于处理客户端的 GET 请求。这里只要知道当收到客户端使用 get 方法提交的表单时这个方法被自动调用就可以了,详细的处理流程参见 8.2 节。这个方法头的格式是固定的,方法的两个参数 request 和 response 暂时可以理解为 JSP 中的同名内置对象。

首先创建一个 ArrayList 对象 newsList 用于保存查询结果,再创建一个新闻数据表访问类对象 newsDAO。

然后利用 request 对象取得用户提交的表单数据中的 action 变量的值。如果未取得则使用空字符串作为默认值。

接下来根据 action 的值来判断用户请求的类型。如果是 query,说明用户是通过提交搜索新闻表单发出的请求,那么就需要继续取出表单数据中的 keyword 变量的值,并作为参数,调用 newsDAO 对象的 getByKeyword()方法。根据前面的说明,可以知道这

个方法会返回根据 keyword 值作为关键字查询到的相关新闻给 newsList。之后调用
request 对象的 setAttribute( ) 方法将 newsList 放入 request 作用域，再调用
getRequestDispatcher()方法获得请求转发对象并调用其 forward()方法将该请求转发到
listNews.jsp 页面。

如果 action 的值不是 query，就按照新闻列表功能来处理，直接调用 newsDAO 对象
的 getAllNews()方法，会返回所有新闻给 newsList，后续处理与上面相同。

编写完成后打开命令行窗口，进入 newsPub 文件夹中的 src 文件夹，使用下面的命令
进行编译：

```
javac -d ..\classes news\servlet\NewsServlet.java
```

编译成功后可以看到在 newsPub 文件夹中的 classes 文件夹下自动创建了 news\
serlvet\文件夹，其中有刚刚编译得到的 NewsServlet.class 文件。

如果出现编译错误，可以参考 8.2.2 节中的做法将 Servlet API 库文件添加到环境变
量 CLASSPATH 中，再次编译。

【程序 8.4】 在 newsPub 文件夹下编写新闻列表页面文件 listNews.jsp，只关注页
面显示功能。

```
...
<!--main begin -->
<!--使用 taglib 指令设置标记前缀 -->
<%@taglib uri="http://java.sun.com/jstl/core_rt"  prefix="c"%>
    <div class="news_list">
        <ul>
            <c:forEach items="${requestScope.newsList}" var="news">
              <li>
                <div class="dd_lm">[国内]</div>
                  <div class="dd_bt">
                    <a href="dispNews.jsp?id=${news.id} ">${news.title}
                        </a>
                  </div>
                  <div class="dd_time">${news.pubtime} </div>
              </li>
            </c:forEach>
        </ul>
    </div>
        <!--main end -->
    ...
```

listNews.jsp 是新闻搜索和新闻列表两个功能共用的结果页面。前面已经看到，无
论是处理哪个功能请求，最终都是将查询结果以 ArrayList 对象的形式放在了 request 作

用域中。因此,在实现新闻列表页面时,不需要考虑是作为哪个功能的结果页面,只要从
request 作用域中取出 newsList,将其中的内容显示在页面中即可。

这里使用 JSTL 中的 forEach 标记实现迭代处理,将每个 News 对象的信息显示在结
果页面中。

【程序 8.5】　在 newsPub 文件夹下编写应用的入口页面文件 index.jsp,替代原来的
系统页面文件 index.jsp,把请求直接转发给 Servlet。

```jsp
<%@page language="java" import="java.util.* " %>
<%
    response.sendRedirect("news");
%>
```

index.jsp 作为整个应用的入口页面,利用页面重定向功能将访问首页的请求转发到
news,进而交由 NewsServlet 类来处理。

【程序 8.6】　在 WEB-INF 文件夹下编写应用配置文件 web.xml,对应用的默认首
页和 Servlet 进行配置。

```xml
<?xml version="1.0" encoding="UTF-8"?>
<web-app version="2.5"
    xmlns="http://java.sun.com/xml/ns/javaee"
    xmlns:xsi="http://www.w3.org/2001/XMLSchema-instance"
    xsi:schemaLocation="http://java.sun.com/xml/ns/javaee
    http://java.sun.com/xml/ns/javaee/web-app_2_5.xsd">
<welcome-file-list>
    <welcome-file>index.jsp</welcome-file>
</welcome-file-list>
<servlet>
    <servlet-name>newsServlet</servlet-name>
    <servlet-class>news.servlet.NewsServlet</servlet-class>
</servlet>
<servlet-mapping>
    <servlet-name>newsServlet</servlet-name>
    <url-pattern>/news</url-pattern>
</servlet-mapping>
</web-app>
```

welcome-file-list 标记定义 Web 应用的默认首页。

servlet 标记和 servlet-mapping 标记分别实现 NewsServlet 的定义和映射,具体含义
参见 8.2 节。

至此,完成新闻搜索功能的开发。

8.1.3　新闻搜索运行过程

新闻搜索功能的程序运行过程详述如下。

启动 Tomcat，打开浏览器，在地址栏输入地址 http://localhost:8080/newsPub/。因为在 web.xml 文件中已经配置了 newsPub 应用的默认首页，所以 Tomcat 会运行 index.jsp 来处理此请求。index.jsp 中实现页面重定向功能的代码被执行，浏览器会自动发出对 http://localhost:8080/newsPub/news 的请求。

因为在 web.xml 中把 news 配置映射到 newsServlet，而 newsServlet 对应的是 news.servlet.NewsServlet 类，所以 Tomcat 会调用 NewsServlet 类中的 doGet()方法来处理此请求。

doGet()方法中获取请求参数 action，得到 null 值，因此执行查看所有新闻的代码段，会调用 newsDAO 对象的 getAllNews()方法。

getAllNews()方法中访问 news 数据库中的 news 数据表，查询出全部记录。然后为查询结果中的每条记录创建一个 News 类对象，封装该记录的各字段值，再把此 News 对象放入 ArrayList 对象 newsList 中。最后返回 newsList。

接下来在 doGet()方法中把这个 newsList 存入 request 作用域中，并将请求在服务器端转发到 listNews.jsp 页面。

listNews.jsp 页面中使用 JSTL 的 forEach 标记迭代处理保存在 request 作用域中的 newsList，将其中的每个 News 对象的 id、title、pubtime 等属性值都显示在页面中。这是第一次使用 listNews.jsp，被作为查看所有新闻标题功能的结果显示页面。

再在侧栏"站内检索"区的文本框中输入要查询的新闻关键字，单击"搜索"按钮，表单被提交给 form 标记的 action 属性定义的 news。前面已经解释过，这个请求会由 NewsServlet 类中的 doGet()方法来处理。

doGet()方法中获取请求参数 action，得到 query 值，因此执行按关键字查询的代码段，会再获取请求参数 keyword，然后调用 newsDAO 对象的 getByKeyword()方法。

getByKeyword()方法中按照访问 news 数据库中的 news 数据表，查询 keyword 字段与参数值相同的记录。然后同样为查询结果中的每条记录创建一个 News 类对象，封装该记录的各字段值，再把此 News 对象放入 ArrayList 对象 newsList 中。最后返回 newsList。

接下来 doGet()方法中也同样把这个 newsList 存入 request 作用域中，并将请求在服务器端转发到 listNews.jsp 页面。listNews.jsp 页面使用与上面相同的显示处理逻辑，将查询结果显示在页面中。这是第二次使用 listNews.jsp，被作为按关键字查看新闻标题功能的结果显示页面。

8.2　Servlet 开发

Servlet 是一种在服务器端运行的 Java 程序，可以对任何类型的网络请求产生响应，但最常见的是用于处理 HTTP 请求。与传统的通过命令行启动的 Java 程序不同，Servlet 程序是由 Web 服务器进行加载并运行。前面的程序 8.3 中的 NewsServlet.java

就是一个 Servlet 程序。本节介绍 Servlet 开发的相关内容。

8.2.1　Servlet 基础

1. Servlet 简介

Servlet 是用 Java 语言编写的一个类,用于扩展服务器的功能,实现驻留在服务器上的通过请求/响应模型来访问的应用程序。但 Servlet 并不是一个独立的应用程序,它需要被其他的应用程序(Servlet 容器)调用才能执行。

Servlet 容器负责接收用户请求,并将请求传送给 Servlet。在 Servlet 执行完成后,再由容器将执行结果作为响应返回给用户。不同的 Servlet 容器具体实现可能会有所区别,但容器与 Servlet 之间的接口是由 Servlet API 统一定义的。这个接口定义了 Servlet 容器在 Servlet 上要调用的方法和传递的对象类。

前面在介绍 JSP 的运行机制时提到过,JSP 页面需要首先被 JSP 引擎转译为一个 Java 类,然后再编译运行。事实上,转译得到的那个 Java 类就是一个 Servlet 程序。换句话说,JSP 实质上还是 Servlet。由于使用 Servlet 来编写服务器端程序直接输出响应信息比较烦琐,才出现了能够使用客户端开发技术和服务器端脚本混合编码的 JSP 技术。因此使用 JSP 来开发 Web 应用的效率要比 Servlet 更高。目前的 Java Web 应用开发中仍然在使用 Servlet,但多是将 Servlet 用在 MVC 模型中作为控制器组件。

2. Servlet 接口

Servlet API 主要包括 javax. servlet 和 javax. servlet. http 两个包。其中,javax. servlet 包中定义的接口和类是与协议无关的,javax. servlet. http 包则继承和扩展了 javax. servlet 包,定义了一组专门针对 HTTP 协议的接口和类。

javax. servlet 包中的 javax. servlet. Servlet 接口定义了所有 Servlet 的生命周期,是 Servlet 的基础接口。表 8.1 是 Servlet 接口的主要方法。

表 8.1　Servlet 接口的主要方法

方 法 声 明	功 能 简 介
public void destroy()	当 Servlet 被销毁时,Servlet 容器会调用此方法
public void init(ServletConfig config)	当 Servlet 被初始化时,Servlet 容器会调用此方法
public void service(ServletRequest request, ServletResponse response)	用于提供服务,处理 request 对象描述的请求,并使用 response 对象返回响应

表 8.1 中的这三个方法定义了 Servlet 的生命周期。Servlet 运行在 Servlet 容器中,其生命周期由容器管理,主要包括以下几个阶段:

(1) Servlet 容器在首次调用 Servlet 时为它创建一个实例。

(2) 容器调用该实例的 init()方法进行初始化。如果初始化失败则直接卸载该实例。

(3) 如果容器对该 Servlet 有请求,就调用此实例的 service()方法提供服务,如果服务出错则抛出 Unavailable 异常。

（4）在销毁此实例之前,容器会调用它的 destroy()方法。

（5）销毁实例,结束生命周期。

init()方法和 destroy()方法只是分别在创建实例之后和销毁实例之前被容器调用一次,而 service()方法在每次发生对 Servlet 的请求时,都会被调用一次。在 service()方法中,可以通过 ServletRequest 对象得到请求信息,在对请求进行处理之后,再通过 ServletResponse 对象设置响应信息。

编写 Servlet 的基本方法就是实现 javax.servlet.Servlet 接口。另外,javax.servlet 包中的 javax.servlet.GeniricServlet 类是 Servlet 接口的一个实现。它提供了除 service()方法以外其他方法的默认实现。因此,也可以直接继承 GeniricServlet 类来编写 Servlet,然后再根据需要重写 service()方法的实现。

3. HttpServlet 类

对于 Web 应用而言,Servlet 主要是用于处理 HTTP 请求,所以更一般的编写 Servlet 方法是继承 javax.servlet.http.HttpServlet 类。

HttpServlet 类是 GeniricServle 类的子类,通过调用指定到 HTTP 请求的方法来实现 service()方法。对于 HTTP 中定义的 DELETE、HEAD、GET、POST、PUT 等方法,分别调用 doDelete()、doHead()、doGet()、doPost()、doPut()等方法来处理相应的请求。其主要方法如表 8.2 所示

表 8.2　HttpServlet 类的主要方法

方 法 声 明	功 能 简 介
void doGet(HttpServletRequest request, HttpServletResponse response)	用来处理 HTTP GET 请求
void doPost(HttpServletRequest request, HttpServletResponse response)	用来处理 HTTP POST 请求
void service(HttpServletRequest request, HttpServletResponse response)	根据请求的类型,将请求导向 doGet()、doPost()等方法

这样,编写 Servlet 时只需继承 HttpServlet 类,根据请求类型是 GET 还是 POST,重写 doGet()或 doPost()方法即可。这两个方法的参数 request 和 response 分别是 HttpServletRequest 类和 HttpServletResponse 类的对象。其中,request 对象提供访问请求信息的方法,例如表单数据,response 对象提供了设置响应信息的方法。

使用 Servlet 需要在 Web 应用描述文件 web.xml 中配置它的定义和映射,需要用到的各个元素及其含义见表 8.3。

表 8.3　Servlet 配置元素

元　素	含　义	元　素	含　义
servlet	定义一个 Servlet	servlet-mapping	关联 Servlet 和 URL
servlet-name	指定 Servlet 的名称	url-pattern	指定访问 Servlet 使用的 URL
servlet-class	指定 Servlet 类名		

8.2.2　Servlet 应用

1. 编写 Servlet

编写 Servlet 的一般步骤如下。

第一步,导入 javax. servlet 包、javax. servlet. http 包及其他必要的包。

第二步,继承 HttpServlet 类,并重写 doPost()和 doGet()方法。

第三步,在 doPost()和 doGet()方法中依次实现获取请求参数、创建输出对象、设置响应类型、输出响应内容等功能。

下面给出一个使用 Servlet 实现获取表单输入并实现简单输出的例子。

【程序 8.7】　在 Tomcat 安装目录\webapps\文件夹下创建 demo08 文件夹,并在其中建立如图 8.3 所示的目录结构。在 servlet 文件夹下编写 Servlet 示例类文件 HelloServlet. java。

图 8.3　demo08 应用的目录结构

```java
package servlet;
import java.io.*;
import javax.servlet.*;
import javax.servlet.http.*;
public class HelloServlet extends HttpServlet {
    public void doGet(HttpServletRequest request, HttpServletResponse response)
        throws ServletException, IOException {
        String param1 = request.getParameter("username");
        PrintWriter out = response.getWriter();
        response.setContentType("text/html");
        out.println("<html><head><title>ServletDemo</title></head>");
        out.println("<body><h1>");
        out.println("Hello,"+param1);
        out.println("</h1></body></html>");
    }

    public void doPost(HttpServletRequest request, HttpServletResponse response)
        throws ServletException, IOException {
        doGet(request, response);
    }
}
```

HelloServlet 类继承 HttpServlet 类并实现了 doGet()方法和 doPost()方法,分别用于处理 GET 请求和 POST 请求。

doGet()方法处理客户端发送的 GET 请求。首先获取请求参数 username 的值,然后使用 out 对象进行输出,这里所输出的字符串内容组合起来正好构成一个标准的网页文档,最后被 Tomcat 作为对此次请求的响应信息返回给浏览器。

doPost()方法直接调用 doGet()方法,对 POST 请求进行相同的处理。

2. 编译和配置 Servlet

Servlet 类编写完成之后,需要进行编译和部署。

编译 Servlet 之前需要先把 Servlet API 库文件添加到环境变量 CLASSPATH 中。可以直接使用 Tomcat 发行版中包含的 servlet-api.jar。向系统的 CLASSPATH 环境变量中增加下面的值(假定 Tomcat 安装目录为 d:\tomcat):

```
d:\tomcat\lib\servlet-api.jar
```

然后打开命令行窗口,进入 demo08 应用中的 src 目录,使用下面的命令进行编译:

```
javac -d ..\classes servlet\HelloServlet.java
```

编译结束之后可以看到在 demo08 应用中的 classes 目录下自动创建了 servlet 目录,其中有刚刚编译得到的 HelloServlet.class 文件。

【程序 8.8】 在 demo08\WEB-INF 文件夹下创建示例应用配置文件 web.xml,进行 Servlet 定义和映射,代码如下:

```xml
<?xml version="1.0" encoding="UTF-8"?>
<web-app>
    <welcome-file-list>
        <welcome-file>index.jsp</welcome-file>
    </welcome-file-list>
    <servlet>
        <servlet-name>helloServlet</servlet-name>
        <servlet-class>servlet.HelloServlet</servlet-class>
    </servlet>
    <servlet-mapping>
        <servlet-name>helloServlet</servlet-name>
        <url-pattern>/hello</url-pattern>
    </servlet-mapping>
</web-app>
```

servlet-class 标记中定义了完整的 Servlet 类名。

url-pattern 标记中定义了调用 Servlet 时应该使用的 URL。

3. 调用 Servlet

【程序 8.9】 在 demo08 文件夹下编写表单提交页面文件 index.jsp,通过表单提交访问 Servlet。

```
<%@page language="java" pageEncoding="GBK"%>
<html>
  <head>
    <title>ServletDemo</title>
  </head>
  <body>
    <form action="hello" method="post">
        请输入用户名：<input type="text" name="username"/>
        <input type="submit" value="提交"/>
    </form>
  </body>
</html>
```

form 标记的 action 属性值 hello 指明了调用 Servlet 的 URL。

至此就完成了 demo08 示例应用的开发。

4. 程序运行过程

启动 Tomcat，打开浏览器，在地址栏输入 http://localhost:8080/demo08/，打开默认首页 index.jsp，如图 8.4 所示。

在首页的文本框中输入用户名，单击"提交"按钮，表单被提交给 form 标记的 action 属性定义的 hello。根据 web.xml 中对 Servlet 所做的相关配置可知，这个用 POST 方法提交的表单会由 HelloServlet 类中的 doPost() 方法来处理。因为 doPost() 方法是直接调用 doGet() 方法，因此实际执行的仍然是 doGet() 方法。

doGet() 方法中获取请求参数 username，得到在首页中输入的用户名，然后作为输出的网页文档中的一部分被 out 对象输出，并返回给浏览器。浏览器显示得到的响应信息，最终的运行结果如图 8.5 所示。

图 8.4　默认首页

图 8.5　Servlet 运行结果

这个例子演示了 Servlet 的基本用法。事实上，现在已经很少用 Servlet 来实现示例应用中的功能，因为用 JSP 编程实现会更加简洁和方便。目前，在 Web 应用中的 Servlet 更多用于实现 8.1 节中的类似功能，即接收用户请求和进行流程控制，这种用法涉及 MVC 设计模式的概念，会在 8.3 节做详细的介绍。

8.2.3　Servlet 过滤器

1. Servlet 过滤器简介

Servlet 过滤器是在请求一个资源或者从一个资源返回响应的时候执行过滤操作的

一种插件。它的基本功能是对 Servlet 容器调用 Servlet 的过程进行拦截，能够在 Servlet 被调用之前检查 request 对象，修改请求信息，在 Servlet 被调用之后检查 response 对象，修改响应信息。一般可以把 Servlet 过滤器用于身份认证、数据压缩、数据加密、乱码处理等非核心业务场景。

Servlet 过滤器的拦截过程如图 8.6 所示。浏览器发出的请求到达服务器之后，在要访问的 Web 资源被调用之前，会被过滤器拦截进行预处理。之后再把请求转发给目标资源。服务器处理完之后返回的响应也会被过滤器拦截进行处理，之后再发送给浏览器。

图 8.6　过滤器拦截过程

2. Filter 接口

与 Servlet 的开发方法类似，Servlet 过滤器是一个实现了 javax.servlet.Filter 接口的类。表 8.4 是 Filter 接口的主要方法。

表 8.4　**Filter 接口的主要方法**

方 法 声 明	功 能 简 介
public void init(ServletConfig config)	当 Filter 被初始化时，Servlet 容器会调用此方法
public void doFilter(ServletRequest request, ServletResponse response, FilterChain chain)	当有客户端请求被过滤时，Servlet 容器会调用此方法
public void destroy()	当 Filter 被销毁时，Servlet 容器会调用此方法

doFilter()方法的三个参数分别是被过滤的请求对象和响应对象以及过滤器链对象。所谓过滤器链，是指当有多个过滤器时，这些过滤器会按顺序依次进行拦截，并用 FilterChain 对象来表示。

FilterChain 类也定义了一个 doFilter()方法：

```
public void doFilter(ServletRequest request, ServletResponse response)
```

该方法的功能是调用过滤器链中的下一个过滤器，如果当前过滤器已经是最后一个，则会将请求转发给目标资源。当 Web 服务器向浏览器返回响应时，会被以相反的顺序再次通过过滤器链。

使用过滤器也需要在 Web 应用描述文件 web.xml 中配置它的定义和映射，用到的各个元素及其含义见表 8.5。

表 8.5　**Filter 配置元素及其含义**

元　素	含　义
filter	定义一个过滤器
filter-name	指定过滤器的名称

元　素	含　义
filter-class	指定过滤器类名
filter-mapping	关联过滤器和 URL
url-pattern	指定和过滤器关联的 URL，"/＊"表示所有 URL

3. 过滤器的使用

过滤器的使用方法也与 Servlet 基本相同。首先要实现 Filter 接口，然后进行编译和配置，最后是部署和运行应用。

在前面的 servletDemo 中，如果在默认首页中输入的用户名是汉字，那么在 Servlet 输出结果中就会出现乱码。前面已经分析过，这是由于浏览器端编码与服务器端解码使用的字符集不一致导致的。对于 POST 方法提交的表单数据，出现中文乱码的解决办法就是在服务器端获取请求信息之前，先设置一下字符编码方式。只要在获取请求参数之前添加一行代码即可。

```
request.setCharacterEncoding("GBK");      //设置字符编码方式
String param1 =request.getParameter("username");
```

但是这种解决方式需要在每个获取表单数据的地方都增加这样一行代码，会出现大量的重复代码。这里通过为 Web 应用添加一个实现中文乱码统一处理的过滤器来讲解一下它的用法。

【程序 8.10】　在 demo08 文件夹中的 servlet 文件夹下编写过滤器示例类文件 CharacterFilter.java，代码如下：

```
package servlet;
import java.io.*;
import javax.servlet.*;
import javax.servlet.http.*;
public class CharacterFilter implements Filter {
    public void destroy() {
    }

    public void doFilter(ServletRequest request,
            ServletResponse response,FilterChain chain)
    throws IOException, ServletException {
        HttpServletRequest   req=(HttpServletRequest)request;
        HttpServletResponse   res= (HttpServletResponse)response;
        req.setCharacterEncoding("GBK");
        res.setContentType("text/html;charset=GBK");
```

```
        chain.doFilter(req, res);
    }

    public void init(FilterConfig arg0) throws ServletException {
    }
}
```

在 doFilter()方法中,为请求对象和响应对象都设置了字符编码方式 GBK,然后再调用 chain 对象的 doFilter()方法,将请求转发给目标资源。

打开命令行窗口,进入 demo08 应用中的 src 目录,使用下面的命令进行编译:

```
javac -d ..\classes servlet\CharacterFilter.java
```

编译结束之后可以看到在 demo08 应用中 classes\servlet 目录中有刚刚编译得到的 CharacterFilter. class 文件。

【程序 8.11】 修改 demo08\WEB-INF 文件夹下的配置文件 web. xml,添加过滤器定义和映射,代码如下:

```
<?xml version="1.0" encoding="UTF-8"?>
<web-app>
    ...
    <filter>
        <filter-name>charFilter</filter-name>
        <filter-class>servlet.CharacterFilter</filter-class>
    </filter>
    <filter-mapping>
        <filter-name>charFilter</filter-name>
        <url-pattern>/*</url-pattern>
    </filter-mapping>
</web-app>
```

<filter-class>标记中定义了完整的过滤器类名。

<url-pattern>标记中定义的是对所有 URL 都应用该过滤器。

重新启动 Tomcat,打开浏览器,在地址栏输入 http://localhost:8080/ demo08/,打开默认首页。

在首页的文本框中输入中文的用户名,单击“提交”按钮,表单被提交给 form 标记的 action 属性定义的 hello。因为 web. xml 中配置了对所有 URL 的请求都要被 charFilter 这个过滤器拦截,所以 Tomcat 会先调用 servlet. CharacterFilter 的 doFilter()方法对请求进行预处理。

doFilter()方法中,将请求对象和响应对象字符编码方式都设置为 GBK,然后调用

chain 对象的 doFilter()方法,再将请求转发给目标资源 hello。

之后的代码执行过程与 3.2.2 节中完全相同。但是因为请求对象和响应对象的字符编码方式已经被正确设置过,所以 Servlet 程序运行时获取到的中文信息就不会再出现乱码。而且之后在这个应用中,其他的表单在提交中文内容时,请求信息在到达目标资源之前都会先经过这个过滤器的处理,被设置正确的字符编码方式。这样,就实现了对中文乱码的集中统一处理。

上面的例子中只对 POST 方法提交的表单进行了乱码处理,如果想要对 GET 方法提交进行处理,可以将过滤器类进行修改,为 request 对象实现一个包装类,重写其 getParameter()方法。

【程序 8.12】 修改过滤器示例类文件 CharacterFilter.java,增加对 GET 方法的乱码处理。参考代码如下:

```java
package servlet;
import java.io. * ;
import javax.servlet. * ;
import javax.servlet.http. * ;

public class CharacterFilter implements Filter {
    public void destroy() {
    }
    public void doFilter(ServletRequest request, ServletResponse response,
            FilterChain chain) throws IOException, ServletException {
        HttpServletRequest req = (HttpServletRequest) request;
        HttpServletResponse res = (HttpServletResponse) response;
        req.setCharacterEncoding("GBK");
        res.setContentType("text/html;charset=GBK");
        //chain.doFilter(req, res);
        CharacterRequest charReq = new CharacterRequest(req);
        chain.doFilter(charReq, res);
    }
    public void init(FilterConfig arg0) throws ServletException {
    }
}

class CharacterRequest extends HttpServletRequestWrapper {
    public CharacterRequest(HttpServletRequest request) {
        super(request);
    }
    public String getParameter(String name) {
        String value = super.getParameter(name);
        if (value ==null) {
```

```
                    return null;
                }
                String method = super.getMethod();
                if ("get".equalsIgnoreCase(method)) {
                    try {
                        value = new String(value.getBytes("iso-8859-1"), "GBK");
                    } catch (UnsupportedEncodingException e) {
                        throw new RuntimeException(e);
                    }
                }
                return value;
            }
        }
```

这 里 的 CharacterRequest 类继承了 HttpServletRequestWrapper，后者是 HttpServletRequest 类的一个包装类。这是装饰设计模式的一种应用，感兴趣的读者可以查阅资料了解相关知识。

理解了 Servlet 过滤器的工作原理后，读者可以考虑把程序 4.23 中所实现的权限控制功能基于过滤器机制来实现，本书限于篇幅不再提供实现代码。

8.3 MVC 设计模式

8.3.1 程序结构设计

1. 服务器端功能实现

最初的 Web 页面都是直接使用 HTML 实现的静态网页，主要用于信息展示。后来出现的 CGI 技术能够在服务器端生成动态网页，很好地满足了不断发展的新需求。但是它的开发难度比较大，同时在资源消耗、响应时间、运行效率以及平台无关性等方面都存在严重的不足。Java Servlet 很好地解决了这些问题。

Java Servlet 作为一个在服务器端运行的 Java 应用程序，可以处理请求信息并向客户端发送响应信息。对于客户端的请求，只需要创建一次 Servlet 实例，在初始化之后就会保留在内存中，以后再次处理相同请求时无须重新加载，因此更加高效易用，同时也有更好的可移植性。可以把 Servlet 的开发形式理解成 Web in Java，即把构成 Web 页面的 HTML 标记嵌入到 Java 程序中，得到如下形式的代码：

```
...
out.write("<!DOCTYPE HTML PUBLIC \"-//W3C//DTD HTML 4.01 Transitional//EN
\ ">\r\n");
out.write("<html>\r\n");
out.write("<head>\r\n");
```

```
out.write("<title>java web</title>\r\n");
out.write("</head>\r\n");
out.write("<body>\r\n");
out.write("Hello, " +new Date().toLocalString);
out.write("</body>\r\n");
out.writc("</html>\r\n");
...
```

但是这种开发 Web 应用的方式非常不便于界面的设计和修改,因此后来又出现了改进的 JSP。JSP 的开发形式是通过在 HTML 页面中嵌入 Java 代码,来实现与 Servlet 相同的功能效果,可以称为 Java in Web。所得到的代码形式如下:

```
<%@page import="java.util.Date" %>
<!DOCTYPE HTML PUBLIC "-//W3C//DTD HTML 4.01 Transitional//EN">
<html>
<head>
<title>java web</title>
</head>
<body>
    hello,
<%
        out.write(new Date().toLocalString);
%>
</body>
</html>
```

之后,随着 Web 应用的不断普及,程序规模变得越来越大,开发人员的维护成本也在同步增加。常常只是为了改动页面中的一个简单文本,就需要打开混杂各种脚本代码的源文件来做修改。这不但本身就是一种很大的风险,而且还非常有可能引入新的错误。

这时开发人员发现单纯使用 JSP 页面同时充当程序中的不同角色是一种不恰当的选择,这种程序结构对于后期的维护相当不利,于是开始为 Web 应用设计更加合理的程序结构。

2. MVC 设计模式

所谓设计模式,是针对典型问题所提供的一套成熟的解决方案。MVC 就是一种流行的程序设计模式,它把程序理解为由模型层(Model)、视图层(View)和控制器层(Controller)三个部分组成。其中,模型层表示程序的业务逻辑和状态,包括业务模型和数据模型;视图层是程序的用户界面,用于显示模型数据;控制器层响应用户请求,根据请求内容来操作模型层并控制程序的流程,决定要向用户显示的视图。

Java Web 应用开发也可以采用 MVC 设计模式,用 JSP 作为视图层,Servlet 作为控制器层,JavaBean 作为模型层。这样的开发形式实现了程序的分层结构,将功能实现、用户界面和流程控制分别由不同的模块来实现,并在各个模块之间实现了良好的解耦。这就是所谓的 JSP Model2,其程序结构如图 8.7 所示。

图 8.7　基于 MVC 的程序结构

在基于 MVC 的 Web 应用中,一次用户请求的处理过程如下:

(1) 浏览器发出请求;

(2) 作为控制器的 Servlet 接收请求,并将请求以适当的方式分发给对应的业务模型 JavaBean 来处理;

(3) 如果该业务需要与数据库交互,由 JavaBean 来访问数据库;

(4) 模型层 JavaBean 将处理结果返回给控制器 Servlet;

(5) Servlet 以适当的方式将结果数据传递给视图层 JSP 页面,并将控制流程转向该 JSP 页面;

(6) 应用服务器将 JSP 生成的 HTML 作为响应返回给浏览器。

这种程序结构的分层也使得团队开发和项目管理更加容易。在这种开发模式下,模型层的业务处理方法由熟悉业务的 Java 开发人员实现,视图层的 JSP 页面由网页设计人员编写,控制器层由其他开发人员负责。同时,这种程序的分层实现使得系统的模块化程度高,便于升级和移植,同时也为组件的重用提供了方便。控制层可以独立成一个通用的组件;视图层也可以实现通用的操作界面,例如前面的新闻列表和新闻搜索功能就可以共用同一个 JSP 页面。另外,统一的处理流程也便于代码的管理和阅读。

采用 MVC 设计模式的 Java Web 应用里,在作为控制器的 Servlet 中获取到的数据通常使用 request 作用域中的属性来传递到视图层的 JSP 中。先在 Servlet 中设置属性值,代码片段如下:

```
//在 Servlet 中将结果设置到 request 对象当中
result = "hello MVC";
request.setAttribute("result", result);
```

然后在 JSP 中取出属性值,代码片段如下:

```
//在 JSP 中通过 request 对象来获取
<%
    String result = (String)request.getAttribute("result");
    out.println(result);
%>
```

第 7 章提到,在 JSP 中最好不要用<% %>来嵌入太多的 Java 代码。所以,JSP 中更好的实现方式是使用 JSTL 标记和 EL 表达式来获取和使用属性值,代码片段如下:

```
//在 JSP 中通过 EL 表达式来获取
<c:out value="requestScope.result" />
```

但是,基于 MVC 的开发增加了系统的复杂性,对于一些功能简单、规模较小的应用可以采用简化的 MVC 模型。这种模型把控制器层和视图层合二为一,直接用 JSP 接收请求,调用模型层实现业务逻辑,最后再把处理结果显示在 JSP 页面中。实际上这就是前面已经用过的 JSP Model1 开发模式。

当然,最简单的 Java Web 应用程序结构就是使用纯粹的 JSP 来实现所有的功能,这就是本书第 5 章以前的示例程序所采用的开发模式。这种开发模式实现最容易,但只适合用于一些功能非常简单的小型 Web 应用的开发。

8.3.2　评论模块开发

1. 评论模块开发任务

根据第 1 章的功能介绍,评论模块包括以下功能。

- 查看评论功能:匿名用户和注册用户能够针对某条新闻发表评论和查看其他用户的评论内容。
- 评论管理功能:注册用户可以查看和删除自己所发表的评论,管理员用户可以查看和删除所有评论。
- 最新评论功能:在所有页面的侧栏下方显示最新发表的 5 条评论,单击评论内容可以进入相应的新闻阅读界面。

相关的功能界面可以参见第 1 章的示例应用介绍。

下面基于 MVC 模式来分层设计和实现评论模块的各个功能。

在设计功能时先根据功能需求确定用户界面,即视图层以及实现方式;然后再分析每个界面上的具体功能,并据此设计模型层需要实现的业务逻辑;最后分析各个功能的请求入口、输入参数、调用的业务逻辑、输出参数以及结果视图,并据此设计控制器层。

在实现功能时则是先编写模型层实现业务逻辑所需的实体 Bean 和业务 Bean,然后实现控制器类,再编写视图层页面,最后为控制器类做必要的配置,完成整个开发过程。

2. 评论模块功能设计

首先设计视图层。视图层只需要关注数据的显示,无须关注具体的业务逻辑实现。根据开发任务中的功能描述,对视图层的设计如下:

（1）在查看评论页面中需要显示所评论的新闻标题、提供发表评论的输入表单并显示针对这条新闻的全部评论内容，分别使用 h2 标记、HTML 表单和 li 标记实现；

（2）在注册用户评论管理页面需要显示当前用户所发表的评论并提供删除评论功能，分别使用 HTML 表格和超链接实现；

（3）在管理员用户评论管理页面需要显示所有的评论并提供删除评论功能，实现方式与（2）相同；

（4）在侧栏页面中需要显示最新的 5 条评论，使用 li 标记实现。

然后设计模型层。评论模块各个具体功能对应的业务处理逻辑需要在模型层实现。根据视图层中所确定的功能及展示需要，可以确定评论模块需要使用的业务逻辑，分别用 JavaBean 中相应的方法来实现。对模型层的评论模块功能设计见表 8.6。

表 8.6　评论模块功能设计

序号	功　　能	方　　法	业　务　逻　辑
1	添加评论	boolean insert(Comment comment)	把评论内容添加为评论数据表中的一条新记录，返回添加操作是否成功
2	查询指定新闻的评论	ArrayList<Comment> getByNewsID(int newsid)	按新闻 id 查询针对指定新闻的全部评论，返回查询结果
3	查询指定用户的评论	ArrayList<Comment> getByUsername(String username)	按用户名查询指定用户所做的全部评论，返回查询结果
4	查询所有评论	ArrayList<Comment> getAll()	查询所有评论，返回查询结果
5	删除指定评论	boolean deleteById(String id)	按评论 id 删除指定评论，返回删除操作是否成功
6	查询最新评论	ArrayList<Comment> getTop5()	查询最新的 5 条评论，返回查询结果

最后设计控制器层。控制器层的主要功能是接收用户的功能请求，调用模型层组件进行功能处理，并将程序中的控制流转向相应的结果视图。同时，程序中的数据流也要在控制器中与控制流同步实现。对于用户的每一个功能请求，需要定义请求名、请求入口、输入数据、调用的业务逻辑、输出数据以及结果视图。其中"查询最新评论"功能因为所有的请求都需要执行，所以不需要设计单独的请求名。对控制器层的评论模块流程设计见表 8.7。

表 8.7　评论模块流程设计

序号	功能（请求名）	请求入口	输入数据	调用业务逻辑	输出数据	结果视图
1	进入查看评论页面（disp）	新闻阅读页面中查看评论超链接	新闻 id	按新闻 id 查询指定新闻以及对它的全部评论	指定新闻及其全部评论	listComment.jsp
2	发表评论（add）	发表评论表单提交	评论内容	把评论内容添加为评论数据表中的一条新记录	无	重新进入查看评论页面

序号	功能(请求名)	请求入口	输入数据	调用业务逻辑	输出数据	结果视图
3	进入注册用户评论管理页面(usermanage)	功能菜单超链接	注册用户名	按用户名查询当前用户所做的全部评论	当前用户的所有评论	manageComment. jsp
4	进入管理员评论管理页面(manage)	功能菜单超链接	无	查询所有评论	所有评论	manageComment. jsp
5	删 除 评 论(del)	评论管理页面删除功能超链接	评论 id	按评论 id 删除指定评论	无	重新进入评论管理页面
6	查询最新评论	所有请求	无	查询最新的 5 条评论	最新评论	所有页面

3. 评论模块功能实现

这里所编写的 Java 类都需要自行编译并将得到的字节码文件放在 newsPub\WEB-INF\classes 文件夹中,具体编译方法与之前的相同,此处不再重复说明。

【程序 8.13】　在 newsPub 文件夹下的 beans 文件夹中编写评论实体类文件 Comment.java,用于封装评论数据。

```
package news.beans;
public class Comment implements java.io.Serializable {
    private Integer id;
    private String comment;
    private String commentauthor;
    private String commenttime;
    private Integer newsid;
    private String note;

    public Comment() {
    }
        public  Comment (String  comment,  String  commentauthor,  String
commenttime,
            Integer newsid, Integer checkstate, String note) {
        this.comment =comment;
        this.commentauthor =commentauthor;
        this.commenttime =commenttime;
        this.newsid =newsid;
        this.note =note;
    }

    public Integer getId() {
```

```
            return this.id;
        }
        public void setId(Integer id) {
            this.id =id;
        }
        public String getComment() {
            return this.comment;
        }
        public void setComment(String comment) {
            this.comment =comment;
        }
        public String getCommentauthor() {
            return this.commentauthor;
        }
        public void setCommentauthor(String commentauthor) {
            this.commentauthor =commentauthor;
        }
        public String getCommenttime() {
            return this.commenttime;
        }
        public void setCommenttime(String commenttime) {
            this.commenttime =commenttime;
        }
        public Integer getNewsid() {
            return this.newsid;
        }
        public void setNewsid(Integer newsid) {
            this.newsid =newsid;
        }
        public String getNote() {
            return this.note;
        }
        public void setNote(String note) {
            this.note =note;
        }
    }
```

Comment 类是模型层的实体 Bean,根据 comment 数据表的表结构定义相应的属性,并为每个属性实现置取方法。

【程序 8.14】 在 newsPub 文件夹下的 beans 文件夹中编写评论数据表访问类文件 CommentDAO.java,实现评论模块需要的业务处理逻辑。

```java
package news.beans;
import java.sql.Connection;
import java.sql.ResultSet;
import java.sql.SQLException;
import java.sql.Statement;
import java.util.ArrayList;
import java.util.List;
import news.util.DateTimeUtil;
public class CommentDAO {
    public ArrayList<Comment>getByNewsID(int newsid) {
        Comment comment=null;
        ArrayList<Comment>commentList =new ArrayList<Comment>();

        Connection conn =null;
        ResultSet rs =null;
        Statement stmt =null;
        try{
            conn =DBGet.getConnection();
            stmt =conn.createStatement();
            String sql="SELECT * from comment where newsid="+newsid+
                        "order by commenttime desc";
            rs =stmt.executeQuery(sql);

            while(rs.next()){
                comment=new Comment();
                comment.setId((rs.getInt("id")));
                comment.setComment(rs.getString("comment"));
                comment.setCommentauthor(rs.getString("commentauthor"));
                comment.setCommenttime(rs.getString("commenttime"));
                comment.setNewsid(rs.getInt("newsid"));
                commentList.add(comment);
            }
        }catch(SQLException e1) {
        System.out.println(e1+"dao");
        }finally{
            DBGet.closeConnection(conn);
        }
        return commentList;
    }

    public boolean insert(Comment comment) {
        boolean result =false;
        int n=0;
```

```
        Connection conn =null;
        Statement stmt =null;

        comment.setCommenttime(DateTimeUtil.getNowStr());
        try{
            conn =DBGet.getConnection();
            stmt =conn.createStatement();
            String sql="insert into comment (comment,commentauthor,
                        commenttime,newsid) "
            +"values ('"+comment.getComment()+"','"
            +comment.getCommentauthor()+"','"
            +comment.getCommenttime()+"','"+comment.getNewsid()+"')";
            n =stmt.executeUpdate(sql);
        }catch(SQLException e1) {
        System.out.println(e1+"dao");
    }finally{
        DBGet.closeConnection(conn);
        }
        if (n>0) result =true;
        return result;
    }

    public boolean deleteById(String id) {
        boolean result =false;
        int n=0;
        Connection conn =null;
        Statement stmt =null;

        try{
            conn =DBGet.getConnection();
            stmt =conn.createStatement();
            String sql="delete from comment where id="+id;
            n =stmt.executeUpdate(sql);
        }catch(SQLException e1) {
        System.out.println(e1+"dao");
    }finally{
        DBGet.closeConnection(conn);
      }
        if (n>0) result =true;
        return result;
    }

    public ArrayList<Comment>getTop5() {
```

```
            Comment comment=null;
            ArrayList<Comment>commentList =new ArrayList<Comment>();

            Connection conn =null;
            ResultSet rs =null;
            Statement stmt =null;
            try{
                conn =DBGet.getConnection();
                stmt =conn.createStatement();
                 String sql="SELECT * from comment order by commenttime desc
                            limit 5";
                rs =stmt.executeQuery(sql);
                while(rs.next()){
                    comment=new Comment();
                    comment.setId((rs.getInt("id")));
                    comment.setComment(rs.getString("comment"));
                    comment.setCommentauthor(rs.getString("commentauthor"));
                    comment.setCommenttime(rs.getString("commenttime"));
                    comment.setNewsid(rs.getInt("newsid"));
                    commentList.add(comment);
                }
            }catch(SQLException e1) {
            System.out.println(e1+"dao");
        }finally{
            DBGet.closeConnection(conn);
            }
            return commentList;
    }

    public ArrayList<Comment>getByUsername(String username) {
            Comment comment=null;
            ArrayList<Comment>commentList =new ArrayList<Comment>();

            Connection conn =null;
            ResultSet rs =null;
            Statement stmt =null;
            try{
                conn =DBGet.getConnection();
                stmt =conn.createStatement();
                 String sql="SELECT * from comment where commentauthor= '"+
                        username+"' order by commenttime desc";
                rs =stmt.executeQuery(sql);
                while(rs.next()){
```

```java
                comment=new Comment();
                comment.setId((rs.getInt("id")));
                comment.setComment(rs.getString("comment"));
                comment.setCommentauthor(rs.getString("commentauthor"));
                comment.setCommenttime(rs.getString("commenttime"));
                comment.setNewsid(rs.getInt("newsid"));
                commentList.add(comment);
            }
        }catch(SQLException e1) {
        System.out.println(e1+"dao");
    }finally{
            DBGet.closeConnection(conn);
        }
        return commentList;
    }


    public ArrayList<Comment>getAll() {
        Comment comment=null;
        ArrayList <Comment>commentList =new ArrayList<Comment>();

        Connection conn =null;
        ResultSet rs =null;
        Statement stmt =null;
        try{
            conn =DBGet.getConnection();
            stmt =conn.createStatement();
            String sql="SELECT * from comment order by commenttime desc";
            rs =stmt.executeQuery(sql);
            while(rs.next()){
                comment=new Comment();
                comment.setId((rs.getInt("id")));
                comment.setComment(rs.getString("comment"));
                comment.setCommentauthor(rs.getString("commentauthor"));
                comment.setCommenttime(rs.getString("commenttime"));
                comment.setNewsid(rs.getInt("newsid"));
                commentList.add(comment);
            }
        }catch(SQLException e1) {
        System.out.println(e1+"dao");
    }finally{
            DBGet.closeConnection(conn);
        }
        return commentList;
```

```
        }
    }
```

CommentDAO 类是模型层的业务 Bean,需要实现功能设计中所要求的 6 个方法,包括按新闻 id 查询指定新闻全部评论的 getByNewsID()方法、添加评论的 insert()方法、按用户名查询指定用户全部评论的 getByUsername()方法、按评论 id 删除指定评论的 deleteById()方法、查询最新 5 条评论的 getTop5()方法以及查询所有评论的 getAll()方法。这些方法都是对数据库进行查询或增、删操作,其代码结构与第 6 章中的例子完全相同,此处不再赘述。

【程序 8.15】　在 newsPub 文件夹下的 servlet 文件夹中编写评论控制器类文件 CommentServlet.java,用于处理评论模块的用户请求和实现程序流程控制。

```java
package news.servlet;
import java.io.IOException;
import java.util.ArrayList;
import javax.servlet.ServletException;
import javax.servlet.http.HttpServlet;
import javax.servlet.http.HttpServletRequest;
import javax.servlet.http.HttpServletResponse;
import news.beans.Comment;
import news.beans.CommentDAO;
import news.beans.News;
import news.beans.NewsDAO;

public class CommentServlet extends HttpServlet {
    public void doGet(HttpServletRequest request,
        HttpServletResponse response)throws ServletException,IOException{
            request.setCharacterEncoding("UTF-8");
            ArrayList<Comment>commentList =new ArrayList<Comment>();
            CommentDAO commentDAO =new CommentDAO();
            ArrayList<Comment>newComment =new ArrayList<Comment>();
            newComment =commentDAO.getTop5();
            request.setAttribute("newComment", newComment);

            String func=request.getParameter("action");
                if (func==null)
                {
                    func="";
                }
                if (func.equals("disp"))        //按 newsid 查询评论
                {
```

```
                    NewsDAO newsDAO = new NewsDAO();

            String newsid = request.getParameter("newsid");
            commentList=
                commentDAO.getByNewsID(Integer.parseInt(newsid));
            request.setAttribute("commentList", commentList);

            News news = newsDAO.getByID(newsid);
            request.setAttribute("news", news);

            request.getRequestDispatcher("listComment.jsp").
            forward(request,response);
        }
        else if (func.equals("add")){//发表评论
            Comment comm = new Comment();
            String newsid = request.getParameter("newsid");
            String comment = request.getParameter("comment");
            String commentauthor =
                    request.getParameter("commentauthor");
            comm.setComment(comment);
            comm.setCommentauthor(commentauthor);
            comm.setNewsid(Integer.parseInt(newsid));

            if (commentDAO.insert(comm)) request.
                getRequestDispatcher("comment?action=
                    disp&newsid="+newsid).forward(request, response);
            else{
                response.getWriter().print("评论失败,请联系管理员!
                        <a href='allNews.jsp'>返回首页</a>");
            }
        }else if (func.equals("del")){//删除评论
            String id = request.getParameter("id");
            String username = request.getParameter("username");
            if (commentDAO.deleteById(id)){
                if ("admin".equals(username)){request.
                    getRequestDispatcher("comment?action=
                        manage").forward(request, response);
                }else{
                    request.getRequestDispatcher("comment?action=
                        usermanage&username="+username).forward(
                        request, response);
                }
            }else{
                response.getWriter().print("评论删除失败,请联系管理员!
```

```
                      <a href='allNews.jsp'>返回首页</a>");
            }
        }else if (func.equals("manage")){//管理员评论管理
            commentList =commentDAO.getAll();
            request.setAttribute("commentList", commentList);
            request.getRequestDispatcher("manageComment.jsp").
            forward(request, response);
        }else if (func.equals("usermanage")){//用户评论管理
            String username =request.getParameter("username");
            commentList =commentDAO.getByUsername(username);
            request.setAttribute("commentList", commentList);
            request.getRequestDispatcher(
                "manageComment.jsp").forward(request, response);
        }else{//返回首页
            request.getRequestDispatcher("
                index.jsp").forward(request, response);
        }
    }
    public void doPost(HttpServletRequest request,
            HttpServletResponse response) throws
        ServletException, IOException
    {
        doGet(request, response);
    }
}
```

CommentServlet 类实现控制器层功能,需要在 doGet()方法中实现在流程设计时得到的数据流和控制流需求。

前面在进行流程设计时已经为每个功能都定义了请求名,在 doGet()方法中首先获取请求数据中包含的请求名,判断用户需要执行的是哪个功能,然后调用业务 Bean 的相应方法实现业务逻辑并实现结果数据传递。这里只对"进入查看评论页面"功能对应的控制器代码进行分析,其他功能的实现机制与之类似。

从 request 对象中取出请求数据中名为 action 的参数值,如果是 disp,代表用户请求执行的是"进入查看评论页面"功能。接下来取出请求数据中的 newsid 值,调用 NewsDAO 类的 getByID()方法和 CommentDAO 类的 getByNewsID()方法查询要评论的新闻及其全部评论,并将存放查询结果的 news 对象和 commentList 列表对象放入 request 作用域中。最后,将该请求转发到结果视图页面 listComment.jsp。

【程序 8.16】 修改程序 6.22 得到新的新闻阅读页面文件 dispNews.jsp,将页面中"查看评论"的链接目标地址作为"进入查看评论页面"功能的请求入口,相关代码如下:

```
...
<a href="comment?action=disp&newsid=<%=news.getId()%>">查看评论</a>
...
```

这里把新闻阅读页面中的"查看评论"超链接的目标地址设置为 comment,这是为控制器类 CommentServlet 类配置的 URL。后面评论模块的其他功能也都要把请求资源设置为这个控制器类。这样才能实现对评论相关的请求做统一处理。

另外,还要把 action 和 newsid 两个参数放置在这个 URL 中,其中 action 参数是查看评论请求名,newsid 是当前新闻的 id。

【程序 8.17】 在 newsPub 文件夹下编写查看评论页面文件 listComment. jsp,实现发表评论的表单并显示指定新闻对应的所有评论内容。

```
...
<!--main begin -->
    <DIV class="main_top">
        <H2><a href="dispNews.jsp?id=${requestScope.news.id}">
            ${requestScope.news.title }
            </a>
        </H2>
        <SPAN class="jjs">
            网友评论仅供网友表达个人看法,并不表明本网站同意其观点或证实其描述
        </SPAN>

        <DIV class="fbpl">
            <SPAN class="fd"><IMG src="image/zt2.gif"></SPAN>
            <SPAN style="padding: 3px 0px 0px 8px;" class="fd">发表评论</SPAN>
            <SPAN style="padding-right: 12px;" class="fdr">
                <IMG style="cursor: pointer;" id="btnSubmitBottom"
                    src="image/an7_1.gif" onclick="form_pl.submit()">
            </SPAN><Br><Br>
            <form id="form_pl" action="comment" method="post">
                <input type="hidden" name="action" value="add">
                <input type="hidden" name="newsid"
                        value="${requestScope.news.id }">
                <input type="hidden" name="commentauthor"
                        value="${sessionScope.username }">
                    <textarea name="comment" style="border: 1px solid
                        rgb(204, 204, 204); width: 567px; height: 70px;
                        margin-top:3px;" id="commentMessage" name="message">
                    </textarea>
```

```
                    </form>
                    <DIV class="blank10"></DIV>
            </DIV>
        </DIV>


    <DIV class="yc">
            <SPAN style="padding-top: 6px;" class="fd"></SPAN>
    </DIV>
    <DIV class="mian">
        <c:forEach items="${requestScope.commentList}" var="comment">
            <DIV class="nr">
            <IMG class="fd" src="image/an16.gif">
            <SPAN class="fd">评论人：[ ${comment.commentauthor} ]</SPAN>
              ${comment.commenttime }  
            <DIV class="blank0"></DIV>
            <!--sub comment start -->
            <DIV style="line-height: 22px; text-indent: 24px;
                        overflow: hidden; font-size: 14px;
                        word-break: break-all; word-wrap: break-word;"
            class="comment_p">
                  ${comment.comment }
             </DIV>
            <!--sub comment end -->
            <DIV class="blank8"></DIV>
            <DIV class="blank6"></DIV>
            </DIV>
        </c:forEach>
    </DIV>
 <!--main end -->
 ...
```

　　listComment. jsp 是"进入查看评论页面"功能的结果视图页面。视图层页面主要是利用 JSTL 标记和 EL 表达式取出 request 作用域中的处理结果数据,再结合客户端开发技术将结果在页面上进行展示。

　　首先显示要评论的新闻标题,并实现指向新闻阅读页面的超链接。这里是利用 EL 表达式取出保存在 request 作用域中的 news 对象的 id 属性值和 title 属性值,分别作为目标 URL 中的参数 id 值和超链接文本。关键代码为:

```
<a href="dispNews.jsp?id=${requestScope.news.id}">
    ${requestScope.news.title }
</a>
```

然后实现发表评论的输入表单。需要在 form 标记的 action 属性中指定提交目标为 comment,即评论模块的控制器类。还要在表单中用隐藏的 input 标记定义 action、newsid 和 commentauthor 等表单参数,分别表示发表评论功能的请求名、所评论的新闻 id 和评论人。这几个参数不需要用户输入,也不用在界面上显示。另外,用 textarea 标记定义名为 comment 的表单参数,供用户输入评论内容。关键代码如下:

```html
<form id="form_pl" action="comment" method="post">
        <input type="hidden" name="action" value="add">
        <input type="hidden" name="newsid"
                    value="${requestScope.news.id }">
        <input type="hidden" name="commentauthor"
                    value="${sessionScope.username }">
          <textarea name="comment" id="commentMessage" >
         </textarea>
     </form>
```

最后显示已有的评论。使用 JSTL 中的 forEach 标记实现循环处理 request 作用域中的 commentList,并在循环体中用 EL 表达式依次取出 comment 对象的评论人、评论时间和评论内容等属性值并显示在页面上。关键代码如下:

```html
<c:forEach items="${requestScope.commentList}" var="comment">
    ...
        评论人: [ ${comment.commentauthor} ]
        ${comment.commenttime }
        ...
        ${comment.comment }
        ...
</c:forEach>
```

【程序 8.18】 修改 newsPub\common 文件夹中的 top.jsp 文件中与功能菜单相关的代码,设置评论管理功能的链接目标地址。

```jsp
...
<div id="menu-list"  style="float:right;height:30px;margin:0 20px;">
        <ul style="float:left;margin:0;">
            <%
            if (username !=null && username.equals("admin")){  //管理员功能%>
                <li><a href="manageNews.jsp">新闻管理</a></li>|
                <li><a href="comment?action=manage">评论管理</a></li>|
                <li><a href="manageUser.jsp">用户管理</a></li>|
            <%}else if (username !=null){//普通用户功能  %>
```

```
            <li><a href="comment?action=usermanage&
                 username=<%=username%>">评论管理</a></li>|
            <li><a href="modiUser.jsp?username=<%=username%>">
            用户管理</a></li>|
        <%} %>
            <li><a href="#"><a href="#">首 页</a></a></li>
        </ul>
    </div>
...
```

在 top.jsp 中分别为管理员用户和普通用户的"评论管理"链接设置不同的链接目标,作为"进入注册用户评论管理页面"和"进入管理员评论管理页面"功能的请求入口。

两个链接的目标资源都是评论控制器 comment,但 URL 中的请求参数不同。action 的取值分别是两个功能的请求名。另外,普通用户的链接中还需要带上名为 username 的请求参数,值就是当前用户名。

【程序 8.19】　在 newsPub 文件夹下编写评论管理页面文件 manageComment.jsp,实现评论的管理表格。

```
...
<!--main begin -->
<%@taglib uri="http://java.sun.com/jsp/jstl/core" prefix="c"%>
<div class="news_list">
    <div class="top-bar">
        <h1>评论管理</h1>
        <div class="breadcrumbs"></div>
    </div><br/>

    <table  class="listing" cellpadding="0" cellspacing="0" width="600"
        border="1">
        <tbody>
            <c:forEach items="${requestScope.commentList}" var="comt">
                <tr>
                    <td>
                          to:<a href="dispNews.jsp?id=${comt.newsid}">
                               ${comt.newsid}</a>
                    </td>
                    <td style="text-align:left">${comt.comment}</a></td>
                    <td>[by:${comt.commentauthor}]</td>
                    <td>in:${comt.commenttime}</td>
                    <td width="50">
                        <a href="comment?action=del&username=
```

```
                                ${sessionScope.username}&id=${comt.id }"
                                onclick="return confirm('确定删除吗?')">
                                <img src="image/hr.gif" width="16" height="16"
                                    alt="删除"/>
                        </a>
                    </td>
                </tr>
            </c:forEach>
        </tbody>
    </table>
  </div>
 <!--main end -->
 ...
```

这里的处理逻辑与之前实现的用户管理页面和新闻管理页面完全相同,这里不再重复。

【程序 8.20】 修改 newsPub\common 文件夹中的 left.jsp 文件中与最新评论相关的代码,显示最新的 5 条评论。

```
    ...
    <div class="sidesec">
        <div class="sidesec_bt"><span>最新评论</span></a></div>
        <hr style="width:264px;margin:0 auto;">
        <div class="sidesec_list">
            <ul>
                <c:forEach items="${requestScope.newComment}" var="comment">
                    <li>
                        .<a href="dispNews.jsp?id=${comment.newsid}">
                            ${comment.comment}
                        </a>
                    </li>
                </c:forEach>
            </ul>
        </div>
    </div>
    ...
```

这里也是使用 JSTL 中的 forEach 标记来循环处理 request 作用域中的 newComment,并在循环体中用 EL 表达式依次取出 comment 对象的评论内容等属性值并显示在页面上。

【程序 8.21】 修改 newsPub\WEB-INF 文件夹中的应用配置文件 web.xml,对评论控制器类的 Servlet 进行配置。

```
...
    <servlet>
        <servlet-name>commentServlet</servlet-name>
        <servlet-class>news.servlet.CommentServlet</servlet-class>
    </servlet>
    <servlet-mapping>
        <servlet-name>commentServlet</servlet-name>
        <url-pattern>/comment</url-pattern>
    </servlet-mapping>
</web-app>
```

至此就完成了评论模块的开发。

4. 评论模块功能运行

启动 Tomcat，打开浏览器，在地址栏输入 http://localhost:8080/ newsPub，进入系统主页，以不同的用户身份登录新闻发布系统，即可使用评论模块的相关功能。

8.4　本 章 小 结

本章介绍使用 Servlet 和过滤器的编程方法，并按照 MVC 设计模式实现了新闻搜索功能和评论模块各功能的开发。Servlet 的应用包括编写、编译、配置、调用等步骤。

MVC 设计模式把程序理解为由模型层（Model）、视图层（View）和控制器层（Controller）三个部分组成，通过将程序进行分层，把功能实现、用户界面和流程控制分别由不同的模块来实现，各模块之间实现了良好的解耦。基于 MVC 的开发易于实现团队合作，也便于系统的升级和移植，并为组件的重用提供了方便。

8.5　习　　　题

1. 单选题

（1）在 Java Web 应用中使用 Servlet，需要先编译相应的 Java 类，然后把得到的 class 文件放到当前 Web 应用的（　　）文件夹中。

    A. classes   B. lib   C. src   D. WEB-INF

（2）在 web.xml 中配置 Servlet 时，用（　　）标记来指定访问 Servlet 时使用的 URL。

    A. <servlet-class>   B. <servlet-name>

    C. <url-pattern>   D. <servlet-mapping>

（3）编译 Servlet 类需要依赖 Servlet API 库，需要把（　　）添加到 CLASSPATH 环境变量中。

    A. servlet-api.jar   B. jstl.jar   C. rt.jar   D. standard.jar

2. 简答题

（1）什么是 MVC 设计模式？有什么优点？

（2）基于 MVC 模式开发 Java Web 应用时应该如何进行功能设计？

3. 上机练习

（1）为新闻发布系统应用统一处理中文乱码的过滤器。

（2）基于 MVC 模式，重构已经完成的用户模块和新闻模块功能。

（3）在程序 8.15 中，使用下列代码将最新的 5 条评论从数据库中取出后，存入 request 作用域中：

```
newComment = commentDAO.getTop5();
request.setAttribute("newComment", newComment);
```

然后在程序 8.20 中使用下面的代码取出属性值并显示在页面上。

```
${requestScope.newComment}
```

但是，当进入新闻阅读页面时会发现，侧栏中的最新评论内容是空的。思考一下这是什么原因，如何改正。

提示：需要保证无论访问哪个页面，在 request 作用域中都要有 newComment。可以考虑使用过滤器。

第 9 章

实用功能开发

学习目标
- 了解在线编辑组件的使用方法；
- 了解如何使用 Cos 组件完成文件上传与下载功能；
- 了解 AJAX 技术的使用过程；
- 了解分页显示功能的实现方法；
- 了解登录验证的实现过程。

在 Java Web 应用开发中，有一些常见的实用功能，如富文本编辑、文件上传与下载、分页显示、图形验证码等。本章介绍利用实用组件来实现这些常用功能的开发。

9.1　在线编辑组件

前面在实现新闻发布功能时，使用了 HTML 表单中的 textarea 标记来输入新闻内容。这种实现方式只能满足简单文本的输入要求。如果想要对输入的文字设置字体或者插入表情符号，就需要借助富文本编辑器来完成。

1. 富文本编辑器简介

富文本编辑器（Rich Text Editor，RTE）提供了格式更加丰富的文本编辑功能。富文本编辑器不但可以设置丰富的文本格式，还可以插入和编辑表格，上传图片、音频、视频等多媒体信息。常用的富文本编辑器有 CKEditor、tinyMCE、kindeditor、UEditor 等，其中使用最多、功能最强大的是 CKEditor。下面以 CKEditor 为例介绍富文本编辑器的用法。

CKEditor 是一个开源组件，可以登录 CKEditor 官网（http://www.ckeditor.com），根据实际需要选择基础版、标准版或完整版下载使用。

2. 示例程序开发

这里通过在新闻发布页面中使用富文本编辑器输入格式丰富的新闻内容，来演示 CKEditor 的使用方法。新闻发布页面如图 9.1 所示。

在 Tomcat 安装目录\webapps 文件夹中创建 editorDemo 文件夹，然后到 CKEditor 官网下载 CKEditor 压缩包，并将下载的 ckeditor_4.6.2_standard.zip 文件解压到 editorDemo 文件夹中。

【程序 9.1】　在 editorDemo 文件夹下编写页面文件 editortest.jsp，实现新闻发布表单。

图 9.1   新闻发布页面

```jsp
<%@page contentType="text/html; charset=UTF-8" language="java" %>
<!DOCTYPE html PUBLIC "-//W3C//DTD XHTML 1.0 Transitional//EN" "http://
www.w3.org/TR/xhtml1/DTD/xhtml1-transitional.dtd">
<html xmlns="http://www.w3.org/1999/xhtml">
<head>
<script type="text/JavaScript" src="ckeditor/ckeditor.js"></script>
<title>编辑新闻</title>
</head>
<body>
    <div style="margin:0 auto;width:200px;">
     <h1>编辑新闻内容</h1>
    </div>
    <form name="testForm" method="post" action="shownews.jsp">
        <textarea class="ckeditor" cols="80" name="editor1" rows="10" >
        </textarea>
        <div style="margin:0 auto;width:200px;">
          <input type="submit" value="发布新闻"/>
        </div>
    </form>
</body>
</html>
```

editortest.jsp 中首先使用<script>标记导入 ckeditor.js 文件，代码如下：

```jsp
<script type="text/JavaScript" src="ckeditor/ckeditor.js"></script>
```

导入之后即可创建 CKEditor。因为富文本编辑器是借助于 textarea 元素发挥作用，

所以要创建一个 textarea 元素,将其 class 属性设置为 ckeditor,代码如下:

```
<textarea class="ckeditor" cols="80"  name="editor1" rows="10">
</textarea>
```

【程序 9.2】 在 editorDemo 文件夹下编写页面文件 shownews.jsp,显示新闻内容。

```
<%@page contentType="text/html; charset=UTF-8" language="java" import=
"java.sql.*" errorPage="" %>
<!DOCTYPE html PUBLIC "-//W3C//DTD XHTML 1.0 Transitional//EN" "http://
www.w3.org/TR/xhtml1/DTD/xhtml1-transitional.dtd">
<html xmlns="http://www.w3.org/1999/xhtml">
<head>
<meta http-equiv="Content-Type" content="text/html; charset=UTF-8" />
<title>展示新闻</title>
</head>

<body>
  <div style="margin:0 auto;width:200px;">
     <h1>新闻内容展示</h1>
  </div>
  <%
   String content=request.getParameter("editor1");
   if(content!=null&&!content.equals("")){
     out.println(content);
   }
  %>
</body>
</html>
```

shownews.jsp 通过"request.getParameter("editor1");"获取 CKEditor 的值,其中 editor1 是 editortest.jsp 中 textarea 元素的 name 值,然后将内容输出到页面上。

【程序 9.3】 修改 editorDemo\ckeditor 文件夹中的 JavaScript 程序文件 config.js, 代码如下:

```
CKEDITOR.editorConfig =function( config ) {
config.uiColor ='#E6E6E6';
config.width =100%;
config.height =400;
config.skin ='v2';
config.toolbar ='Full';
config.toolbar_Full =[
```

```
['Source','-','Save','NewPage','Preview','-','Templates'],
['Cut','Copy','Paste','PasteText','PasteFromWord','-','Print',
 'SpellChecker', 'Scayt'],
['Undo','Redo','-','Find','Replace','-','SelectAll','RemoveFormat'],
['Form', 'Checkbox', 'Radio', 'TextField', 'Textarea', 'Select', 'Button',
 'ImageButton', 'HiddenField'],'/',
['Bold','Italic','Underline','Strike','-','Subscript','Superscript'],
['NumberedList','BulletedList','-','Outdent','Indent','Blockquote'],
['JustifyLeft','JustifyCenter','JustifyRight','JustifyBlock'],
['Image','Flash','Table','HorizontalRule','Smiley','SpecialChar',
 'PageBreak'],'/',
['Styles','Format','Font','FontSize'],
['TextColor','BGColor']
]; };
```

文件 config.js 是 CKEditor 编辑器的配置信息,可以对编辑器的语言、大小、工具栏等进行设置等。这里配置了编辑器的背景颜色(config. uiColor)、编辑器高度(config. height)、宽度(config. width)、编辑器样式(config. skin)和工具栏(config. toolbar)等信息。

3. 程序运行过程

启动 Tomcat,打开浏览器,在地址栏输入地址 http://localhost:8080/CKEditorTest/editortest. jsp,打开新闻发布界面。可以在新闻内容编辑器中输入新闻内容时进行字体、字号等显示效果的设置。然后单击"发布新闻"按钮,进入新闻内容显示页面查看效果。

CKEditor 编辑器能够实现"所见即所得"的在线编辑功能,读者可以尝试在已完成的新闻发布系统中使用此组件,完善新闻发布功能。

9.2 文件上传与下载组件

1. 文件上传与下载组件简介

文件上传与下载功能也是 Web 应用中的常见功能,例如在发布新闻内容时上传图片或其他作为附件,阅读新闻内容时下载附件等。使用文件上传与下载组件可以简单高效地实现这一功能。本节以 Cos 组件为例,介绍文件上传与下载组件的用法。

Cos 组件是 O'Reilly 公司提供的一个 Java HTTP 文件上传与下载组件,简单实用,性能优秀。

2. 示例程序开发

这里通过实现简单的文件上传与下载功能演示 Cos 组件的使用方法。所实现的上传与下载功能中,上传文件的大小不超过 3MB,上传后文件重命名为"客户端 IP 地址-文件名"的形式,重复上传会将同名文件覆盖。

在 Tomcat 安装目录\webapps 文件夹中创建 uploadDemo 文件夹，并建立如图 9.2 所示的目录结构。然后到 http://www.java2s.com/ Code/Jar/c/Downloadcosjar.htm 下载 Cos.jar 包，放在 lib 文件夹中。

下面编写的所有 Java 类都需要自行编译并将得到 的字节码文件放在 uploadDemo\WEB-INF\classes 文件 夹中，具体编译方法与之前相同，此处不再重复说明。

图 9.2　uploatDemo 应用目录结构

【**程序 9.4**】　在 uploadDemo 文件夹中编写页面文 件 upload.jsp，实现文件上传功能。

```html
<head>
    <title>文件上传下载</title>
</head>
<body>
<form action="UploadServlet" method="POST" enctype="multipart/form-data">
        <input type="file" name="file1" /><br/>
        <input type="submit" value="上传"/>
</form>
<hr>
<form action="DownloadServlet" method="POST">
    输入下载文件名:<input type="text" name="filename" /><br/>
        <input type="submit" value="下载"/>
</form></body>
</html>
```

upload.jsp 中实现了上传文件的表单。其中表单提交方式必须使用 POST 方法，enctype 属性设置为 multipart/form-data，action 属性的值 UploadServlet 是处理上传的 Servlet(UploadServlet.java)的地址。上传文件使用 type 为 file 的输入元素。提交表单 后，由 UploadServlet 实现文件上传。

文件下载功能也使用表单来实现，action 属性的值 DownloadServlet 是处理下载的 Servlet(DownloadServlet.java)的地址。

【**程序 9.5**】　在 uploadDemo 文件夹下的 servlets 文件夹中编写上传 Servlet 类文件 uploadServlet.java，实现文件上传功能。

```java
package servlets;

import java.io.File;
import java.io.IOException;
import java.io.PrintWriter;
import java.util.*;
```

```
import com.oreilly.servlet.MultipartRequest;
import com.oreilly.servlet.multipart.*;

import javax.servlet.ServletException;
import javax.servlet.http.HttpServlet;
import javax.servlet.http.HttpServletRequest;
import javax.servlet.http.HttpServletResponse;

public class uploadServlet extends HttpServlet {
    public void doGet(HttpServletRequest request, HttpServletResponse response)
            throws ServletException, IOException {
        doPost(request,response );
    }

    public void doPost(HttpServletRequest request, HttpServletResponse
response)
            throws ServletException, IOException {
        String requestip=request.getRemoteAddr();
        String saveDirectory=this.getServletContext().getRealPath("")+
                "\\upload";
        File savedir=new File(saveDirectory);
        if(!savedir.exists()){savedir.mkdirs();}//上传目录不存在则新建目录
        int maxPostSize=1*1024*1024;              //上传文件大小限制为 10M
                FileRenamePolicy policy=(FileRenamePolicy)new
                        DefaultFileRenamePolicy();
                MultipartRequest multi;
        multi=new MultipartRequest(request,saveDirectory,maxPostSize,
                "UTF-8",policy);
        Enumeration<String>files=multi.getFileNames();
        String name=files.nextElement();
        File f=multi.getFile(name);
        if(f!=null){
            String fileName=f.getName();
            File sServerFile=new File(saveDirectory+"\\"+requestip+"-"+
                fileName);
            if(sServerFile.exists()){      //将先前上传文件删除,才能成功重命名
                sServerFile.delete();
            }
            f.renameTo(sServerFile);        //文件重命名
              String message="文件上传成功,文件名为: "+requestip+"-"+
                    fileName;
            request.setAttribute("message",message);
              }
```

```
            request.getRequestDispatcher ("/upload.jsp").forward (request,
                response);
        }
    }
```

uploadServlet. java 的 doPost()方法中首先取到客户端的 IP 地址用丁重命名文件，然后设置文件上传命名策略，并读取上传的文件内容。

文件重命名用到 Cos 中的两个类 FileRenamePolicy 和 MultipartRequest，这两个类分别在 com. oreilly. servlet. multipart 和 com. oreilly. servlet 包中定义，因此需要导入。

DefaultFileRenamePolicy 接口默认的文件名冲突解决策略是在新上传文件名后面加 1、2、3 等数字。在 UploadServlet. java 中，使用 FileRenamePolicy 接口重新修改命名策略，将已上传的同名文件删除后，用"客户端 IP 地址-文件名"的形式对文件重命名。

【程序 9.6】　在 uploadDemo 文件夹下的 servlets 文件夹中编写下载类文件 DownloadServlet. java，实现文件下载功能。

```
package servlets;

import java.io.IOException;
import java.io.PrintWriter;

import javax.servlet.ServletException;
import javax.servlet.ServletOutputStream;
import com.oreilly.servlet.ServletUtils;
import javax.servlet.http.HttpServlet;
import javax.servlet.http.HttpServletRequest;
import javax.servlet.http.HttpServletResponse;

public class DownloadServlet extends HttpServlet {
public void doGet(HttpServletRequest request, HttpServletResponse response)
        throws ServletException, IOException {
    doPost(request, response);
    }

    public void doPost(HttpServletRequest request, HttpServletResponse response)
        throws ServletException, IOException {
        String filePath=this.getServletContext().getRealPath("")+"\\upload";
        //String filePath ="D:/";
        String fileName =request.getParameter("filename");
        String isofilename =new String(fileName.getBytes("gb2312"),
                "ISO8859-1");
        response.setContentType("application/octet-stream");
        response.setHeader("Content-Disposition", "attachment; filename="
                +isofilename);
```

```
        ServletOutputStream out =null;
        try {
            out =response.getOutputStream();
            ServletUtils.returnFile(filePath +fileName, out);
        } catch (Exception e) {
            e.printStackTrace();
        } finally {
            if (null !=out) {
                out.close();
            }
        }
    }
}
```

DownloadServlet. java 的 doPost()方法中首先设置下载路径、下载文件名和文件编码方式，然后获取 ServletOutputStream 输出流，最后使用 ServletUtils. returnFile()方法实现文件下载。

【程序 9.7】 在 uploadDemo\WEB-INF 文件夹下编写应用配置文件 web. xml，对实现文件上传和下载功能的 Servlet 进行配置。

```
<?xml version="1.0" encoding="UTF-8"?>
<web-app>
  <servlet>
    <servlet-name>uploadServlet</servlet-name>
    <servlet-class>servlets.uploadServlet</servlet-class>
  </servlet>
  <servlet>
    <servlet-name>DownloadServlet</servlet-name>
    <servlet-class>servlets.DownloadServlet</servlet-class>
  </servlet>
  <servlet-mapping>
    <servlet-name>uploadServlet</servlet-name>
    <url-pattern>/uploadServlet</url-pattern>
  </servlet-mapping>
  <servlet-mapping>
    <servlet-name>DownloadServlet</servlet-name>
    <url-pattern>/DownloadServlet</url-pattern>
  </servlet-mapping>
</web-app>
```

web. xml 中配置了上传 Servlet 和下载 Servlet 的相关信息。

3. 程序运行过程

启动 Tomcat,打开浏览器,在地址栏输入地址 http://localhost:8080/uploadDemo/

upload.jsp，打开文件上传页面。单击"浏览"按钮，在出现的对话框中选择要上传的文件，确定后再单击"上传"按钮，UploadServlet 会执行文件上传功能。程序运行结果如图 9.3 所示。

上传成功后，在下载文件名文本框中输入文件名，单击"下载"按钮，DownloadServlet 会执行文件下载功能。程序运行结果如图 9.4 所示。

图 9.3　文件上传运行结果

图 9.4　文件下载运行结果

参考这里的示例程序，可以在新闻发布页面中增加文件上传功能，在新闻阅读页面增加文件下载功能，丰富新闻发布系统的功能。

9.3　AJAX 技术

1. AJAX 简介

AJAX(Asynchronous Javascript And XML，异步 JavaScript 和 XML)是指一种创建交互式网页应用的网页开发技术。这里的异步可以理解为网页的异步更新，即在不重新加载整个网页的情况下，对网页的部分内容进行更新。传统的网页如果需要更新内容，必须重载整个页面。AJAX 采用异步交互技术，可以只向服务器发送并取回必需的数据，而不是整个页面。因此，AJAX 缩短了服务器的响应时间，减少了用户的等待时间，成为 Web 应用开发中的一个重要技术。

AJAX 是由 HTML、CSS、JavaScript、XML、DOM 等组成的，它并不是一种新技术。AJAX 的关键技术是 JavaScript 的 XMLHttpRequest 对象，通过此对象进行异步数据读取。

2. 示例程序开发

这里通过在用户注册时判断用户名是否已存在来演示 AJAX 的使用方法。为了简化程序的实现，这里假定用户名 test 已存在，如果在注册表单中输入 test 就会给出相应提示。

【程序 9.8】 在 Tomcat 安装目录\webapps 文件夹下创建 ajaxDemo 文件夹,在其中编写用户注册页面文件 register.jsp,实现注册表单。

```
<%@page contentType="text/html; charset=UTF-8"%>
<html>
<head>
    <title>用户注册</title>
    <script language="javascript">
        var XMLHttpReq;
        //创建 XMLHttpRequest 对象
        function createXMLHttpRequest() {
            if(window.XMLHttpRequest) {          //其他浏览器
                XMLHttpReq =new XMLHttpRequest();
            }
            else if (window.ActiveXObject) {     //IE 浏览器
                try {
                    XMLHttpReq =new ActiveXObject("Msxml2.XMLHTTP");
                } catch (e) {
                    try {
                        XMLHttpReq =new ActiveXObject("Microsoft.XMLHTTP");
                    } catch (e) {}
                }
            }
        }


        //发送请求函数
        function sendRequest() {
            createXMLHttpRequest();
            var XM=document.getElementById("username").value;
            var url ="ajax.jsp?XM="+XM;
            XMLHttpReq.open("GET", url, true);
            XMLHttpReq.send(null);                //发送请求
            XMLHttpReq.onreadystatechange =processResponse;//指定响应函数
        }


        //处理返回信息函数
        function processResponse() {
            if (XMLHttpReq.readyState ==4) {   //判断对象状态
                if (XMLHttpReq.status ==200) {   //信息已经成功返回,开始处理信息
                    document.getElementById("count").innerHTML =
                        XMLHttpReq.responseText;
                } else {     //页面不正常
                    window.alert("您所请求的页面有异常。");
                }
            }
        }
```

```
            }
        </script>
    </head>
    <body>
        <h3>用户注册</h3>
        <form action="" method="post" >
            用户名：<input type="text" id="username" name="username"
                            onchange="sendRequest();"/>
            <span id="count" style="color:#ff0000;"></span><br><br>
            密    码：<input type="password" name="password"/><br><br>
            性    别：男<input type="radio" value="male" name="gender"/>
                    女<input type="radio" value="female" name="gender"/>
                        <br>
            个人简介<textarea name="resume" cols="18" rows="6">
                    </textarea><br><br>
            <input type="submit" value="提交"></input>
        </form>
    </body>
    </html>
```

register.jsp 中使用 AJAX 发现异步请求，判断输入的用户名是否已存在。

AJAX 的使用包括实现和触发请求两部分。

首先是 AJAX 的实现，包括四步：创建 XMLHttpRequest 对象、发送 HTTP 请求、指定响应处理函数、处理服务器返回信息。

（1）创建 XMLHttpRequest 对象。XMLHttpRequest 对象是 AJAX 技术的核心，它使得页面内的 JavaScript 可以在不刷新整个页面的情况下，向服务器提交并获取数据。在使用 XMLHttpRequest 对象向服务器发送请求和处理响应之前，必须先用 JavaScript 创建一个 XMLHttpRequest 对象，然后通过这个对象来和服务器建立请求并接收服务器返回的数据。目前大部分浏览器都支持 XMLHttpRequest 对象，但是不同的浏览器创建 XMLHttpRequest 对象的方式不同，因此在程序中创建 XMLHttpRequest 对象需要先对浏览器进行判断。

ajaxtest.jsp 文件中首先判断 window.XMLHttpRequest 对象是否可用，也就是判断浏览器是否把 XMLHttpRequest 实现为本地 JavaScript 对象。如果可用，就使用本地 JavaScript 内建对象来创建。如果不可用，则判断浏览器是否支持 ActiveXObject 对象，如果支持，则首先尝试使用高版本的 Msxml2.XMLHTTP 组件创建，如果失败则使用低版本 Microsoft.XMLHTTP 组件创建。IE 浏览器使用的是 ActiveXObject，IE6 以上版本使用 Msxml2.XMLHTTP 组件。

创建 XMLHttpRequest 对象的代码为 AJAX 的基础代码，使用时，直接复制以下代码即可：

```
var XMLHttp=null;
function createXMLHttpRequest() {
    if(window.XMLHttpRequest)              //除 IE 之外的浏览器
    {
        XMLHttp =new XMLHttpRequest();
    }
    else if (window.ActiveXObject) {    //IE 浏览器
        try {
                XMLHttp =new ActiveXObject("Msxml2.XMLHTTP");
            } catch (e) {
                XMLHttp =new ActiveXObject("Microsoft.XMLHTTP");
            }
    }
}
```

（2）发送 HTTP 请求。ajaxtest. jsp 中的 sendRequest（）函数实现了发送请求的功能。

先调用 createXMLHttpRequest（）函数创建 XMLHttpRequest 对象，然后使用 open（）和 send（）方法向服务器发送请求。

① open（）方法：用于建立与服务器之间的连接。ajaxtest. jsp 文件中 open（）方法有 3 个参数。其中，GET 是发送请求的 HTTP 方法，常用的方法除了 GET 外还有 POST 方法。

open（）方法中的参数 url 指定了请求的目标地址。上述代码中目标地址如下：

```
var XM=document.getElementById("username").value;
var url="ajax.jsp?XM="+XM;
```

其中 ajax. jsp 是目标文件，请求的同时传递参数 XM。XM 是通过 document. getElementById 方法获取的 id 为 username 的元素的值。因为使用 GET 方法发送请求，所以 URL 中要包含需要传递的参数。本示例要检测用户名是否已用，就需要将用户名传递给服务器，然后服务器在 ajax. jsp 页面对数据进行处理。

open（）方法中的参数 true 指定请求为异步请求，发送请求后，在等待服务器响应的时间内可以继续执行页面代码，程序不中断。如果是 false 则指定请求为同步请求，请求过程中页面程序中断执行，直到请求返回后再继续执行。

② send（）方法：用于向服务器发送请求。ajaxtest. jsp 文件中因为使用 GET 方法提交请求，所以其参数为 null，表示请求内容为空。

（3）指定响应处理函数。发送请求后，利用 onreadystatechange 属性指定当服务器返回信息时客户端的处理方式，即指定响应处理函数，每当状态改变时都会调用响应处理函数。程序 9.8 中响应处理函数是 processResponse（）函数。指定响应处理函数时，函数不加括号，不指定参数，代码如下：

```
XMLHttp.onreadystatechange=processResponse;
```

（4）处理服务器返回信息。服务器返回信息的处理指响应处理函数中的具体操作。程序 9.8 在响应处理函数 processResponse()中，首先判断获取请求的当前状态，即 XMLHttpRequest 对象的 readyState 属性值。XMLHttpRequest 对象共有 5 种状态对应 5 个值：0 表示对象未初始化；1 表示对象已经初始化，但是未调用 send()方法；2 表示已发送数据；3 表示已经开始接收数据；4 表示数据接收完成。

通过访问 readyState 属性，可以判断对象的当前状态，只有当其值为 4 时即数据接收完成，才能开始处理信息。

处理信息前，还需要通过 status 属性获取当前 HTTP 状态码来判断是否正确返回所需数据。如果状态码为 404 表示未找到页面，如果状态码为 200 表示返回成功。程序 9.8 中，如果返回失败则弹出警告对话框提示"您所请求的页面有异常"。

processResponse()函数中的 XMLHttp.responseText 表示将返回的数据作为字符串使用，并将此字符串显示在 id 为 count 的元素内。XMLHttpRequest 对象另外一种对返回的数据的处理方式是 responseXML，表示将信息当 XML 文档使用。

接下来是触发 AJAX 请求。

AJAX 实现后，需要触发其请求才能发挥作用。register.jsp 文件中实现了用户注册表单。当"用户名"文本框中的值发生变化时需要检测用户名是否已存在，所以使用"用户名"文本框的 Onchange 事件触发 AJAX 请求，同时将用户名文本框的值发送到目标文件 ajax.jsp。

【程序 9.9】　在 ajaxDemo 文件夹中编写页面文件 ajax.jsp，判断用户名是否已存在。

```jsp
<%@page contentType="text/html; charset=UTF-8" %>
<%
    //设置输出信息的格式及字符集
    response.setContentType("text/xml; charset=UTF-8");
    response.setHeader("Cache-Control","no-cache");
    String name=request.getParameter("XM");
    if(name.equals("test")){
        out.println("用户名已存在,请更换");
    }else {
        out.println("用户名不存在,可以使用");
    }
%>
```

ajax.jsp 是服务器端处理 AJAX 请求的页面，首先使用 request.getParameter("XM")获取请求中的用户名信息，判断其值是否指定的 test。如果是，则输出"用户名已存在，请更换"，如果不是则输出"用户名不存在，可以使用"。

在实际应用时，应该查询数据库中的用户数据表，判断所提交的用户是否已存在。

3. 程序运行过程

启动 Tomcat，打开浏览器，在地址栏输入地址 http://localhost：8080/ajaxDemo/register.jsp，进入用户注册页面。

在"用户名"文本框中输入 test，当继续输入密码时，会触发 AJAX 请求，向 ajax.jsp 发送异步请求，并在收到"用户名已存在"的响应信息后显示在页面中。如果输入其他用户名，则会收到"用户名不存在，可以使用"的响应信息。程序运行结果见图 9.5 和图 9.6。

图 9.5　用户名已存在运行结果　　　　图 9.6　用户名不存在运行结果

9.4　分页显示技术

1. 分页显示技术简介

分页显示技术是指将从数据库中查询到的数据以分页的形式显示给用户，当查询结果较多时能够改善显示效果，避免在一个页面中显示的内容太多。它也是 Web 应用中常用的一种功能。

实现分页显示的处理思路如下：

- 查询数据库获取记录的总条数。
- 设定每页显示的记录数。
- 通过总记录数和每页显示的记录数计算出总页数。
- 利用以上数据计算当前页显示的数据。
- 查询数据库中的指定数据，在页面中显示。

2. 示例程序开发

这里以新闻列表页面中的分页显示功能为例，介绍分页显示技术的应用。假定每页显示 4 条新闻标题，基于 MVC 开发模式实现分布显示功能。

在 Tomcat 安装目录\webapps 文件夹中创建 pageDemo 文件夹,并在其中建立如图 9.7 所示的目录结构。仍然使用前面的实例数据库 newsdb 和数据表 news 作为数据源,因此需要把 MySQL 数据库的 JDBC 驱动 mysql-connector-java-5.1.39-bin.jar 复制到 pageDemo\WEB-INF\lib 中。另外,在 JSP 页面中要使用 JSTL 标记,所以还需要将 JSTL 标记库的 jar 包也复制到 pageDemo\WEB-INF\lib 中。

图 9.7　pageDemo 应用的目录结构

下面编写的所有 Java 类都需要自行编译并将得到的字节码文件放在 pageDemo\WEB-INF\classes 文件夹中,具体编译方法与之前相同,此处不再重复说明。

【程序 9.10】　在 pageDemo 文件夹下的 beans 文件夹中编写新闻数据表访问类文件 NewsDAO.java,实现获取记录总条数和获取指定记录的方法。

```
package news.beans;
import java.util.ArrayList;
import java.sql.*;
public class NewsDAO {
    /*
    * 查询新闻条数
    */
    public int getNewsCount(){
        int recordCount =0;
        Connection conn =null;
        ResultSet rs =null;
        Statement stmt =null;
        try{
        conn =DBGet.getConnection();
        stmt =conn.createStatement();
        String sql="SELECT count(*) from news";
        rs =stmt.executeQuery(sql);
        rs.next();
        recordCount=rs.getInt(1);
        }catch(SQLException e1) { System.out.println(e1+"dao");}
        finally
        {
            DBGet.closeConnection(conn);
        }
        return recordCount;
    }

    /*
    * 根据起始和条数查询新闻
```

```
            */
       public ArrayList<News>getNewsByST(int start,int count){
           News news=null;
           ArrayList <News>newsList =new ArrayList<News>();

           Connection conn =null;
           ResultSet rs =null;
           PreparedStatement ps =null;

           try{
           conn =DBGet.getConnection();
           String sql=  "select news.* , newstype.newstype as nt from news "
           +" left join newstype on news.newstype=newstype.id "
           +" order by news.id limit ?,?";
           ps=conn.prepareStatement(sql);
           ps.setInt(1,start);
           ps.setInt(2,count);
           rs=ps.executeQuery();

           while(rs.next()){
               news=new News();
               news.setId(rs.getInt("id"));
               news.setTitle(rs.getString("title"));
               news.setContent(rs.getString("content"));
               news.setAuthor(rs.getString("author"));
               news.setPubtime(rs.getString("pubtime"));
               news.setKeyword(rs.getString("keyword"));
               news.setNewstype(rs.getInt("newstype"));
               news.setNt(rs.getString("nt"));
               news.setAcnumber(rs.getInt("acnumber"));

               newsList.add(news);
           }
           }catch(SQLException e1) { System.out.println(e1+"dao");}
           finally
           {
             DBGet.closeConnection(conn);
           }
           return newsList;
       }
   }
```

NewsDAO.java 中用到的 DBGet 类和 News 类就是程序 6.1 和程序 6.15 中的类，

这里可以直接把当时编译好的字节码文件复制到 classes 文件夹中使用,不需要重新实现。

getNewsCount()方法查询并返回新闻数据表中的记录总条数。

getNewsByST()方法是根据指定的起始值和记录数查询数据库中的指定数据。

【程序 9.11】 在 pageDemo 文件夹下的 beans 文件夹中编写新闻分页业务类文件 NewsPageBean.java,实现获取总页数和获取指定页需要显示的新闻数据的方法。

```java
package news.beans;
import java.util.ArrayList;
public class NewsPageBean {
    public int getPageCount(int pageSize){
        NewsDAO newsDAO =new NewsDAO();
        int recordCount=0,t1=0,t2=0;
        recordCount=newsDAO.getNewsCount();
        t1=recordCount%pageSize;
        t2=recordCount/pageSize;
        return t1==0?t2:t2+1;
    }

    public ArrayList<News>getNewsByPage(int pageNo,int pageSize) {
        NewsDAO newsDAO =new NewsDAO();
        ArrayList<News>newsList =new ArrayList<News>();
        int startRecno= (pageNo-1) * pageSize;
        newsList =newsDAO.getNewsByST(startRecno, pageSize);
        return newsList;
    }
}
```

NewsPageBean 类是实现分页功能的业务 Bean,相当于 MVC 结构中的 Model 部分。

getPageCount()方法根据记录总条数的每页显示的记录数,计算并返回总页数。

getNewsByPage()方法根据当前页号和每页显示的记录数,从新闻数据表中查询出指定的新闻数据,并以 ArrayList 的形式返回。

【程序 9.12】 在 pageDemo 文件夹下的 servlet 文件夹中编写新闻分页控制器类文件 NewsServlet.java,实现请求处理调用和流程控制。

```java
package news.servlet;
import java.io.IOException;
import java.util.ArrayList;
import javax.servlet.ServletException;
import javax.servlet.http.HttpServlet;
import javax.servlet.http.HttpServletRequest;
import javax.servlet.http.HttpServletResponse;
```

```
    import news.beans.News;
    import news.beans.NewsPageBean;

    public class NewsServlet extends HttpServlet {
        public void doGet(HttpServletRequest request,
                HttpServletResponse response)
                throws ServletException,IOException{
            ArrayList<News>newsList =new ArrayList<News>();
            NewsPageBean npb =new NewsPageBean();

            int pageNo =1;
            int pageSize=4;
            String strPageNo =request.getParameter("pageNo");
            if(strPageNo !=null){
               pageNo =Integer.parseInt(strPageNo);
            }
            try{
               newsList =npb.getNewsByPage(pageNo, pageSize);
               request.setAttribute("newsList",newsList);
               Integer pageCount =new Integer(npb.getPageCount(pageSize));
               request.setAttribute("pageCount",pageCount);
               request.setAttribute("pageNo",pageNo);
               request.getRequestDispatcher("allNews.jsp").
                                forward(request,response);
            }catch(Exception e){
                e.printStackTrace();
            }

        }
        public void doPost(HttpServletRequest request,
                    HttpServletResponse response) throws
            ServletException, IOException
        {
          doGet(request, response);
        }
    }
```

　　CommentServlet 类实现 MVC 结构中的 Controller 部分，在 doGet()方法中实现所需的数据流和控制流。

　　doGet()方法中首先获取请求数据中包含的当前页号，如果无值则设为 1，显示第 1 页，并将每页显示的记录数设置为 4，实际应用中可以根据需要灵活设置。

　　接下来使用 NewsPageBean 类的 getNewsByPage()方法获取当前页应当显示的新闻

数据,使用 getPageCount()方法获取总页数,然后把当前页号、当前页数据、总页数都存入 request 作用域。

最后,将该请求转发到结果视图页面 allNews. jsp。

【程序 9.13】 在 pageDemo 文件夹中编写新闻列表页面文件 allNews. jsp,列表显示新闻标题。

```jsp
<%@page language="java" contentType="text/html;charset=UTF-8"%>
<%@taglib prefix="c" uri="http://java.sun.com/jsp/jstl/core"%>
<html>
    <head>
        <title>新闻发布系统 V2.0</title>
        <style>
td {
    border: 1px solid gray;
    text-align: left;
    padding: 2px 10px;
}

table {
    border-collapse: collapse;
    margin:0 auto;
}

body {
    text-align: center;
}

a {
    text-decoration: none
}
</style>

    </head>
    <body>
        <h3>
            新闻列表
        </h3>
        <c:if test="${pageCount>0}">
            共有${pageCount}页,这是第${pageNo}页。
            <c:if test="${pageNo>1}">
                <a href=" newsServlet?pageNo=1">第一页</a>
                <a href=" newsServlet?pageNo=${pageNo-1}">上一页</a>
```

```
            </c:if>
            <c:if test="${pageNo!=pageCount}">
                <a href=" newsServlet?pageNo=${pageNo+1}">下一页</a>
                <a href=" newsServlet?pageNo=${pageCount}">最后一页</a>
            </c:if>
            <table>
                <c:forEach items="${newsList}" var="news">
                    <tr>
                        <td>
                            [${news.nt}]
                        </td>
                        <td>
                            ${news.title}
                        </td>
                        <td>
                            ${news.pubtime}
                        </td>
                    </tr>
                </c:forEach>
            </table>
            <br/>
        </c:if>
        <c:if test="${pageCount==0}">
            <p>
                目前没有新闻
            </p>
        </c:if>
    </body>
</html>
```

allNews.jsp 实现 MVC 结构中的视图层功能,列表显示新闻标题。这里使用 JSTL 标记循环处理 request 作用域中的新闻数据。

同时提供翻页功能链接。在翻页链接中要注意两个问题:一是目标 URL 应该设置为 Servlet 的地址;二是需要将当前页号使用 URL 传参的方式传递给 Servlet。

【程序 9.14】 在 pageDemo\WEB-INF 文件夹中编写应用配置文件 web.xml,对新闻分页控制器类的 Servlet 进行配置。

```
<?xml version="1.0" encoding="UTF-8"?>
<web-app>
  <servlet>
    <servlet-name>newsServlet</servlet-name>
    <servlet-class>news.servlet.NewsServlet</servlet-class>
```

```
    </servlet>
    <servlet-mapping>
      <servlet-name>newsServlet</servlet-name>
      <url-pattern>/newsServlet</url-pattern>
    </servlet-mapping>
  </web app>
```

至此,完成新闻分页显示功能的开发。

3. 程序运行过程

启动 Tomcat,打开浏览器,在地址栏输入地址 http://localhost:8080/pageDemo/newsServlet,打开新闻列表页面,查看分页效果。程序运行结果如图 9.8 所示。

图 9.8　分页显示运行结果

读者可以尝试将分页显示功能用到已经完成的新闻列表功能和用户管理功能的页面显示中,进一步完善新闻发布系统。

9.5　图形验证码

1. 图形验证码简介

图形验证码是网站登录模块中常用的功能。它采用图形的方式显示,通常由字母、数字等组成。因为图形验证码的内容是随机产生的,因此增加了程序识别的难度,可以有效地阻止攻击软件恶意破解和自动登录。

图形验证码的工作原理如图 9.9 所示,由服务器端程序随机生成验证码内容并保存

图 9.9　图形验证码的工作原理

到 session 中,然后在客户端页面显示图形验证码。用户识别并输入验证码后提交到服务器。服务器端对比用户输入的验证码和 session 中保存的验证码,如果相同表示验证成功,如果不同则验证失败。

2. 示例程序开发

图形验证码可以使用 JSP 或者 Servlet 实现。这里使用 Servlet 在用户登录功能中实现简单的图形验证码,下面演示其实现方法。

在 Tomcat 安装目录\webapps 文件夹中创建 graphDemo 文件夹,并在其中建立如图 9.10 所示的目录结构。

图 9.10 graphDemo 应用的目录结构

【程序 9.15】 在 graphDemo 文件夹中编写用户登录页面文件 login.jsp,实现登录表单。

```jsp
<%@page contentType="text/html; charset=UTF-8"%>
<html>
  <head>
    <title>用户登录</title>
    <meta http-equiv="pragma" content="no-cache">
    <meta http-equiv="cache-control" content="no-cache">
    <meta http-equiv="expires" content="0">
  </head>
  <body>
    <h3>用户登录</h3>
    <form method="post" name="formlogin" >
        用户名: <input type="text" name="username"
                        value="${param.username}"/><br><br>
        密    码: <input type="password" name="password"
                        value="${param.password }"/><br><br>
        验证码: <input type="text"  name="yzm"/>
        <span>
            <img border="1" src="image">
            <input type="submit" value="换一张"
                        onclick="formlogin.action='refresh'" >
        </span><br><br>        &
                        nbsp    
        <input type="submit" value="登录"
                    onclick="formlogin.action='checklogin'"></input><br>
        <hr>
        <div id="info">${info}</div>
    </form>
  </body>
</html>
```

login.jsp 中实现了一个简单的用户登录表单,除了能够输入用户名和密码之外,还有一个输入图形验证码的文本框。

在验证码输入框后面是一个<img>标记,用于显示一个图片,但 src 属性的值并不是图片文件,而是产生图片验证码的 servlet 地址。

"换一张"按钮用于更新图片验证码的内容,实现方式是将登录表单提交到刷新验证码的 servlet。

"登录"按钮用于将登录表单提交到验证登录的 servlet,实现用户身份判断。

另外,为了让表单能够在刷新页面时保留输入的数据,使用 EL 表达式将 request 作用域中的数据重新显示在"用户名"文本框和密码框中。

最后,如果当前作用域中有提示信息,则显示在当前页面中。

【程序 9.16】 在 graphDemo 文件夹下的 servlets 文件夹中编写产生图形验证码的 Servlet 类文件 image.java。

```java
package servlets;

import java.io.IOException;
import java.io.PrintWriter;
import java.awt.Color;
import java.awt.Font;
import java.awt.Graphics;
import java.awt.image.BufferedImage;
import java.io.IOException;
import java.io.OutputStream;
import java.util.Random;
import javax.imageio.ImageIO;
import javax.servlet.http.HttpSession;
import javax.servlet.ServletException;
import javax.servlet.http.HttpServlet;
import javax.servlet.http.HttpServletRequest;
import javax.servlet.http.HttpServletResponse;

public class image extends HttpServlet {
    Color getRandColor(int fc,int bc){//给定范围获得随机颜色
        Random random =new Random();
        if(fc>255) fc=255;
        if(bc>255) bc=255;
        int r=fc+random.nextInt(bc-fc);
        int g=fc+random.nextInt(bc-fc);
        int b=fc+random.nextInt(bc-fc);
        return new Color(r,g,b);
    }
```

```java
public void doGet(HttpServletRequest request, HttpServletResponse
   response)
   throws ServletException, IOException {
   response.setContentType("image/jpeg");
   HttpSession session=request.getSession();
   //设置页面不缓存
   response.setHeader("Pragma","No-cache");
   response.setHeader("Cache-Control","no-cache");
   response.setDateHeader("Expires", 0);
   //在内存中创建图像
   int width=60, height=20;
   BufferedImage image =new BufferedImage(width, height,
                          BufferedImage.TYPE_INT_RGB);
   //获取图像上下文
   Graphics g =image.getGraphics();
   //生成随机类
   Random random =new Random();
   //设定背景色
   g.setColor(getRandColor(200,250));
   g.fillRect(0, 0, width, height);
   //设定字体
   g.setFont(new Font("Times New Roman",Font.PLAIN,18));
   //画边框
   //g.setColor(new Color());
   //g.drawRect(0,0,width-1,height-1);
   //随机产生155条干扰线,使图像中的认证码不易被其他程序探测到
   g.setColor(getRandColor(160,200));
   for (int i=0;i<155;i++)
   {
   int x =random.nextInt(width);
   int y =random.nextInt(height);
         int xl =random.nextInt(12);
         int yl =random.nextInt(12);
   g.drawLine(x,y,x+xl,y+yl);
   }
   //取随机产生的认证码(4位数字)
   String sRand="";
   for (int i=0;i<4;i++){
       String rand=String.valueOf(random.nextInt(10));
       sRand+=rand;
       //将认证码显示到图像中
       g.setColor(new Color(20+random.nextInt(110),
               20+random.nextInt(110),20+random.nextInt(110)));
```

```
                //调用函数出来的颜色相同,可能是因为种子太接近,所以只能直接生成
                    g.drawString(rand,13 * i+6,16);
                }
                //将认证码存入 session
                session.setAttribute("rand",sRand);
                //图像生效
                g.dispose();
                //输出图像到页面
                ImageIO.write(image, "JPEG", response.getOutputStream());
        }


        public void doPost(HttpServletRequest request, HttpServletResponse
                response)
            throws ServletException, IOException {
            doGet(request,response );
        }
    }
```

image 类的 doGet()方法中使用 Java 的画图功能,产生了一个包含 4 个随机数和随机干扰线的图片,作为对请求的响应内容。所产生的图片会显示在用户登录页面中的<img>标记处。同时,把所生成的随机数字符串存入 session。

【**程序 9.17**】　在 graphDemo 文件夹下的 servlets 文件夹中编写刷新图形验证码的 Servlet 类文件 refresh.java。

```
    package servlets;

    import java.io.IOException;
    import java.io.PrintWriter;
    import javax.servlet.ServletException;
    import javax.servlet.http.HttpServlet;
    import javax.servlet.http.HttpServletRequest;
    import javax.servlet.http.HttpServletResponse;

    public class refresh extends HttpServlet {
            public void doGet(HttpServletRequest request, HttpServletResponse
                    response)
            throws ServletException, IOException {
            doPost(request,response );
        }

            public void doPost(HttpServletRequest request,
                    HttpServletResponse response)
```

```
        throws ServletException, IOException {
        request.getRequestDispatcher("/login.jsp").forward(request,
                response);
    }
}
```

refresh 类的 doPost() 方法中，只是简单地将请求转发到 login. jsp，相当于刷新用户登录页面，其中的图片验证码也会重新产生。

【程序 9.18】 在 graphDemo 文件夹下的 servlets 文件夹中编写验证登录的 Servlet 类文件 checklogin. java。

```java
package servlets;

import java.io.IOException;
import java.io.PrintWriter;
import javax.servlet.RequestDispatcher;
import javax.servlet.ServletException;
import javax.servlet.http.HttpServlet;
import javax.servlet.http.HttpServletRequest;
import javax.servlet.http.HttpServletResponse;
import javax.servlet.http.HttpSession;

public class checklogin extends HttpServlet {
    public void doGet(HttpServletRequest request, HttpServletResponse
            response)
        throws ServletException, IOException {
        doPost(request,response );
    }

    public void doPost(HttpServletRequest request,
            HttpServletResponse response)
        throws ServletException, IOException {

        request.setCharacterEncoding("UTF-8");
        String username=request.getParameter("username");
        String password=request.getParameter("password");
        String yzm=request.getParameter("yzm");
        String info="";
        HttpSession session=request.getSession();
        String sessionyzm=(String)session.getAttribute("rand");
        if(!sessionyzm.equalsIgnoreCase(yzm)){
            info="验证码错误,请重新输入";}
            else if("tom".equals(username)&&"123".equals(password))
                    info="登录成功!";
```

```
            else
                info="用户名或者密码不正确";
        request.setAttribute("info",info);
        RequestDispatcher rd=request.getRequestDispatcher("/login.jsp");
        rd.forward(request,response);
    }
}
```

checklogin 类的 doPost()方法中首先获取表单提交的数据,包括用户名、密码和验证码。然后取出 session 中保存的验证码字符串与用户提交的值进行对比。如果两者不同,给出"验证码错误,请重新输入"的提示;如果相同,再判断用户名密码是否正确。根据判断结果给出"登录成功"或"用户名或密码不正确"的提示。最后,将提示信息存入 request 作用域,再把请求转发到用户登录页面。

【程序 9.19】　在 graphDemo\WEB-INF 文件夹中编写应用配置文件 web.xml,对所用到的 Servlet 进行配置。

```xml
<?xml version="1.0" encoding="UTF-8"?>
<web-app>
  <servlet>
    <servlet-name>image</servlet-name>
    <servlet-class>servlets.image</servlet-class>
  </servlet>
  <servlet>
    <servlet-name>checklogin</servlet-name>
    <servlet-class>servlets.checklogin</servlet-class>
  </servlet>
  <servlet>
    <servlet-name>refresh</servlet-name>
    <servlet-class>servlets.refresh</servlet-class>
  </servlet>
  <servlet-mapping>
    <servlet-name>image</servlet-name>
    <url-pattern>/image</url-pattern>
  </servlet-mapping>
  <servlet-mapping>
    <servlet-name>checklogin</servlet-name>
    <url-pattern>/checklogin</url-pattern>
  </servlet-mapping>
  <servlet-mapping>
    <servlet-name>refresh</servlet-name>
    <url-pattern>/refresh</url-pattern>
  </servlet-mapping>
</web-app>
```

至此,完成图形验证码功能的开发。

3. 程序运行过程

启动 Tomcat,打开浏览器,在地址栏输入地址 http://localhost:8080/graphDemo/checklogin.jsp,打开用户登录页面。输入正确的用户名 tom 和密码 123,输入错误的验证码并单击"登录"按钮,会显示"验证码错误,请重新输入"的提示,如图 9.11 所示。如果输入正确的验证码,会显示"登录成功"的提示,如图 9.12 所示。

还可以单击"换一张"按钮更新新的图形验证码。读者可以自行运行验证。

图 9.11 验证码错误运行结果   图 9.12 登录成功运行结果

9.6 本 章 小 结

本章介绍了 Java Web 应用开发中一些常用功能的实现,包括在线编辑组件、文件上传与下载组件、AJAX 技术、分页显示技术、图形验证码等。使用这些技术可以使新闻发布系统的功能更加完善。

9.7 习 题

上机练习

(1)为新闻发布系统中的新闻发布页面增加富文本编辑功能,提供格式多样的新闻内容输入。

(2)为新闻发布系统中的新闻发布页面增加上传文件功能,允许发布新闻时提交文件作为新闻附件,并在新闻阅读页面中增加下载文件功能,能够下载新闻附件。

(3)为新闻发布系统的用户登录功能增加图形验证码。

(4)为新闻发布系统的新闻列表和新闻管理页面增加分页显示功能。

第 10 章

基于框架的开发

学习目标

- 了解基于 Struts2 框架的开发方法；
- 了解 JQuery 的基本用法。

框架是一组用于解决特定软件问题的类和接口的集合，为应用程序提供了可复用的公共结构。也可以说框架是一个应用程序的半成品。在开发过程中选用成熟的框架，相当于在他人完成的基础功能之上加以扩展，可以极大地简化开发难度。框架和工具包的区别在于，框架为程序提供了一致的结构，而不仅仅是一组工具类。因此，基于框架的开发还能够保证程序的结构良好。换句话说，框架规定了开发者需要写哪些代码和不需要写哪些代码，以及怎样来写代码。

Struts2 是一个基于 MVC 设计模式的一个 Web 应用开发框架，并且提供了很多可扩展和定制的部分。jQuery 是一个快速、简洁的 JavaScript 框架，封装了 JavaScript 常用的功能代码。本章结合实例对这两个框架进行简要介绍。

10.1 基于 Struts2 的开发

本节基于 Struts2 框架开发实现用户登录功能。在初始页面输入正确的用户名 tom 和密码 123，进入欢迎页面，显示登录用户名；输入错误则返回初始页面。运行界面如图 10.1 所示。

图 10.1 用户登录功能

10.1.1 基于 Struts2 实现用户登录

用户登录功能的控制流与数据流分析前面已经做过详细的分析，这里直接实现相应的功能。

在 Tomcat 安装目录\webapps 文件夹中创建 loginDemo 文件夹，并在其中建立如

图 10.2 所示的目录结构,然后按照下面的步骤进行开发。

基于 Struts2 开发 Web 应用时,不需要再设计和编写完整的 MVC 结构代码。模型层需要程序员使用 Java 语言自行编写,视图层可以使用 JSP 或 FreeMaker、Velocity 等技术来编写,控制器层功能则由 Struts2 框架提供。可以简单地把基于 Struts2 框架的 Web 应用理解为由一组 jar 包文件、action 类及 struts 配置文件组成。

图 10.2　loginDemo 的目录结构

因此,首先需要导入 Struts2 框架的相关 jar 包。这里只需要使用实现 Struts2 框架基本功能的最小依赖 jar 包即可。把这些 jar 包引入到应用中,接下来在此基础上完成其他部分的开发。

到 Struts2 官方网站 http://struts.apache.org 下载 Struts2 框架,解压后从 lib 目录中将 Struts2 的最小依赖 jar 包文件复制到 loginDemo 中的 WEB-INF\lib 下。表 10.1 列出了使用 Struts2 框架所需的最小依赖 jar 包。

表 10.1　使用 Struts2 框架所需的最小依赖 jar 包

文 件 名	说 明
struts2-core-2.0.6.jar	Struts2 框架的核心类库
xwork-2.0.1.jar	xWork 类库,Struts2 框架在此基础上构建
ognl-2.6.11.jar	Struts2 框架使用的表达式语言
commons-logging-1.1.jar	用于日志记录功能
freemarker-2.3.8.jar	Struts2 框架的 UI 标记使用 FreeMaker 编写

【程序 10.1】　在 loginDemo\WEB-INF\src\com\model 文件夹中编写模型层类文件 LoginService.java。

```
package com.model;
public class LoginService {
    public boolean login(String custname,String pwd){
        if(custname.equals("tom")&&pwd.equals("123")){
            return true;
        }else{
            return false;
        }
    }
}
```

LoginService 类负责实现用户登录功能的业务逻辑,实现了 login()方法。其输入是 custname 和 pwd 两个字符串,根据输入值是否合法返回 true 或 false,实现登录判断功能。这里用确定的用户名 tom 和密码 123 作为判断依据。

编写完成后打开命令行窗口,进入 loginDemo\WEB-INF\src 文件夹,使用下面的命令进行编译:

```
javac -d ..\classes com\model\LoginService.java
```

编译成功后可以看到在 newsPub 文件夹中的 classes 文件夹下自动创建了 com\model 文件夹,其中有刚刚编译得到的 LoginService. class 文件。

【**程序 10.2**】 在 loginDemo\WEB-INF\src\com\action 文件夹下编写控制器层类文件 LoginAction. java。

```java
package com.action;
import com.model.LoginService;
public class LoginAction {
    private String custname;
    private String pwd;
    public String getCustname() {
        return custname;
    }
    public void setCustname(String custname) {
        this.custname =custname;
    }
    public String getPwd() {
        return pwd;
    }
    public void setPwd(String pwd) {
        this.pwd =pwd;
    }
    public String execute(){
        LoginService ls=new LoginService();
        boolean flag=ls.login(custname, pwd);
        if(flag){
            return "success";
        }else{
            return "fail";
        }
    }
}
```

LoginAction 类是用户登录功能的业务控制器。

首先定义了用户登录功能涉及的两个属性 custname 和 pwd 及其置取方法。

然后实现了 execute()方法,调用 LoginService 类的 login()方法判断用户身份是否合法,并根据判断结果返回字符串"success"或"fail"。

编写完成后打开命令行窗口,进入 loginDemo\WEB-INF\src 文件夹,使用下面的命令进行编译:

```
javac -d ..\classes com\action\LoginAction.java
```

编译成功后可以看到在 newsPub 文件夹中的 classes 文件夹下自动创建了 com\action 文件夹,其中有刚刚编译得到的 LoginAction.class 文件。

【程序 10.3】 在 loginDemo\WEB-INF\classes 下编写配置文件 struts.xml。

```xml
<?xml version="1.0" encoding="UTF-8" ?>
<!DOCTYPE struts PUBLIC
    "-//Apache Software Foundation//DTD Struts Configuration 2.0//EN"
    "http://struts.apache.org/dtds/struts-2.0.dtd">
<struts>
    <package name="com.test" extends="struts-default">
        <action name="Login" class="com.action.LoginAction">
            <result name="success">/welcome.jsp</result>
            <result name="fail">/index.jsp</result>
        </action>
    </package>
</struts>
```

struts.xml 是 Struts2 框架的核心配置文件,主要作用是配置业务控制器类和 result 映射等。

package 标记用于定义一个逻辑单元,可以简化维护工作,提高重用性。name 属性定义了它的标识名,可以被其他 package 引用。extends 属性用于继承其他 package 的配置,这里取值为 struts-default,表示继承了 struts-default 这个在框架默认加载的配置文件中定义的 package。这个 package 中定义了 Struts2 的一些核心 bean 和拦截器。

action 标记定义了一个 Action 映射。框架根据配置好的 Action 映射来确定如何处理请求。name 属性用于匹配请求的 URL,这里设置为 Login。class 属性是 Action 类的完整类名,这里设置为刚刚编写的 com.action.LoginAction。这样,当框架在处理 Login 请求时,就会找到相应的 Action 类,并自动调用其 execute()方法。

result 标记用于定义一个可能的输出。name 属性是其逻辑视图名称,这里两个 result 标记的 name 属性分别设置为 success 和 fail。当 Action 类的方法执行完成时,Struts2 框架会根据其返回的结果字符串来选择对应的 result 元素,向用户输出。

【程序 10.4】 在 loginDemo 文件夹下编写视图层用户登录页面文件 index.jsp。

```jsp
<%@page language="java" pageEncoding="GBK"%>
<%@taglib uri="/struts-tags" prefix="s" %>
```

```html
<html>
  <head>
    <title>index</title>
  </head>
  <body>
    <s:form action="Login">
        <s:textfield name="custname" label="Input your custname"></s:
            textfield>
        <s:password name="pwd" label="Input your password"></s:password>
        <s:submit value="Login"></s:submit>
    </s:form>
  </body>
</html>
```

index. jsp 中首先用 taglib 指令定义 Struts2 标记库的引用,这与 JSTL 标记库的用法是相同的。

```html
<%@taglib uri="/struts-tags" prefix="s" %>
```

然后使用 Struts2 标记库的表单相关标记定义了一个登录表单。

form 标记的 action 属性值设置为 Login,这样当提交此表单时会发出 Login 请求。textfield 标记和 password 标记的 name 属性值分别设置为 custname 和 pwd,这样当 Action 类在处理请求时,框架会根据名称匹配原则自动获取表单中的输入数据,并传递给 Action 类中对应的属性。

【程序 10.5】　在 loginDemo 文件夹下编写视图层登录成功页面文件 welcome. jsp。

```html
<%@page language="java" pageEncoding="GBK"%>
<%@taglib uri="/struts-tags" prefix="s" %>
<html>
  <head>
    <title>welcome</title>
  </head>
  <body>
    Welcome, <s:property value="custname" />
  </body>
</html>
```

welcome. jsp 中使用 property 标记显示用户名,value 属性值设置为 custname,框架会从 OGNL 值栈中自动取出 Action 类的 custname 属性值。

【程序 10.6】　在 loginDemo\WEB-INF\文件夹下编写 Web 应用的核心配置文件 web. xml。

```
<?xml version="1.0" encoding="UTF-8"?>
<web-app version="2.5" xmlns="http://java.sun.com/xml/ns/javaee
    "xmlns:xsi="http://www.w3.org/2001/XMLSchema-instance"
    xsi:schemaLocation="http://java.sun.com/xml/ns/javaee
    http://java.sun.com/xml/ns/javaee/web-app_2_5.xsd">
    <filter>
        <filter-name>FilterDispatcher</filter-name>
        <filter-class>org.apache.struts2.dispatcher.FilterDispatcher
                </filter-class>
    </filter>
    <filter-mapping>
        <filter-name>FilterDispatcher</filter-name>
        <url-pattern>/*</url-pattern>
    </filter-mapping>
  <welcome-file-list>
    <welcome-file>index.jsp</welcome-file>
  </welcome-file-list>
 </web-app>
```

web.xml 是 Web 应用的核心配置文件。需要在这里配置 Struts2 框架的核心控制器 FilterDispatcher。FilterDispatcher 本质上是一个 Servlet 过滤器,使用 filter 和 filter-mapping 标记来配置。这里把 url-pattern 配置为"/*",这样所有的请求都会交由 Struts2 框架来处理。

至此,完成基于 Struts2 的用户登录功能开发。

启动 Tomcat,打开浏览器,在地址栏中输入地址 http://localhost:8080/loginDemo,进入如图 10.1 所示的登录页面,即可使用用户登录功能。

10.1.2　Struts2 框架

1. Struts2 框架概述

在 Web 应用开发技术的发展过程中,MVC 设计模式逐渐得到了开发者的认可。但是 MVC 设计模式只是提出了一种设计思想,并没有给出代码结构性的具体要求。例如对于控制器层是用一个 Servlet 还是多个 Servlet 来实现,跳转页面的名称是写在代码中还是配置文件中等问题并没有做出明确的规定。这使得 MVC 设计模式开发的规范化困难很大。

后来出现的 Struts 框架很好地解决了这个问题。它实现了结构清晰的 MVC 设计模式,程序员只需要关注业务逻辑的实现。之后 Struts 与 WebWork 相结合,发展为 Struts2 框架。

Struts2 框架主要由三部分组成:核心控制器、业务控制器和业务逻辑组件。

核心控制器负责导入配置信息,并对用户请求进行过滤,转发给相应的 Action 类处理。

业务控制器就是用户实现的 Action 类实例,通常包含一个 execute()方法,返回一个字符串作为逻辑视图名。在创建了 Action 类之后还需要在 struts.xml 文件中配置此 Action 的相关信息。Action 的配置信息包括三部分:Action 所处理的 URL、Action 组件所对应的实现类以及 Action 所包含的逻辑视图与物理资源之间的对应关系。

业务逻辑组件是指程序员针对业务功能需求自行开发的功能模块组件,被业务控制器组件调用来处理业务逻辑。

另外,Struts2 框架还提供了功能强大的标记库。Struts2 标记库能够获得框架提供的动态数据,减少了创建页面所需做的工作。这些标记通常需要结合 OGNL 表达式来使用。

作为一个 MVC 框架,Struts2 实现了 MVC 设计模式。这意味着只要根据框架的要求去填充代码,就可以很容易地实现基于 MVC 的开发。在 Struts2 框架中,用 Action 类来响应用户请求,它不需要继承 HttpServlet,代码也可以完全脱离 Servlet API,复用度高,并且可以进行单元测试。响应页面可以用一个 JSP 文件来生成,也可以使用其他视图技术,如 FreeMarker、JSF、Tiles、Velocity 等。通过在 XML 文件中的配置,就可以把网址匹配到 Action,并指定应该返回哪个 JSP 作为响应页面。

只要为 Action 类编写相应的 setter 方法,就可以接收到请求中的参数,不用再从 request 中去获取,而且数据类型会自动转换。为 Action 类编写 getter 方法,就可以在视图层页面中使用 Struts 标记来获取数据。数据传递的具体实现都由框架来负责。

2. 开发步骤

基于 Struts2 开发 Java Web 应用的主要步骤如下:

(1) 下载并导入 Struts2 框架的相关 jar 包;

(2) 开发 Model 层 Java 类;

(3) 开发 Controller 层,编写 Action 类并在 struts.xml 中配置;

(4) 开发 View 层视图文件 JSP;

(5) 在 web.xml 中配置 FilterDispatcher,应用 Struts2 框架。

前面的用户登录功能就是按照这个开发步骤实现的。

3. 运行过程

Struts2 的基本处理流程如下:

(1) Web 浏览器发出一个请求;

(2) 过滤器查找请求,确定 Action 类;

(3) 拦截器对请求应用通用功能;

(4) 执行 Action 类的 execute()方法;

(5) 返回结果给浏览器。

这里以前面开发的用户登录功能为例,具体说明一下其运行过程。

用户在登录页面中输入用户名和密码之后,提交登录表单,请求目标是 Login。根据 web.xml 中配置的 Struts2 过滤器,该请求会交由 Struts2 框架处理。Struts2 框架会根据 struts.xml 中找到 name 为 Login 的 action 配置信息,实例化对应的 LoginAction 类,并使用默认配置的拦截器将表单提交的请求参数填充到 Action 类中对应的属性,然后调用其 execute()方法。

在 execute()方法中判断用户名和密码是否正确,并返回结果字符串。Struts2 框架再根据所返回的字符串在 struts. xml 中找到配置的对应结果页面,将请求转发到该页面。如果输入正确,execute()方法返回 success,此次请求会被转发到登录成功页面 welcome. jsp;如果输入错误则返回 fail,请求被转发到用户登录页面 index. jsp。

在登录成功页面中使用 Struts 标记取出 LoginAction 对象的 custname 属性值,并显示在页面上。

10.2　基于 jQuery 的客户端开发

本节基于 jQuery 开发实现站内检索中的客户端提示功能和用户注册中的用户名存在提示功能。

1. 客户端提示功能的实现

这里要实现的功能是在输入关键字的文本框中用灰色文字显示提示语句。在开始输入时提示语句消失,字体颜色变为黑色。当失去输入焦点时,如果文本框中有内容则保持不变,如果没有输入则恢复为灰色的提示语句。在第 2 章已经用 JavaScript 编写了脚本代码实现过这个功能,这里基于 jQuery 来实现。

在 Tomcat 安装目录\webapps 文件夹中创建 jQueryDemo 文件夹,然后到 jQuery 官方网站 http://jquery. com/download/下载 jQuery 库文件,其下载页面如图 10.3 所示,并将下载的 jquery-3. 2. 1. min. js 文件放在 jQueryDemo 文件夹中。

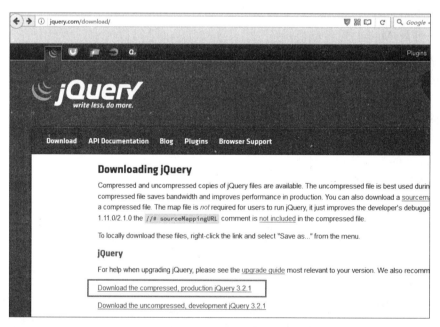

图 10.3　jQuery 下载页面

【**程序 10.7**】　在 jQueryDemo 文件夹中编写示例网页文件 jQueryDemo1. html。

```html
<html>
<head>
    <title>jQueryDemo1</title>
    <script type="text/javascript" src="jquery-3.2.1.min.js"></script>
    <script type="text/javascript">
    $(document).ready(function(){
        $("#q").click(function(){
            this.value ="";
            this.style.color ="#000000"
        });
         $("#q").blur(function(){
            if (this.value.length ==0){
                this.value ="请输入关键字";
                this.style.color ="#999999"
            }
        });
    });
    </script>
</head>
<body>
    <h3>站内检索</h3>
    <input id="q" type="text" style="height:20px; color:#999999;"
        value="请输入关键字"/>
    <input type="button" value="搜索"/>
</body>
</html>
```

首先在 HTML 的＜head＞部分用＜script＞标记来引用 jQuery 库。

然后在＜body＞部分用＜input＞标记实现文本框,设置其 id、style 和 value 属性。在 style 中设置 color 为灰色,value 值设置为提示语句内容。

最后,在＜script＞标记中编写需要实现的功能。

$(document).ready(function(){…})表示在页面加载完之后,自动执行 function()这个函数中所定义的代码。

$("#q").click(function(){…})实现按钮事件绑定,当按钮的 click 事件被触发时会调用后面的函数。函数体中则是根据需要修改文本框的值和字体颜色。

$("#q").blur(function(){…})则定义了按钮的 blur 事件被触发时要执行的代码。

与第 2 章中直接使用 JavaScript 实现相比,这里的代码结构更加清晰。HTML 标记和 jQuery 程序分别负责页面内容和功能实现,避免了之前不同类型的源代码互相夹杂混乱的现象。

用浏览器打开 test.html 页面,如图 10.4 所示。单击文本框可以看到实现了与之前基于 JavaScript 完成

图 10.4　站内检索提示

相同的站内检索提示功能。

需要注意的是,jQuery 从 2.0 版本开始,不再对 IE6、7、8 三个版本进行支持。所以,本例最好在 Firefox 或 Chrome 浏览器中运行验证。如果需要使用 IE 浏览器,可以下载 jquery1.x 版本。

2. jQuery 框架

jQuery 是一个优秀的开源 JavaScript 框架,高效、精简且功能丰富,不但易于使用而且兼容各种浏览器,让 HTML 文档遍历和操作、事件处理、动画和 AJAX 操作等功能的实现都变得更加简单。可以说,jQuery 的出现极大地简化了 JavaScript 编程。下面对它的几个主要特点做一下简要介绍,更完整的学习和了解读者可以参阅相关资料。

1) 功能强大的选择符

jQuery 可以使用 CSS 样式选择符来实现从 HTML 页面里获取元素并对其进行操作。在 DOM 中选择元素使用工厂函数 $() 来实现。CSS 中的各种样式选择符都可以被放在其中用于选择对应的 DOM 对象,如标记选择符、ID 选择符、类选择符以及用它们构成的各种复合选择符。

例如在前面的例子中,下面代码中的 $("#q") 就是用 ID 选择符来对网页中 ID 为 q 的元素进行操作。

```
        $("#q").click(function(){
    ...
  })
```

2) 结构优雅的事件处理

传统的 JavaScript 编程方式是将执行的功能定义为事件处理函数,然后通过为标记设置特定属性值来连接事件发生者与事件处理函数。这种实现方式把网页的行为与定义网页结构的标记混杂在一起,不符合解耦的编程原则。

jQuery 提供了一种结构优雅的事件绑定机制。在上面的代码片段中,利用 ID 选择符选定操作对象之后,直接调用它的 click() 方法,并将匿名函数 function(){…} 作为参数。这样就可以把匿名函数中定义的事件处理功能与 DOM 对象绑定,不再需要到 HTML 标记中进行设定,很好地实现了行为与标记的分离。

3) 封装良好的 AJAX 支持

由于不同的浏览器对 XMLHttpRequest 对象实现的不一致性,导致基于 AJAX 技术实现的功能需要在兼容性上做出一些额外的考虑。jQuery 对 AJAX 做了良好的封装,使得开发变得更加容易。

3. 重构用户名已存在提示功能

接下来使用基于 jQuery 的 AJAX 重新实现一下第 9 章中的用户名已存在功能。

【程序 10.8】 在 jQueryDemo 文件夹中编写用户注册页面文件 register.jsp,使用 jQuery 实现基于 AJAX 的用户名已存在提示。

```
<%@page contentType="text/html; charset=UTF-8"%>
<html>
<head>
    <title>用户注册</title>
    <script type="text/javascript" src="jquery-3.2.1.min.js"></script>
    <script type="text/javascript">
    $(document).ready(function(){
        $("#username").change(function(){
            $.get("ajax.jsp?XM="+$("#username").val(),function(data,status){
                $("#count").html(data);
            });
        });
    });
    </script>
</head>
<body>
    <h3>用户注册</h3>
    <form action="" method="post" >
        用户名:<input type="text" id="username" name="username" />
                <span id="count" style="color:#ff0000;"></span><br><br>
        密    码:<input type="password" name="password"/><br><br>
        性    别:男<input type="radio" value="male" name=
                "gender"/>
                女<input type="radio" value="female" name="gender"/>
                    <br>
        个人简介<textarea name="resume" cols="18" rows="6"></textarea>
                <br><br>
        <input type="submit" value="提交"></input>
    </form>
</body>
</html>
```

　　register.jsp 中使用 jQuery 提供的 AJAX 方法实现异步请求判断用户名是否已存在。这里的程序实现机制与程序 9.7 完全相同。但是因为 jQuery 已经对具体的实现代码进行了良好的封装,所以编写的代码得到了显著的减少。

　　把程序 9.8 中 ajax.jsp 存放到 jQueryDemo 文件夹中,作为响应 AJAX 请求的服务器端程序,完成用户名已存在功能的重构。

　　启动 Tomcat,打开浏览器,在地址栏输入地址 http://localhost:8080/jQueryDemo/register.jsp,进入用户注册页面,即可验证所实现的功能。

10.3　本 章 小 结

本章介绍了 Java Web 应用开发中常用的两个开发框架。Struts2 是一个基于 MVC 设计模式的服务器端框架,jQuery 是一个客户端 JavaScript 开发框架。基于框架开发能够保证系统的结构良好,并保证了开发效率,是实际开发中的常见开发模式。

10.4　习　　题

上机练习

(1) 基于 Struts 框架实现简单的用户注册功能。

(2) 使用 jQuery 的 AJAX 机制在用户注册页面中实现用户名已存在判断功能。

表格布局页面文件

本书中的示例应用页面布局可以使用 CSS 实现,也可以使用表格来实现。这里给出使用表格实现页面布局的示例代码,供读者参考。

【**程序 A. 1**】 使用表格实现页面布局的示例网页文件 indexTable. htm。

```html
<html>
    <head>
        <title>新闻发布系统 V2.0</title>
        <style>
            .dd_lm{
                color:#4a5265;
                width: 60px;
                float: left;
                font-size:15px;
            }
            .dd_time{
                color:#919191;
                float: right;
                width: 140px;
                font-size:13px;
            }
            .dd_bt{
                color:#333;
                width:360px;
                float:left;
                text-align: left;
                font-size:15px;
            }
            ul.left{
                font-size:12px;
            }
        </style>
    </head>
    <body>
```

```
<table>
    <tr><img src="image/top_bj.gif"></tr>
    <tr>
        <td width="700px">
            <a href="#">用户登录</a>
        </td>
        <td>
            <a href="#">新闻管理</a>
            <a href="#">评论管理</a>
            <a href="#">用户管理</a>
            <a href="#">首 页</a>
        </td>
    </tr>
</table>
<table border="1" width="952px">
    <tr>
        <td width="260px">
        <table>
            <tr><td>站内检索<hr/></td></tr>
            <tr>
                <td>
                <form action="" method="get" id="formQ">
                        <input id="q" type="text" value="请输入关键字"
                            name="keyword"></input>
                            < img id=" submitBtn" style=" cursor:
                                    pointer;"
                        onclick="submitFun()" name="submitBtn"
                                src="image/ss.jpg"></img>
                </form>
                </td>
            </tr>
        </table>
        <table>
            <tr>
                <td>热点新闻<hr/></td>
            </tr>
            <tr>
                <td>
                <ul class="left">
                    <li>.<a href="#">图书馆积极开展"微平台"建设</a>
                        </li>
                        <li>.<a href="#">时尚礼仪专家做客我校</a></li>
```

```
                <li>.<a href="#">智慧城市计划投资规模超万亿</a>
                    </li>
            </ul>
            </td>
        </tr>
    </table>
    <table>
        <tr>
            <td>最新评论<hr/></td>
        </tr>
        <tr>
            <td>
            <ul class="left">
                <li>.<a href="#">网络空间安全已经成为国家安全
                    </a></li>
                <li>.<a href="#">网络安全很重要,有必要立法</a>
                    </li>
                <li>.<a href="#">希望能够多举办高档次的讲座</a>
                    </li>
            </ul>
            </td>
        </tr>
    </table>
</td>
<td>
    <!--main begin -->
    <div class="news_list">
        <h1 align="center">新闻列表</h1>
        <ul>
            <li>
                <div class="dd_lm">[国内]</div>
                <div class="dd_bt">
                    <a href="#">时尚礼仪专家做客我校 </a>
                </div>
                <div class="dd_time">2015-07-04 23:51:33</div>
            </li>
            <li>
                <div class="dd_lm">[国内]</div>
                <div class="dd_bt">
                    <a href="#">华为发布荣耀独立品牌 </a>
                </div>
                <div class="dd_time">2015-07-04 22:41:39</div>
            </li>
```

```
                    <li>
                        <div class="dd_lm">[国内]</div>
                        <div class="dd_bt">
                            <a href="#">苹果设备在市场中占据主导地位 </a>
                        </div>
                        <div class="dd_time">2015-07-04 23:51:37</div>
                    </li>
                    <li>
                        <div class="dd_lm">[国内]</div>
                        <div class="dd_bt">
                            <a href="#">前外交部部长来我校作主题报告 </a>
                        </div>
                        <div class="dd_time">2015-07-04 22:44:35</div>
                    </li>
                    <li>
                        <div class="dd_lm">[国内]</div>
                        <div class="dd_bt">
                            <a href="#">智慧城市计划投资规模超万亿 </a>
                        </div>
                        <div class="dd_time">2015-07-05 22:11:42</div>
                    </li>
                </ul>
            </div>
            <!--main end -->
        </td>
    </tr>
    </table>
    <table  width="952px">
        <tr>
            <td align="center">
            本网站所刊载的信息,不代表本网观点。使用本网站稿件,务经书面授权。
                <br/>
            未经授权禁止转载、复制及建立镜像,违者将依法追究法律责任。
            </td>
        </tr>
    </table>
    </body>
</html>
```

附录 B

安装配置数据库环境

本书中的数据库环境使用的是 MySQL。这是一个开源的数据库产品，可以免费使用。从 MySQL 的官方网站 http://www.mysql.com 下载其安装程序，即可安装。

1. 安装 MySQL 数据库

解压 MySQL 安装程序 mysql-5.5.25-win32.zip，双击运行 mysql-5.5.25-win32.msi 文件，启动安装向导，如图 B.1 所示。

图 B.1 启动安装向导

单击 Next 按钮，选中 I accept the terms in the License Agreement，如图 B.2 所示。

继续单击 Next 按钮，选择安装类型。一般选择 Typical(典型安装)，如图 B.3 所示。

单击 Next 按钮，进入确认界面，如图 B.4 所示。

确认设置正确后，单击 Install 按钮开始安装 MySQL，如图 B.5 所示。

安装完成后，会出现 MySQL 企业版的介绍内容，直接单击 Next 按钮跳过即可。最后进入安装完成界面，默认选中 Launch the MySQL Instance Configuration Wizard 可以启动配置向导，如图 B.6 所示。

2. 配置 MySQL 数据库

安装完成后，继续使用配置向导对 MySQL 数据库进行配置。配置向导的启动界面如图 B.7 所示。

图 B. 2　选择接受协议

图 B. 3　选择安装类型

图 B. 4　确认界面

图 B.5 开始安装

图 B.6 安装完成

图 B.7 启动配置向导

单击 Next 按钮,进入模式配置界面,如图 B.8 所示。一般选择 Standard Configuration(标准配置模式)。

图 B.8　模式配置

继续单击 Next 按钮,进入下一界面,如图 B.9 所示。选中 Install As Windows Service,自行选择和设置 Service Name,选中 Launch the MySQL Server automatically (自动启动 MySQL 服务)。

图 B.9　安装为 Windows 服务

继续单击 Next 按钮,进入下一界面,如图 B.10 所示。设置 root 用户的密码,此处设为 mysql。

继续单击 Next 按钮,进入下一界面,如图 B.11 所示。单击 Execute 按钮开始配置。

配置完成后,单击 Finish 按钮结束 MySQL 数据库的配置,如图 B.12 所示。

图 B.10　设置 root 用户的密码

图 B.11　开始配置

图 B.12　配置完成

3. 创建 newsdb 数据库

安装和配置完成之后，选择"开始"→"所有程序"→MySQL→MySQL Server 5.5→MySQL Command Line Client，启动 MySQL 命令行客户端，如图 B.13 所示。

图 B.13　启动命令行客户端

输入在配置时设置的密码之后，进入命令行界面，如图 B.14 所示。

```
MySQL 5.5 Command Line Client
Enter password: *****
Welcome to the MySQL monitor.  Commands end with ; or \g.
Your MySQL connection id is 1
Server version: 5.5.28 MySQL Community Server (GPL)

Copyright (c) 2000, 2012, Oracle and/or its affiliates. All rights reserved.

Oracle is a registered trademark of Oracle Corporation and/or its
affiliates. Other names may be trademarks of their respective
owners.

Type 'help;' or '\h' for help. Type '\c' to clear the current input statement.

mysql>
```

图 B.14　命令行界面

1) 创建数据库

使用 create database 语句创建实例数据库 newsdb，具体语句如下：

```
create database newsdb;
```

2) 创建 user 数据表并添加管理员用户

使用 use 语句选择 newsdb 为默认数据库，然后再使用 create table 语句在该数据库中创建数据表 user，具体语句如下：

```
use newsdb;
create table `user` (
  `id` int(11) NOT NULL AUTO_INCREMENT,
  `username` varchar(20) DEFAULT NULL,
  `password` varchar(20) DEFAULT NULL,
  `gender` varchar(10) DEFAULT NULL,
  `resume` varchar(100) DEFAULT NULL,
```

```
   PRIMARY KEY (`id`)
);
```

操作过程如图 B.15 所示。

```
mysql> create database newsdb;
Query OK, 1 row affected (0.00 ooo)

mysql> use newsdb;
Database changed
mysql> create table `user` (
    ->    `id` int(11) NOT NULL AUTO_INCREMENT,
    ->    `username` varchar(20) DEFAULT NULL,
    ->    `password` varchar(20) DEFAULT NULL,
    ->    `gender` varchar(10) DEFAULT NULL,
    ->    `resume` varchar(100) DEFAULT NULL,
    ->    PRIMARY KEY (`id`)
    -> );
Query OK, 0 rows affected (0.05 sec)
```

图 B.15   创建数据库和 user 数据表

使用 insert 语句向 user 数据表中添加一条记录(管理员用户),具体语句如下:

```
INSERT INTO `user` VALUES ('1', 'admin', 'admin', 'male', 'Administrator');
```

操作过程如图 B.16 所示。

```
mysql> INSERT INTO `user` VALUES ('1', 'admin', 'admin', 'male', 'Administrator'
);
Query OK, 1 row affected (0.00 sec)
```

图 B.16   添加管理员用户

3) 查看 user 数据表

使用 desc 语句查看 user 表的结构,具体语句如下:

```
desc user;
```

操作过程如图 B.17 所示。

```
mysql> desc user;
+----------+--------------+------+-----+---------+----------------+
| Field    | Type         | Null | Key | Default | Extra          |
+----------+--------------+------+-----+---------+----------------+
| id       | int(11)      | NO   | PRI | NULL    | auto_increment |
| username | varchar(20)  | YES  |     | NULL    |                |
| password | varchar(20)  | YES  |     | NULL    |                |
| gender   | varchar(10)  | YES  |     | NULL    |                |
| resume   | varchar(100) | YES  |     | NULL    |                |
+----------+--------------+------+-----+---------+----------------+
5 rows in set (0.01 sec)
```

图 B.17   查看 user 数据表结构

使用 select 语句查看 user 表的内容,具体语句如下:

```
select * from user;
```

操作过程如图 B.18 所示。

```
mysql> select * from user;
+----+----------+----------+--------+---------------+
| id | username | password | gender | resume        |
+----+----------+----------+--------+---------------+
|  1 | admin    | admin    | male   | Administrator |
+----+----------+----------+--------+---------------+
1 row in set (0.00 sec)
```

图 B.18　查看 user 数据表内容

4）创建 news 数据表和 comment 数据表

使用 create table 语句在该数据库中创建 news 数据表和 comment 数据表,具体语句分别如下:

```
create table `news` (
  `id` int(11) NOT NULL AUTO_INCREMENT,
  `title` varchar(100) DEFAULT NULL,
  `content` text,
  `author` varchar(11) DEFAULT NULL,
  `pubtime` varchar(20) DEFAULT NULL,
  `keyword` varchar(60) DEFAULT NULL,
  `note` varchar(100) DEFAULT NULL,
  `newstype` int(11) DEFAULT NULL,
  `acnumber` int(11) DEFAULT '0',
  PRIMARY KEY (`id`)
);
```

```
create table `comment` (
  `id` int(11) NOT NULL AUTO_INCREMENT,
  `comment` text,
  `commentauthor` varchar(20) DEFAULT NULL,
  `commenttime` varchar(40) DEFAULT NULL,
  `newsid` int(11) DEFAULT NULL,
  `checkstate` int(1) DEFAULT NULL,
  `memo` varchar(100) DEFAULT NULL,
  PRIMARY KEY (`id`)
);
```

5）创建 newstype 数据表并添加两条记录

使用 create table 语句和 insert 语句在该数据库中创建 newstype 数据表并添加两条记录,具体语句分别如下:

```
create table `newstype` (
  `id` int(11) NOT NULL,
  `newstype` varchar(20) DEFAULT NULL,
  PRIMARY KEY (`id`)
);
```

```
INSERT INTO `newstype` VALUES ('1', '校内');
INSERT INTO `newstype` VALUES ('2', '社会');
```

4. 配置 JDBC 驱动程序

可以从 http://dev.mysql.com/downloads/connector 下载 MySQL 的 JDBC 驱动，并将下载的驱动文件 mysql-connector-java-5.1.39-bin.jar 复制到应用目录 newsPub 下的 WEB-INF\lib 中。

参 考 文 献

［1］ 杨磊. 新手学 Java Web 开发［M］. 北京：北京希望电子出版社, 2009.

［2］ 于静. Java Web 应用开发教程［M］. 北京：北京邮电大学出版社, 2010.

［3］ 龚永罡. Java Web 应用开发实用教程［M］. 北京：机械工业出版社, 2010.

［4］ 任小琦. 网页编程［M］. 北京：清华大学出版社, 2011.

［5］ 温谦. CSS 网页设计标准教程［M］. 北京：人民邮电出版社, 2009.

［6］ 王养廷. Java 基础与应用［M］. 北京：清华大学出版社, 2017.

［7］ 李宁. Java Web 编程实战宝典［M］. 北京：清华大学出版社, 2014.

［8］ 查弗. jQuery 基础教程［M］. 2 版. 北京：人民邮电出版社, 2009.